中 国 文 化 与 西 方 文 化 有 很 大 不 同，

其 中 一 点 便 是 "以 物 载 道"，

而 并 非 像 西 方 那 样，

把 物 质 与 精 神 严 格 分 开 或 对 立。

（彩图修订本）

中国茶文化

CHINA'S TEA CULTURE

王玲——著

九州出版社 JIUZHOUPRESS 全国百佳图书出版单位

序言

　　《中国茶文化》一书自1992年由中国书店出版社首次出版，经五次印刷，又经九州出版社再次出版和印刷，至今已面世28个年头。一本较为通俗的学术性文化专著，受到读者如此热情的支持，令我十分感动。我觉得，出现这种情况，与其说本人下了点功夫，此书确有可读之处，毋宁说主要是广大读者对中国传统文化深深的热爱。特别是中国茶文化的宁静致远，礼敬包容，清雅高洁，普润众生等理念，更符合中华儿女的优秀品格，因而更为珍重。

　　如今，中国的崛起已是任何力量都阻挡不了的。中国正一步步向世界中心走去，不仅中国人有这种坚定的信心，任何一个明智的国际人士也都看得清楚。我们的信心从何而来？从制度、实力、民族精神，也从我们悠久的历史和优秀的传统文化而来。而茶文化正是其中的重要一支。同时，她又特别接近不同人群的日常生活，于是便更受到大家的关注与青睐。

不过，作为一本历史文化书籍，仅靠文字的述说与描写，毕竟还有许多难以理解之处。特别是对历朝历代不同时期，各类茶人，茶事，茶环境，读者更希望有一个直观的了解，这就需要新的版本。于是，九州出版社便重新设计了一种有图、有画的彩版《中国茶文化》。在这里，我们可以看到古人的茶具、饮茶的方式，宫廷之内、山水之间、闹市之中、文人茶室等不同人群、不同环境的饮茶方式和多彩缤纷的广阔意境，不仅增加知识，更是一种美的享受，使这本书"活起来"。

感谢九州出版社的朋友们费了如此大的功夫，找到这么多的图片，并尽量与文字内容相配合、协调，使拙作增色不少。如今，各行各业都在设想如何从大格局着眼提升自己的事业，出版界自然人同此心。此书这次的改版，正是这种奋进之举。

2020年元月

王玲　于北京依翠园

目　录

第二十章　中国茶向西方的传播与欧美非饮茶习俗

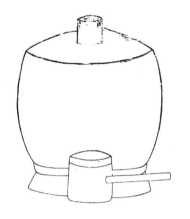

绪论

中国茶文化的含义、范畴与研究方法

　　"中国茶文化"自然是个新时代的名词，而它的内容却是久远的客观存在，并非是现在才发明的。但是，它又要求我们用现代的科学方法对古老的中国茶文化内容加以整理。从这个意义上说，建立中国茶文化学，又是建立一门崭新的学问。这样一来，我们便必须界定它的科学范畴，了解它的内容、特点、科学内涵及特殊的研究方法。所以，在我们展开具体的章目之前，便要首先讨论这些问题。

　　我们面前摆着一个十分新鲜而又有趣的课题：中国茶文化。

　　中国是茶的故乡，是茶的原产地，这一点已是无可置疑的。无论最早发现茶的用途，还是最早饮茶、种茶，都是从中国开始。所以，中国人对茶真是再熟悉不过的了。古代，上至帝王将相，文人墨客，儒、道、释各家，下至挑夫贩夫，平头百姓，无不以茶为好。人们常说："早晨开门七件事，柴米油盐酱醋茶。"茶，已深入各阶层人民的生活。不仅中原如此，边疆民族同样好茶。北方游牧民族好用奶茶，西藏人民用酥油茶，南方少数民族爱饮盐巴茶。茶之用，可为饮、为药、为菜肴；茶之礼，上至宫廷茶仪，中至文人茶会、禅院茶宴，下至民间婚俗、节俗，无处不在。茶之法，自唐以降，代代完善，以至成为中央政权控制边疆民族的一大方略，曰"茶马互市"。茶从中国漂洋过海，走向世界，香溢五洲。在中外文化交流中，丝绸之路曾起过重大作用。而今，人们发现，"茶之路"在联结华夏神州与海外世界的作用上，比丝绸之路毫不逊色。中国人若不知茶，就如同美国人不知奶油、面包，俄国人不知土豆、牛肉一般。然而，茶又不可与奶油、面包、土豆、牛肉的品位相比较。在中国这个古老的文明国家，许多平常的物质生活都深深溶注了高深的文化内容，茶文化便是最典型的代表。中国历史上茶艺之精美，茶道之高深，是人所共知的。然而，近代以来，中国古老的文化传统遇到了挑战。西方人把中国传统文化说得一钱不值，中国人自己也常常自暴自弃，把中国的文化传统视为沉渣、污水。于是，好的与坏的、顽石与美玉，恨不得一下子都抛了出去。加之百多年来，天灾人祸，战火不已，旧中国百姓食不果腹，衣不蔽体，品茶论茗之事只好先放在一边。新中国诞生后，睡狮方醒，世界已经格局大变。近代以来西方人创造了巨大的物质财富，但肚子里脂肪太多了，就又想起了粗茶淡饭。人们物质上丰富了，精神上却空前贫瘠。于是，一场世界性的文化热潮蜂拥而来，生产讲文化，管理讲文化，穿鞋戴帽、举手投足，都讲文化。到底有文化没文化，文化内容是好是坏，是高是低，大概也说不太清，反正皆以谈文化为时髦。在这种浪潮中，"茶文化"同样涌现出来。谈茶文化，自然要追溯到茶的老家——中国。然而，诚如上述，中国古老的茶文化已在近代的硝烟与贫困中遭受百般摧折。中国茶文化何存？古老的茶艺、茶道是什么模样？现今大部分中国人已说不出个究竟。宋元以来，中国茶艺、茶道随禅学东渡日本。中国茶文化在本土被摧折，在日本却保留了下来。应该承认，日本是一个非常善于学习、吸

茶马古道

收的民族，日本人又比中国人善机变，会巧饰。比如说"道"，中国人把"道"看作事物的本源、本质或规律，形式末节是不能轻易言"道"的。日本人却不然，凡有形有术者皆命之为道。于是，插花之技称花道，摔跤之术称柔道，剑术称剑道。饮茶之艺，久渡东瀛，又如禅理和仪范，自然更被称为"茶道"了。于是，日本的女士们大显风采，茶道表演团频频访华。翠绿的末茶（抹茶在古代被称为"末茶"），古朴的小碗，打茶的竹刷，加上和服飘逸，步态迷人，使人眼花缭乱，于是有人说"日本文化深奥"。更有甚者，说什么"某某年代，日本茶道传到中国"。所谓"衰于此，兴于彼"，哪是源，哪是流竟搅了个糊涂。至于何者为"道"，大多数人也不再深究。笔者这样说绝无贬低日本茶道之意，日本茶道毕竟比花道之类要高深得多。单说日本茶道室的结构和茶道仪式中贯彻的"和、敬、清、寂"精神，便充满了禅宗哲理和返璞归真的思想。但是，您可知道，日本茶道只是中国茶文化的一支，而中国的茶道精神至大至深，包含着儒、道、佛诸家的精华，包含着无数的玄机和中国传统的宇宙观？一枝红杏出墙来，东邻风光添春色，而那棵大树何在？干呢？根呢？这便要涉及整个中国茶文化学了。

一、从茶之源、茶之用到茶文化学

文化有广义、狭义之分。从广义说，一切由人类所创造的物质和精神现象均可称文化。狭义而言，则专指意识形态以及与之相适应的社会组织与制度等。目前，人们爱谈精神文明与物质文明，常把二者截然分开。但很少有人注意，有不少介乎物质与精神之间的文明。它既不像思想、观念、文学、艺术、法律、制度等完全属于精神范畴，也不像物质生产那样完全以物质形式来出现，而是以物质为载体，或在物质生活中渗透着明显的精神内容。我们可以把这种文明称为"中介文明"或"中介文化"。中国的茶文化，就是一种典型的"中介文化"。茶，对于人来说，首先是以物质形式出现，并以其实用价值发生作用的。但在中国，当它发展到一定时期便被注入深刻的文化内容，产生精神和社会功用。饮茶艺术化，使人得到精神享受，产生一种美妙的境界，是为茶艺。茶艺中贯彻着儒、道、佛诸家的深刻哲理和高深的思想，不仅是人们相互交往的手段，而且是增进修养，助人内省，使人明心见性的功夫。当此之时，茶之为用，其解渴醒脑的作用已被放到次要地位，这就是我们所说的茶文化。大千世界，被人类利用的物质已无可计数，但并非均能介入精神领域而被称为文化。稻粱瓜蔬，兽肉禽卵，皆人类生存所用，却不见有人说"菠菜文化""牛肉文化"。在中国人常说的开门七件事中，亦仅仅是茶受到格外的青睐而被纳入文化行列。在中国，类似的"中介文化"还有不少，但并非处处可以滥用。就饮食而言，除了茶文化之外，最能享受此誉的莫过于酒文化与菜肴文化体系。然而，若论其高雅深沉，形神兼备以及体现中国传统文化精神的深度，皆不及茶。有人说，酒是火的性格，更接近西方文化的率直；茶是水的性格，更适于东方文化的柔韧幽深。这很有一些道理。

不过，茶文化既然是一种"中介文化"，当然仍离不开其自然属性。所以，我们仍要从它的一般状况谈起，从其自然发展入手，探讨其如何从物质升华到精神。

中国能形成茶文化，有自然条件和社会条件。关于后者，以下有专章论述，在此先谈自然条件。

　　中国是茶之故乡，不仅是原产地，最早发现茶的用途、饮茶、人工种茶和制茶，也都是从中国开始。本来，这已是世界早有定论的问题。不过，关于茶的原产地却出现了一些争论。

　　某种树木原产地的确定，一般来说有三条根据：一是文献记载何地最早，二是原生树的发现，三是语音学的源流考证。从这三条看，茶的原产地在中国无可争议。

　　然而，在世界进入近代以来，中国的古老文明在现代科学面前已明显地相形见绌，什么物种原理、语音学等，很晚才为知识界所了解。不知原理，自然无从论证。西方人正想贬低中国，有的西方学者甚至把伏羲、神农、女娲都说成是古埃及、巴比伦或印度的部落酋长。中国人的祖宗都被说成了外国人，一叶茶、一棵树何足道哉！但中国的茶毕竟在世界上名声太大了，这不能不引起西方人的注意，想说中国不是茶的原产地毕竟要找点根据。1824年，英国军人勃鲁氏在印度东北的阿萨姆发现了大茶树，从此，便有人以此孤证为据，说茶的原产地不在中国，如英国植物学家勃来克、勃朗、叶卜生和日本加藤繁等人皆追随此说。他们说判断原产地的唯一标准是大茶树，中国没有大茶树的报告，印度发现了大茶树，原产地唯一可能在印度。茶学界称这种观点为"原产地印度一元论"。可是，当中国早已知茶、用茶时，印度尚不知茶为何物。中国用茶已几千年，印度却是从18世纪80年代以后才开始输入中国茶种；因此，不考虑中国毕竟难以服人。于是，又出现了"原产地二元说"，其代表是荷兰的科恩·司徒。他认为，大叶茶原种在印度，小叶茶原种在中国。然而，不论印度和中国都是东方，对一向傲气十足的西方人来说可能还不满足，于是又出现一种"多元说"，其代表是美国的威廉·乌克斯，他主张"凡自然条件有利于茶树生长的地区都是原产地"。这种说法，好比说有条件生孩子的女人都生过孩子一样可笑。理由呢，还是说中国没有大茶树的报告。

作为现代科学意义上的原生茶树报告，中国的确出现很晚。但中国古籍中关于大茶树的记载却很早就有。《神异记》说：东汉永嘉年间余姚人卢洪进山采茶，遇到传说中的神仙丹丘子，指示给他一棵大茶树。唐人陆羽在《茶经》中则记载："茶者南方之嘉木也，一尺、二尺乃至数十尺，其巴山陕川有两人合抱者，伐而掇之。"如果说，丹丘子指示大茶树还是传说，被称为"茶圣"的陆羽，则是长期对各地产茶情况进行过许多调查研究的，他的记述，应该说也属于"报告"之类了。宋人所著《东溪试茶录》也曾说，建茶皆乔木，树高丈余。此类记述在其他古籍中还多得很。

20世纪以来，关于我国大茶树的正式调查报告便更多了。不仅南方有大茶树，甚至北方也有发现。20世纪30年代，孟安俊在河北晋县发现二十多株大茶树，同时期山西浮山县也发现大茶树。1940年，日本人在北纬三十六度的胶济铁路附近发现一棵大茶树，粗达三抱，当地人称之为"茶树爷"。新中国建立后，在云南、贵州、四川等地发现许多更大的茶树。云南勐海大茶树有高达三十二米的，一般也在十米以上。贵州大茶树最高者达十三米，十米以下的更常见。四川大茶树四五米者为多。其他如广西、广东、湖南、福建、江西等地均有发现。据此，植物学家又结合地质变迁考古论证，确定我国云贵高原为茶的原产地无疑。

中国不仅最早发现茶，而且最早使用茶。

在中国浩繁的古籍中，茶的记载不可胜数。当中国人发现茶并开始使用时，西方许多国家尚无史册可谈。《神农本草经》载："神农尝百草，日遇七十二毒，得荼而解之。"古代"荼"与"茶"字通，是说神农氏为考察对人有用的植物亲尝百草，以致多次中毒，得到茶方得解救。传说的时代固不可当作信史，但它说明我国发现茶确实很早。《神农本草经》从战国开始写作，到汉代正式成书。这则记载说明，起码在战国之前人们就已对茶相当熟悉。《尔雅》载："槚，苦荼。"《尔雅》据说为周武王之辅臣周公旦所作，果如此，周初便正式用茶了。《华阳国志》亦载，周初巴蜀给武王的贡品中有"方蒻""香茗"，也是把中原用茶时间定于周初。茶原产于以大娄山为中心的云贵高原，后随江河交通流入四川。武王伐纣，西南诸夷从征，其中有蜀，蜀人将茶带入中原，周公知茶，当有所据。以此而论，川蜀知茶当上推至商。此时，茶主要是作药用。有人根据《晏子春秋》记载，说晏婴为齐相时生活简朴，每餐不过吃些米饭，最多有"三弋五卵，茗菜而已"，由此而认为战国时曾有过以茶为菜用的阶段。但有人考证，此处之"茗菜"非指茶，而是另一种野菜。所以，"菜用"说暂可置而不论。

茶的最大实用价值是作为饮料。我国饮茶最早起于西南产茶盛地。周初巴蜀向武王贡茶作何用途无可稽考，从道理上说，滇川之地饮茶当然应早于中原。饮茶的正式记载见于汉代。《华阳国志》载："自西汉至晋，二百年间，涪陵、什邡、南安（今剑阁）、武阳（今彭山）皆出名茶。"茶在这一时期被大量饮用有两个条件。第一，是由于秦统一全国，随着交通发展，滇蜀之茶已北向秦岭，东入两湖之地，从西南而走向中原。这一点首先由考古发现得到证明。众所周知，著名的湖南长沙马王堆汉墓中曾有一箱茶叶被发现。另外，湖北江陵之马山曾发现西汉墓群，168号汉墓中曾出土一具古尸，同时也发现一箱茶叶。墓主人为西汉文帝时人，比马王堆汉墓又早了许多年。由此证明，西汉初贵族中就有以茶为随葬品的风气。倘若江汉之地不产茶，便不可能大量随葬。

云南勐库大雪山古茶树

第二，此时茶已从由原生树采摘发展到大量人工种植。我国自何时开始人工植茶尚有争议。庄晚芳先生根据《华阳国志》中的《巴志》"园有方蒻、香茗"的记载，认为周武王封宗室于巴，巴王苑圃中已有茶，说明人工植茶可始于周初，距今已有两千七百多年的历史。（庄晚芳《中国茶史散论》，科学出版社，1988年版。）对此，有人认为尚可商榷。但到汉代许多地方已开始人工种茶，则已为茶学界所公认。宋人王象之《舆地纪胜》说："西汉有僧从表岭来，以茶实蒙山。"《四川通志》载，蒙山茶为"汉代甘露祖师姓吴名理真者手植，至今不长不灭，共八小株"，这都是说的蒙山自西汉植茶，不过还不是大面积种植。而到东汉，便有了汉王至茗岭"课僮艺茶"的记述，同时有了汉朝名士葛玄在天台山设"茶之圃"的记载，种植想必不少。

汉代，茶已开始买卖，汉人王褒写的《僮约》即有"武阳买茶""烹茶尽具"的记载。至于卓文君与司马相如的故事，更是人所共知。文君当垆，卖的是茶是酒众说不一。不过，司马相如的《凡将篇》确实已把茶列入药品。

从语音学考察，更说明茶原产于中国。世界各国对茶的读音，基本由我国广东方言、福建厦门方言和现代普通话的"茶"字三种语音所构成。这也证明茶是由中国向其他国家传播的。

我们谈茶的自然发展史已很多，好像离开了"中国茶文化"这个本题。其实，这只是想说明：在茶的故乡，最早发现茶、使用茶、制茶、饮茶，所以有形成茶文化的自然条件。

然而这还不够。中国的特产很多，为什么只有茶形成这样独特的文化形式？我想其中有个重要的奥秘，就是茶的自然功能与中国传统文化中的天人合一、师法自然、五行协调，以及儒家的情景合一、中庸、内省的大道理相吻合了。茶生于名山秀水之间，其性中平而味苦。茶能醒脑，且对益智清神、升清降浊、疏通经络有特殊作用。于是，文人用以激发文思，道家用以修身养性，佛家用以解睡助禅。中国最早的"茶癖"，不是文人，便是道士、隐士，或释家弟子。人们从饮茶中与山水自然结为一体，接受天地雨露的恩惠，调和人间的纷解，浇开胸中的块垒，求得明心见性，回归自然的特殊情趣。这样一来，茶的自然属性便与中国古老文化的精华相结合了。所以，中国人一开始饮茶便把它提到很高的品位。

在中国，茶之为用，绝不像西方人喝咖啡、吃罐头那样简单，不了解东方文化的特点，不了解中国文明的真谛，就不可能了解中国茶文化的精髓，而只能求得形式和皮毛。茶与中国的人文精神一旦结合，它的功用便远远超出其自然使用价值。只有从这个立足点出发，我们才可能深入到中国茶文化的内部。因此，在我们正式研究中国茶文化的具体内容之前，便要开宗明义，直接切入这种文化的本质。

二、中国茶文化的内容、范畴与特点

中国茶文化的产生有特殊的环境与土壤。它不仅有悠久的历史，完美的形式，而且渗透着中华民族传统文化的精华，是中国人的一种特殊创造。

谈起茶文化，有人把中国茶叶发展史等同于茶文化史，以为加上了人文的历史条件，茶叶学便变成茶文化。有的则以为，凡是与茶沾边的文化凑到一起，便可称为茶文化。比如吟茶诗，作茶画，唱茶歌，一段采茶扑蝶的舞蹈，一幅各种变体的"茶"字书法作品，这些东西加到一起，便称为"茶文化"。顶多再加上些饮茶的习俗和方法，便认为是"文化学"了。不可否认，以上内容与茶文化关系很大，甚至也可以包含在"中国茶文化"这个概念之内，但它们并不是中国茶文化的全体，甚至可以说还没有接触到茶文化的核心内容。之所以产生这种片面性的看法，主要由于近代以来中国传统的茶艺、茶道形式失传太多，至于渗入民间的茶文化精神，又未来得及做一番钩沉、拾遗和研究的工作。加之目前以"文化"标榜者又太多，尤其是在商品经济的冲击下，每一件商品都恨不得插上文化的翅膀，以便十倍、百倍地提高自己的身价。服装上加几个外国字便说"这是学习西方文化"；加一条龙纹，又说"这表示东方文化"；至于古老的中国竹编、漆器、陶瓷等当然更理所当然地被加以"文化"的冠冕。于是，人们很自然地把"茶文化"也归入此类。其实，哪一种人类的物质创造能说没有一点人文精神的痕迹？都称为"文化"，便有浮泛之弊了。

我们所说的中国茶文化完全不同于以上的各种理解。在中国的历史上，茶不仅以历史悠久、文人爱好、诗人吟咏而与文化"结亲"，它本身就存在一种从形式到内容、从物态到精神、从人与物的直接关系到茶成为人际关系的媒介，这样一整套地地道道的"文化"。所以，研究茶文化，不是研究茶的生长、培植、制作、化学成分、药学原理、卫生保健作用等自然现象，这是自然科学家的工作，也不是简单把茶叶学加上茶叶考古和茶的发展史。我们的任务，是研究茶在被应用过程中所产生的文化和社会现象。

在当代的大多数中国人看来，饮茶主要是为消食、解渴、提神。或冲，或泡，或煮；一壶，一杯，一碗；一气饮下，确实体会不出有别于

宋 苏轼 《一夜帖》

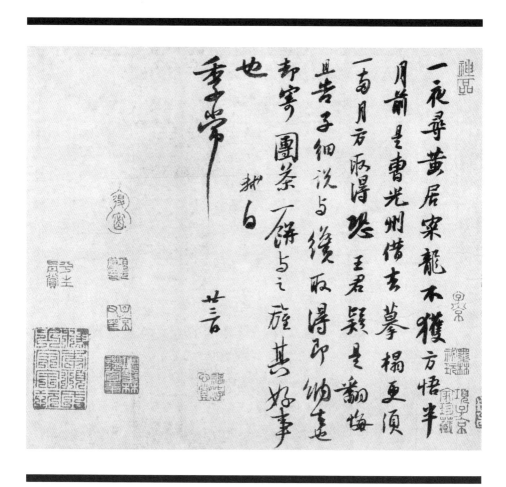

咖啡、可乐之类的"文化味道"。难怪有位日本先生公然宣称："日本饮茶讲精神，中国人饮茶是功利主义的。"我不想怪罪这位日本朋友对中国历史知识的贫乏，我们中国人自己都忘掉了自己的茶文化和茶道精神，怎能去苛求别人！但是，当我们本着科学研究的态度来对待这个问题时，就必然应以严谨的态度慎重对待"中国茶文化"这几个字了。

历史上，中国人饮茶并不像现在这样简单。我们的祖先用他们的智慧创造了一套完整的茶文化体系，饮茶有道，艺茶有术，中国人是最讲精神的。尤其是中国茶文化中所体现的儒、道、佛各家的思想精髓，物质形式与意念、情操、道德、礼仪结合之巧妙，确实让人叹为观止。我们研究茶文化，就是要重新发掘这古老的文化传统，而且加以科学的阐释与概括。中国人不喜欢把人与自然、精神与物质截然分开。白天把自己变成一架机器，晚间再寻找纯精神的享受；韭菜、肉馅、面包，半生不熟吃进肚去了事，讲营养而不论品味，中国人是不习惯的。在中国传统中，物质生活中渗透文化精神是很常见的事。但是，像茶文化这般完整而又深沉的内容与形式，也并非很多。所以说，中国茶文化是一枝奇葩，它是中国人民的宝贵财富，也是世界人民的财富。

具体来说，中国茶文化包括哪些内容呢？

首先，是要研究中国的茶艺。所谓茶艺，不仅仅只是点茶技法，而是包括整个饮茶过程的美学意境。中国历史上，真的茶人是很懂品饮艺术的，讲究选茗、蓄水、备具、烹煮、品饮，整个过程不是简单的程式，而是包含着艺术精神。茶，要求名山之茶，清明前茶。茶芽不仅要鲜嫩，而且根据形状起上许多美妙的名称，引起人美的想象。一芽为"莲蕊"，二芽称"旗枪"，三芽叫"雀舌"。其中既包含着自然科学的道理，又有人们对天地、山水等大自然的情感和美学的意境。水，讲

明　陈洪绶　《品茶图轴》

究泉水、江水、井水，甚至直接取天然雨露，称"无根水"，同样要求自然与精神的和谐一致。茶具，不仅工艺化，而且包含着许多文化含义。烹茶的过程也被艺术化了，人们观其色，嗅其味，从水火相济、物质变换中体味五行协调、相互转化的微妙玄机。至于品饮过程，便更有讲究，如何点茶，行何礼仪，宾主之情，茶朋之谊，要尽在其中玩味。因此，对饮茶环境，是十分讲究的。或是江畔松石之下，或是清幽茶寮之中，或是朝廷文事茶宴，或是市中茶坊、路旁茶肆等，不同环境饮茶会产生不同的意境和效果。这个过程，被称为"茶艺"。也就是说，要从美学角度上来对待饮茶。

中国人饮茶，不仅要追求美的享受，还要以茶培养、修炼自己的精神道德，在各种饮茶活动中去协调人际关系，求得自己思想的自洁、自省，也沟通彼此的情感。以茶雅志，以茶交友，以茶敬宾等，都属于这个范畴。通过饮茶，佛家的禅机，道家的清寂，儒家的中庸与和谐，都能逐渐渗透其中。通过长期实践，人们把这些思悟过程用一定的仪式来表现，这便是茶仪、茶礼。

茶艺与饮茶的精神内容、礼仪形式交融结合，使茶人得其道，悟其理，求得主观与客观，精神与物质，个人与群体，人类与自然、宇宙和谐统一的大道，这便是中国人所说的"茶道"了。中国人不轻易言道，饮茶而称之为"道"，这就是说，已悟到它的机理、真谛。读至此，也许人们会说："你把茶说玄了，哪有这样高深的东西？"但如果你能认真读下这本书去，真正领会中国历史上的茶文化精神，就会感到笔者此论并不为过。

茶道既行，便又深入到各阶层人民的生活之中，于是产生宫廷茶文化，文人士大夫茶文化，道家茶文化，佛家茶文化，市民茶文化，民间各种茶的礼俗、习惯。表现形式尽管不同，但都包含着中国茶道的基本精神。

茶又与其他文化相结合，派生出许多与茶相关的文化。茶的交易中出现茶法、茶榷、茶马互市，既包括法律，又涉及经济。文人饮茶，吟诗、作画，民间采茶出现茶歌、茶舞，茶的故事、传说也应运而生。于是茶又与文学、艺术相结合，出现茶文学、茶艺术。随着各种茶肆、茶坊、茶楼、茶馆的出现，茶建筑也成为一门特殊的学问。而各种茶仪、茶礼又与礼制，甚至政治相联系。茶，成为中国人社会交往的重要手段，你又可以从心理学、社会学角度去看待饮茶。茶走向世界，又是国际经济、文化交流中的重要内容。

综合以上各种内容，才是完整的中国茶文化。它包括茶艺，茶道，茶的礼仪、精神以及在各阶层人民中的表现和与茶相关的众多文化现象。从这些内容中，我们可以看出，中国茶文化与一般意义上的文化门类不同，它有自己鲜明的特点：

第一，它不是单纯的物质文化，也不是单纯的精神文化，而是二者巧妙的结合。比如，中国人讲"天人合一""五行相生相克"。这种高深的道理，在哲学家那里，是靠纯粹的思辨，在道家而言，要通过练功、静坐中用头脑的意念来体会。但到茶圣陆羽那里，却是用一只风炉，一只茶釜。不仅在炉上筑了代表水、火、风的坎卦、离卦、巽卦八卦图样，而且通过炉中的火、地下的风、釜中的水和整个煮茶过程，让你感受五行相生、相互协调的道理。细致地观察茶在烹煮过程中的微妙变化，通过那沫饽的形状，茶与水的交融，以及茶的波滚浪涌与升华蒸腾，能体会天地宇宙的自然变化和那神奇的造化之功。又如文学家、政治家是通过读书、作诗、思想斗争来增进自己的修养，而茶人们则要求

在饮茶过程中，通过茶对精神的作用，求得内心的沉静。即使在民间，亲朋至，献上一杯好茶，也比说无数恭维的话语更显得真诚。所以，中国茶文化是以物质为媒介来达到精神目的。

第二，中国茶文化是一定社会条件下的产物，又随着历史发展不断变化着内容，它是一门不断发展的科学。两晋南北朝时，茶人把这种文化当作对抗奢靡之风的手段，以茶养廉。盛唐之世，朝廷科举把茶叫作"麒麟草"，用以助文兴，发文思。宋代城市市民阶层进一步兴起，又出现反映市民精神的市民茶文化。明清封建制度走向衰落，文人士大夫的茶风也走向狭小的茶寮、书室。而当封建社会彻底瓦解之后，中国茶文化又广泛走向民间，走向人民大众之中。因此，中国茶文化研究不应该是简单的"翻古董"，而应该在吸取传统茶文化精华的基础上推陈出新，不断有所创造。近年来，无论在大陆还是海外华人中间，茶事频兴，这是好兆头。中国茶文化应该与时代的脉搏、世界的潮流相合相应，使老树开出新花，这才符合这门学科固有的特征。

三、茶文化的研究方法和我们的任务

中国茶文化的特殊内容，决定了它特殊的研究方法。

茶文化是典型的物质文明与精神文明相结合的产物。现在人们爱谈"边缘科学"，是说一些新型学科常常是不同门类科学的结合，或各学科之间相互搭界。茶文化学还不仅是"搭界"的问题，而且使许多看来相距很远的学问真正交融为一体。中国历史文化的重要特点之一，是强调物质与精神的统一。但儒学发展到后来，过分强调伦理、道德，对人和自然的客观属性经常忽略，而近代西方科学又更造成精神与物质的分离或对立。研究中国茶文化学或许可以使我们得到一些启示，使我们能正确地理解人与自然、物质与精神的关系。因此，在研究方法上，既不能离开茶的物态形式，又不能仅仅停留在物态之中，而要经常注意在茶的使用过程中所产生的精神作用。唐代自陆羽著《茶经》开始，为我们提供了很好的范例。陆羽在这部著作中，不仅从自然现象方面讲茶之源、之出、之造、之具，而且总结了历史上的茶事活动和文化现象，在谈茶叶的生长、茶的烹煮时又融进辩证思维，提出许多哲理。故唐人关于茶的学术论著多效其法，注重饮茶之道。卢仝描写饮茶的诗句，曾生动地叙述茶对人体发生作用后，人在精神上的不断升华和微妙的变化。著名宦官刘贞亮总结茶的"十德"，既包括养生、健身的功能，又特别强调"以茶可雅志""以茶可修身""以茶可交友"等精神力量和社会功能。所以，中国历史上许多茶学著作，尤其是关于饮茶的著述，既给我们许多具体知识，又可以看作进行思想修养的教材。但它不是理学家空洞的说教，而是通过优美的茶艺、茶人的心得给你许多启发。研究中国茶文化，首先要继承这种优良传统，要从物质与精神的结合上多下功夫，从多学科的结合中去研究。

中国茶文化又是一门实践的科学。人们常说，不吃梨子，不知梨子味道。饮茶更是如此。研究茶文化，就要有茶文化的实践。从这个意义上说，各种茶展、茶节、茶会和茶楼茶坊的兴起，是茶文化学的重要组成部分。中国的文人爱坐在书斋里做学问。书斋固然必要，但仅从书中是无论如何也体味不到中国茶道的真实意境的。陆羽一生致力于茶学，他不仅终日攀登崇山峻岭，与茶农为友，而且亲自创制烹茶的鼎，完善"二十四具"，当一名真正的"茶博士"。陆羽又不仅仅研究茶，而且研究佛学、儒学、道学、舆地学、地方志、建筑学、艺术、书法。他自幼被老和尚收养，从寺院中体会茶禅一味的道理；他执著于儒学研究，把儒家的中庸、和谐贯彻于茶道之中。他的朋友，有诗人、僧人、女道士，也有颜真卿这样的政治家和书法家。正因为有这样许多学识，并直接进行茶艺的实践，才能悟到茶中之大道。我国的许多帝王好饮茶，最典型的是宋徽宗，他曾作《大观茶论》，达二千八百余言，详述茶的产地、天时、采样、蒸压等，列为二十目。宋徽宗政治上的得失成败且不去论，单就茶文化学而言，一个封建皇帝能对生产状况了解如此之详，也算难能可贵了。封建帝王尚能如此，我们现代的茶文化研究者总该高上一筹。所以，茶业工作者该向文化界靠上一步；而文化和学术研究人

国家博物馆藏五代白瓷陆羽像

员应该向实践更多靠拢。茶文化研究是侧重于文化、社会现象，但这门学问的研究却要两者的紧密配合。天津商学院有位彭华女士，留学日本专攻日本茶道，但研究来研究去，发现茶文化的本源还是在自己的国土上。于是她从日本茶室中走出来，回到茶的故乡，在大江南北遍访茶的芳踪，领略茶乡的天地与人情。而今，天津商学院已建起一个茶道室。我想，这种理论与实践紧密结合，执著于事业的精神，正是茶文化研究者和一切茶人应有的品德。

中国茶文化是历史的产物。但目前传统的茶文化形式已保留不多。所幸者，中国向来古籍丰富，其中留下了不少关于茶文化的宝贵材料。尤其是野史和笔记，这些不入正经的著作一向以广、博、杂而著称。而正是在这些著作中，保留了有关茶的许多资料。在历代文人的诗歌和小说中，也有许多描写饮茶的内容。《水浒传》中关于王婆茶肆的描写，使我们看到封建时代市民茶文化的一角。而曹雪芹笔下的贾宝玉品茶栊翠庵，无论对水质、茶色、器具和不同人物饮茶的心理感受的描写，真称得上是茶道专家了。我们现在进行茶文化研究，就必须首先对这些历史遗产做一番拾遗和钩沉的工作。对传统文化，不继承就谈不到发扬。继承中有所选择、汰弃，同时又加以完善、改进，这就是发扬。茶文化是中国传统文化中相当优秀的一支，但也并不是没有一点瑕疵。即使当时是优秀的，现在也不一定适合于时代的潮流。比如，明清以后，中国茶文化出现了离世超群和纤弱的趋向，一些茶人自以为清高，自恨无缘补天，终日以茶寮、小童、香茗为事，作为一种避世的手段，更多渗入道家"清静无为"的思想，这与当前火热的生活就不大协调。唐代的陆羽在茶炉上还铸下"大唐灭胡明年造"，身在江南，还时刻关注着中原平定安史之乱的国家大事。相比之下，明清的一些茶人便大不如陆羽了。又如，茶文化的出现本来是从对抗两晋奢靡之风开始的。而后代的帝王贵胄，贡茶日奢，金玉其器，也可以说失掉了茶人应有的清行俭德。总之，茶文化的研究应特别注意历史感，要从不断的吸取与汰弃间下一些特别功夫。

民国以后，中国茶文化的一个重要特点是从上层走向民间。中国茶艺、茶道的高深道理和内容，目前大多数民众知之甚少。但是，在中国各地区、各民族的饮茶习俗中，还保留了许多中国茶文化的精髓和优良传统。比如福建、广西、云南的许多饮茶习俗，还大有唐宋古风。如何深入向民众学习，深入到民间调查，就成为茶文化研究者一项十分重要的任务。

我们要继承传统，同时又要有世界眼光，中国茶文化研究，还肩负着弘扬民族精神，把中国优秀的茶文化思想推向世界的任务。

总之，茶文化研究是一项长期的、重大的任务。茶文化作为社会文化现象来说，是早已形成的事实；但作为一门现代意义上的科学门类，则可以说是尚待开拓的处女地。作为拓荒者之一，我献给读者的这本小书，可能是一朵小花，也可能只是一把野草。纵然是野草，有总胜于无，比光秃秃的黄土坡可能强些。抱着这种观念，我把几年来学习茶文化的心得写出来，算是向茶学先辈和广大茶人学习的作业吧。

第一编

中国茶文化
形成发展的概况

　　中国发现茶的用途，已经很早很早，可追溯到我们传说中的先祖神农氏之时。但是，发现了茶，会用茶，还不能算产生了茶文化。茶的发展历史不等于茶文化的历史。茶被人们长期使用，发展到一定阶段，人们把饮茶当作一种精神享受，产生了各种文化现象和社会功能，才开始出现茶文化，它是一定历史条件下的特殊产物。我把中国茶文化的萌芽时期断在两晋南北朝之际，而唐代则正是它形成的时期。后经历代发展，不断补充完善，才形成中国茶文化的整个格局。本编正是要叙述茶文化的这一发展过程。因此，对于茶的自然法则和生产、经营、交流的历史，便都略而不论了。

第一章　两晋南北朝士大夫饮茶之风与茶文化的出现

一、汉代文人与茶结缘

茶以文化面貌出现，是在两晋南北朝。但若论其缘起还要追溯到汉代。

茶成为文化，是从它被当作饮料，被发现对人有益神、清思的特殊作用才开始的。中国人从何时开始饮茶众说不一。有的说自春秋，有的说自秦朝，有的说自汉代。目前，大多数人认为，自汉代开始比较可考。根据有三：第一，有正式文献记载。这从汉人王褒所写《僮约》可以得到证明。这则文献记载了一个饮茶、买茶的故事。说西汉时蜀人王子渊去成都应试，在双江镇亡友之妻杨惠家中暂住。杨惠热情招待，命家僮便了去为子渊沽酒。便了对此十分不满，跑到亡故的主人坟上大哭，并说："当初主人买我来，只让我看家，并未要我为他人男子沽酒。"杨氏与王子渊对此十分恼火，便商议以一万五千钱将便了卖给王子渊为奴，并写下契约。契约中规定了便了每天应做的工作，其中有两项是"武阳买茶"和"烹茶净具"。就是说，每天不仅要到武阳市上去买茶叶，还要煮茶和洗刷器皿。这张《僮约》写作的时间是汉宣帝神爵三年（公元前59年），是西汉中期之事。我国茶原生地在云贵高原，后传入蜀，四川逐渐成为产茶盛地。这里既有适于茶叶生长的土壤和气候，又富灌溉之利，汉代四川各种种植业本来就很发达，人工种茶从这里开始很有可能。《僮约》证明，当时在成都一带已有茶的买卖，如果不是大量人工种植，市场便不会形成经营交易。汉代考古证明，此时不仅巴蜀之地有饮茶之风，两湖之地的上层人物亦把饮茶当作时尚。

值得注意的是，最早开始喜好饮茶的大多是文化人。王子渊就是一个应试的文人，写《凡将篇》讲茶药理的司马相如更是汉代的大文学家。在我国文学史上，楚辞、汉赋、唐诗都是光辉的时代。提起汉赋，首推司马相如与扬雄，常并称"扬马"。恰巧，这两位大汉赋家都是我国早期的著名茶人。司马相如作《凡将篇》、扬雄作《方言》，一个从药物角度，一个从文字语言角度，都谈到茶。有人说，著作中谈到茶，不一定饮茶。如果说汉代的北方人谈茶而不懂茶、未见茶、未饮茶尚有可能，这两位大文学家则不然。扬雄和司马相如皆为蜀人，王子渊在成都附近买茶喝，司马相如曾久住成都，焉不知好茶？况且，《凡将篇》讲的是茶作药用，其实，药用、饮用亦无大界限。可以说会喝茶者不一定懂其药理，而知茶之药理者无不会饮茶。司马相如是当时的大文人，常出入于宫廷。有材料表明汉代宫廷可能已用茶。宋人秦醇说他在一位姓李的书生家里发现一篇叫《赵后遗事》的小说，其中记载汉成帝妃赵飞燕的故事。说赵飞燕梦中见成帝，遵命献茶，左右的人说：赵飞燕平生事帝不谨，这样的人献茶不能喝。飞燕梦中大哭，以致惊醒侍者。小说自然不能作信史，《赵后遗事》亦不知何人所作，但人们作小说也总要有些踪影。当时产茶不多，名茶更只能献帝王，这个故事亦可备考。司马相如以名臣事皇帝，怎知不会在宫中喝过茶？况且，他又是产茶胜地之人。相如还曾奉天子命出使西南夷，进一步深入到茶的老家，对西南物产及风土、民情皆了解很多。扬雄同样对茶的各种发音都清楚，足见不是人云亦云。所以，历代谈到我国最早的饮茶名家，均列汉之司马、扬雄。晋代张载曾写《登成都楼诗》云："借问扬子舍，想见长卿庐"，"芳茶冠六情，溢味播九区"。故陆羽写《茶经》时亦说，历代饮茶之家，"汉有扬雄、司马相如"。其实，从历史文献和汉代考古看，西汉时，贵族饮茶已成时尚，东汉可能更普遍些。东汉名士葛玄曾在宜兴"植茶之圃"，汉王亦曾"课僮艺茶"。所以，到三国之时，宫廷饮茶便更经常了。《三国志·吴书·韦曜传》载：吴主孙皓昏庸，每与大臣宴，竟日不息，不管你会不会喝，都要灌你七大升。韦曜自幼好学，能文，但不善酒，孙皓暗地赐以茶水，用以代酒。

蜀相诸葛亮与茶有何关系史无明载，但吴国宫廷还饮茶，蜀为产茶之地，当更熟悉饮茶。所以，我国西南地区有许多诸葛亮与茶的传说。滇南六大茶山及西双版纳南糯山有许多大茶树，当地百姓相传为孔明南征时所栽，称之为"孔明树"。据傣文记载，早在一千七百多年前傣族已会人工栽培茶树，这与诸葛亮南征的时间也大体相当。可见，孔明也是个茶的知己。

饮茶为文人所好，这对茶来说真是在人间找到了最好的知音。如司马相如、扬雄、韦曜、孔明之类，以文学家、学问家、政治家的气质来看待茶，喝起来自然别是一种滋味。这就为茶走向文化领域打下了基础。尽管此时茶文化尚未产生，但已露出了好苗头。

二、两晋南北朝的奢靡之风与"以茶养廉"

中国茶文化确实是我国传统文化的精华，它一开始出现就不同凡响。现在一提起茶文化，有人立即想起明清文人在茶室、山林消闲避世之举，或者清末茶馆里斗蛐蛐的八旗子弟、遗老遗少。其实，茶文化产生之初便是由儒家积极入世的思想开始的。两晋南北朝时，一些有眼光的政治家提出"以茶养廉"，以对抗奢侈之风，便是一个明显的佐证。

我国两汉崇尚节俭，西汉初，皇帝还乘牛车。东汉国家已富，但人际交往和道德标准，仍崇尚孝养、友爱、清廉、守正，士人皆以俭朴为美德。东汉人宋弘家无资产，所得租俸分赠九族，时以清行著称。宣秉分田地于贫者，以俸禄收养亲族，而自己无石米之储。王良为官恭俭，妻子不入官舍，司徒吏鲍恢过其家，见王良之妻布衣背柴自田中归。尽管在封建社会中这样的官吏是少数，王公贵族也很奢侈，但整个社会风气仍以清俭为美。汉末与三国虽门阀日显，但尚未尽失两汉之风。故曹操虽有铜雀歌舞，仍要做出点节俭的姿态，"亲耕籍田"，并临逝遗言：以时服入殓，墓中不藏珍宝。

两晋南北朝时尚大变。此时门阀制度业已形成，不仅帝王、贵族聚敛成风，一般官吏乃至士人皆以夸豪斗富为美，多效膏粱厚味。晋初三公世胄之家，有所谓石、何、裴、卫、荀、王诸族，都是以奢侈著名。《晋书》卷三十三载，何曾性奢，"帷帐车服，穷极绮丽，厨膳滋味，过于王者"，每天的饮费可达一万钱，还说没什么可吃的，无法下筷子。何曾之子何劭更胜乃父，一天的膳费达两万。石崇为巨富，庖膳必穷水陆之珍，以锦为障，以蜡为薪，厕所都要站十几个侍女，上一趟厕所就要换一套衣服。贵族子弟，闲得无可奈何，以赌博为事，一掷百万

东晋带托盏

为输赢。玩够了又大吃大嚼，乃至"贾竖皆厌粱肉"。东晋南北朝继承了这种风气。南朝梁武帝号称"节俭"，其弟萧弘却奢侈无度。有人告发萧弘藏着武器，梁武帝怕他作乱，亲自去检查，看到库内皆珍宝绮罗，还有三十间专门用来储存钱币，共有钱三亿以上。

在这种情况下，一些有识之士提出"养廉"的问题。于是，出现了陆纳、桓温以茶代酒的故事。

《茶经》和《晋书》都曾记载了这样一个故事：东晋时，陆纳任吴兴太守，将军谢安常欲到陆府拜访。陆纳的侄子陆椒见叔叔无所准备，便自作主张准备了一桌十来个人的酒馔。谢安到来，陆纳仅以几盘果品和茶水招待。陆椒怕慢怠了贵客，忙命人把早已备下的酒馔搬上来。当侄子的本来想叔叔会夸他会办事，谁知客人走后，陆纳大怒，说："你不能为我增添什么光彩也就罢了，怎么还这样讲奢侈，玷污我清操绝俗的素业！"于是当下把侄儿打了四十大板。陆纳，字祖言，《晋书》有传。其父陆玩即以蔑视权贵著称，号称"雅量宏远"，虽登公辅，而交友多布衣。陆纳继承乃父之风，他做吴兴太守时不肯受俸禄，后拜左尚书，朝廷召还，家人问要装几船东西走，陆纳让家奴装点路上吃的粮食即可。及船发，"止有被袄而已，其余并封以还官"。可见，陆纳反对侄子摆酒请客，用茶水招待谢安并非吝啬，亦非清高简慢，而是要表示提倡清操节俭。这在当时崇尚奢侈的情况下很难得。

与陆纳同时代还有个桓温也主张以茶代酒。桓温既是个很有政治、军事才干的人，又是个很有野心的人物。他曾率兵伐蜀，灭成汉，因而威名大振，欲窥视朝廷。不过，在提倡节俭这一点上，也算有眼光。他常以简朴示人，"每宴惟下七奠拌茶果而已"。他问陆纳能饮多少酒，陆纳说只可饮二升。桓温说：我也不过三升酒，十来块肉罢了。桓温的饮茶也是为表示节俭的。

南北朝时，有的皇帝也以茶表示俭朴。南齐世祖武皇帝，是个比较开明的帝王，他在位十年，朝廷无大的战事，使百姓得以休养生息。齐武帝不喜游宴，死前下遗诏，说他死后丧礼要尽量节俭，不要多麻烦百姓，灵位上千万不要以三牲为祭品，只放些干饭、果饼和茶饮便可以。并要"天下贵贱，咸同此制"，想带头提倡俭朴的好风气。这在帝王中也算难得。以茶为祭品大约正是从此时开始的。

我们看到，在陆纳、桓温、齐武帝那里，饮茶已不是仅仅为提神、解渴，它开始产生社会功能，成为以茶待客、用以祭祀并表示一种精神、情操的手段。当此之时，饮茶已不完全是以其自然使用价值为人所用，而且已进入精神领域。茶的"文化功能"开始表现出来。此后，"以茶代酒""以茶养廉"，一直成为我国茶人的优良传统。

三、两晋清谈家的饮茶风气

饮茶之风与晋代清谈家有很大关系。

魏晋以来，天下骚乱，文人无以匡世，渐兴清谈之风。到东晋，南朝又偏安一隅，江南的富庶使士人得到暂时的满足，爱声色歌舞，终日流连于青山秀水之间，清谈之风继续发展，以至出现许多清谈家，这些人终日高谈阔论，必有助兴之物，于是多饮宴之风。所以，最初的清谈家多酒徒。竹林七贤之类，如阮籍、刘伶等，皆为我国历史上著名的好酒之人。后来，清谈之风渐渐发展到一般文人，对这些人来说，整天与酒肉打交道，一来经济条件有限，二来也觉得不雅。况且，能豪饮终日而不醉的毕竟是少数。酒能使人兴奋，但醉了便会举止失措，胡言乱语。而茶则可竟日长饮而始终清醒，于是清谈家们从好酒转向好茶。所以后期的清谈家出现许多茶人，以茶助清谈之兴。《世说新语》载：清谈家王濛好饮茶，每有客至必以茶待客，有的士大夫以为苦，每欲往王濛家去便云"今日有水厄"，把饮茶看作遭受水灾之苦。后来，"水厄"二字便成为南方茶人常用的戏语。梁武帝之子萧正德降魏，魏人元义欲为其设茶，先问："卿于水厄多少？"是说你能喝多少茶。谁想，萧正德不懂茶，便说："下官虽生在水乡，却并未遭受过什么水灾之难。"引起周围人一阵大笑。此事见于《洛阳伽蓝记》。当时，魏定都洛阳，为奖励南人归魏，于洛阳城南伊洛二水之滨设归正里，又称"吴人里"。于是，南方的饮茶之风也传到中州之地。有位叫刘镐的人效仿南人饮茶风气，专习茗饮。彭城人王肃对他说："卿好苍头之厄，是逐臭之夫效矉之妇也。"说他是附庸风雅，东施效颦。《洛阳伽蓝记》说，自此朝贵虽设茗茶而众人皆不复食。可见当时的饮茶之风仍是南方文人的好尚，北朝尚未形成习惯。

今人邓子琴先生著《中国风俗史》，把魏晋清谈之风分为四个时期，认为前两个时期的清谈家多好饮酒，而第三、第四时期的清谈家多以饮茶为助谈的手段，故认为"如王衍之终日清谈，必与水浆有关，中国饮茶之嗜好，亦当盛于此时，而清谈家当尤倡之"。这种推断与我们所看到的文献材料恰好一致。

如果说陆纳、桓温以茶待客是为表示节俭，只不过摆摆样子，而清谈家们终日饮茶则更容易培养出真正的茶人，他们对于茶的好处会体会更多。在清谈家那里，饮茶已经被当作精神现象来对待。

四、南北朝的宗教、玄学与饮茶风尚

南北朝是各种文化思想交融碰撞的时期。尤其是南朝,自西晋末年社会动乱,许多士族迁移到南方,江南生活优裕,重视文化,黄河文化移植到长江流域,而且有很大发展。中国古代文化极盛时期首推汉唐,而南朝却处于继汉开唐的阶段,无论诗赋、散文、文学理论都很有成就,尤其是玄学相当流行。玄学是魏晋时期一种哲学思潮,主要是以老庄思想糅合儒家经义。玄学家大都是所谓名士,所以非常重视门第、容貌仪止,爱好虚无玄远的清谈。这样,儒学、道学、清谈家便往往都与玄学有关,连作诗也有玄诗。玄学家的思想特点一是崇尚清谈高雅,二是喜欢作自由自在的玄想,天上地下,剖析社会自然的深刻道理。这些人还喜欢登台讲演,所听的人多至千余,或数十百人。终日谈说,会口干舌燥,演讲学问又不比酒会上可以随心所欲,谈吐举止都要恰当,思路还要清楚。解决这些问题,茶又有了大用处。它不仅能提神益思,还能保持人平和的心境,所以玄学家也爱喝茶。茶进一步与文人结交。范文澜先生在考察东晋南朝时期瓷器生产时曾经谈到,早在西晋,文人作赋,茶、酒便与瓷器联系起来。而到东晋南朝近三百年间,士人把饮茶看作一种享受,开始进一步研究茶具,从而进一步推动了越瓷的发展。所以后来陆羽在《茶经》中才能比较邢瓷与越瓷的高下说:"盌,越州上,……或者以邢州处越州上,殊为不然。若邢瓷类银,越瓷类玉,邢不如越一也;若邢瓷类雪,则越瓷类冰,邢不如越二也;邢瓷白而茶色丹,越瓷青而茶色绿,邢不如越三也。"陆羽对茶具的分析自然是后来才有的,但在东晋和南朝,越瓷因饮茶而被推动起来这却是事实。范老的判断是很对的。

　　南朝时，古代的神仙家们开始创立道教。道家修行长生不老之术，炼"内丹"，实际就是做气功。茶不仅能使人不眠，而且能升清降浊，疏通经络，所以道人们也爱喝茶。佛教在这时正处于一个与汉文化进一步结合，艰难发展的时期，儒、道、佛经常大论战，可是念佛的人也爱喝茶。各种思想常常争得你死我活，水火不容，但是对茶都不反对。于是，除文人之外，和尚、道士、神仙，都与茶联系起来。南北朝时许多神怪故事中有饮茶的故事便是一个很好的证明。南朝刘敬叔著《异苑》，说剡县陈务妻年轻守寡，房宅下多古墓，陈务妻好饮茶，常以茶祭地下亡魂。一日鬼魂在梦中相谢，次日陈务妻得钱十万养活自己的三个孩子。《广陵耆老传》记载，晋元帝时有位老太婆在市上卖茶，从早到晚壶中茶也不见少，所得钱皆送乞丐和穷人。后州官以为有伤"风化"，将老太婆捕入狱，夜间老婆婆自窗中带着茶具飞走了，证明她是一个神仙。《释道该说续名僧传》说，南朝法瑶和尚好饮茶，活到九十九岁。《宋录》则云，有人到八公山访县济道人，道士总是以茶待客。南朝著名的道教思想家、医学家陶弘景曾隐居于江苏句容县之曲山，梁武帝请他下山他不出，武帝每遇国家大事便派人入山请教，号称"山中宰相"。陶弘景就是个爱茶、懂茶的人，他在《杂录》中记载："苦茶轻身换骨，昔丹丘子、黄山君服之。"丹丘子、黄山君都是传说中的神仙。从这些记载我们看到，在东晋和南朝之时，饮茶已与和尚、神仙、道士以及地下的鬼魂都联系起来。茶已进入宗教领域。尽管此时还没有形成后来完整的宗教饮茶仪式和阐明茶的思想原理，但它已经脱离作为饮食的一般物态形式。

　　总之，汉代文人倡饮茶之举为茶进入文化领域开了个好头。而到南北朝之时，几乎每一个文化、思想领域都与茶套上了交情。在政治家

那里，茶是提倡廉洁、对抗贵族奢侈之风的工具；在词赋家那里，它是引发文思以助清兴的手段；在道家看来，它是帮助炼"内丹"，轻身换骨，修成长生不老之体的好办法；在佛家看来，又是禅定入静的必备之物。甚至茶可通"鬼神"，人活着要喝茶，变成鬼也要喝茶，茶用于祭祀，是一种沟通人鬼关系的信息物。这样一来，茶的文化、社会功能已远远超出了它的自然使用功能。尽管还没有形成完整的茶艺和茶道，对这些精神现象也没有系统总结，还不能称为一门专门的学问，但中国茶文化已现端倪。所以，我们把中国茶文化的发端断在两晋南北朝时期。

一般说来，某种文化总是先由有闲阶级创立的。中国饮茶、植茶技术自然首先由民间开始，但形成茶文化却要有必要的文化社会条件。西晋，特别是东晋与南朝，是我国各种思想文化在战国之后又一个大碰撞的时期，南朝经济的发展又为文化发展创造了条件。北方文化多雄浑、粗犷，南方文化多精深、儒雅。茶的个性正适合了南朝的文化特点，加之南朝皆为产茶胜地，又有名山秀水以佐文人雅兴，茶文化在南朝兴起便是很自然的事了。

但是，当此之时，我们还只能说茶走入文化圈，起着文化、社会作用，它本身还没有形成一个正式的学问体系。

第二章　唐人陆羽的《茶经》与中国茶文化的形成

　　谈到中国茶文化的形成，不能不注意我国封建社会一个光辉的时期——唐王朝。而说起唐代茶文化，更必须注意一个光辉的人物：陆羽。对陆羽为茶学所作的巨大贡献，人们一直给予很高的评价。民间称他为"茶神""茶圣""茶仙"。旧时陶瓷业卖茶具附有一些精制的陆羽瓷像，必购成套上等茶具方能请得一枚"茶神"的尊像。我国历史上的茶人，无论文人、释道、达官贵胄，乃至皇帝，凡好茶者无不知陆羽之名，就是现代的茶学家也对其成就给予充分肯定。但是，对陆羽在文化学方面所作的贡献却认识得很不够。即使谈到文化，一般只是从茶艺角度加以讨论，对陆羽在构建整个茶文化学，特别是他在茶学中所渗透的理论思想和哲理的研究则更少。事实上，中国茶文化的基本架构是由陆羽搭设的。陆羽的《茶经》一出，中国茶文化的基本轮廓方成定局。我们不能仅从茶叶学或饮茶学问上去理解《茶经》。《茶经》是一种别具心裁的文化创造，它把精神与物质融为一体，突出反映了中国传统文化的特点，创造了一种自成格局而又清新无比的新的文化形式。

　　陆羽的茶文化思想有着深刻的社会背景，是一个光辉的时代创造了他光辉的思想。因此，在我们具体研究陆羽和他的《茶经》之前，不能不首先讨论这些重要的社会条件。

一、唐代茶文化得以形成的社会原因

唐代，我国茶的生产进一步扩大，饮茶风尚也从南方扩大到不产茶的北方，同时进一步传到边疆各地。正如《封氏闻见记》所说，中原地区自邹、齐、沧、隶以至京师，无不卖茶、饮茶。但是，仅仅是生产的扩大和饮茶之风的盛行，还不足以形成茶文化。唐代茶文化的形成与整个唐代经济、文化的昌盛、发展相关。唐代是我国封建社会最兴盛的时期，尤其是中唐以前，国家富强，天下安宁，形成各种文化发展的条件。"安史之乱"后，虽然社会出现动乱，经济也出现衰退，但文化事业并未因此而停止发展。唐朝疆域阔大，又注重对外交往，当时的长安不仅是国内的政治、文化中心，也是国际经济、文化交流中心。中国茶文化正是在这种大气候下形成的。具体说来，茶文化所以在唐代形成，还有以下几个特殊条件及社会原因。

1. 茶文化的形成与佛教的大发展有关

佛教自汉代传入中国，逐渐向全国传播开来，为社会各阶层所接受。尤其在隋唐之际，由于朝廷的提倡，佛教得到特殊发展，使僧居佛刹遍于全国各地。许多寺院不仅是传播佛学思想的地方，也是经济单位，许多高级僧人都是大地主。唐武宗时，由于寺院经济威胁到朝廷和世俗地主的经济利益，灭佛运动大兴，会昌五年（845年），仅还俗僧尼即达二十六万，加上未还俗的自然更多。当年全国户籍统计为四百九十五万户，这就是说，不到二十户就有一个和尚，和尚中的上层人士不仅享受世俗地主高堂锦衣的优裕生活，而且比世俗地主更加闲适。饮茶需要耐心和工夫，把茶变为艺术又需要一定物质条件。寺院常建于名山秀水之间，气候常宜植茶，所以唐代许多大寺院都有种茶的习惯。僧人们是专门进行精神修养的，把茶与精神结合，僧道都是最好的人选。

茶文化的兴起与禅宗关系极大。禅宗主张佛在内心，提倡静心、自悟，所以要坐禅。坐禅对老和尚来说或许较为容易，年轻僧人诸多尘念未绝，既不许吃晚饭，又不让睡觉，便十分困难了。禅宗本来是在南方兴起的，南方多产茶，或许南禅宗早已以茶助功。但正式把饮茶与禅

唐 周昉 《调琴啜茗图》

唐 佚名 《弈棋侍女图》（局部）

宗功夫联系起来的记载却是在北方。唐人所著《封氏闻见记》载："开元中，泰山灵岩寺有降魔师，大兴禅教。学禅务于不寐，又不夕食，皆许其饮茶，人自怀挟，到处煮饮，从此转相仿效，遂成风俗。"晚间不食不睡，茶既解渴，又能驱赶睡神，真是帮了僧人们的大忙。正如唐代诗人李咸用《谢僧寄茶》诗所说："空门少年初志坚，摘芳为药除睡眠。"茶之成为佛门良友有其内在道理。僧人饮茶既已成风，民间信佛者自然争相效仿。古代文献中有许多唐代僧人种茶、采茶、饮茶的记载，茶圣陆羽本人就出身佛门，做过十来年的小和尚，他的师父积公大师也有茶癖。陆羽的好友、著名诗僧皎然也极爱茶，他曾作诗曰："九日山僧院，东篱菊也黄。俗人多泛酒，谁解助茶香。"诗中道出了僧人与茶的特殊关系，故唐代名茶多出于佛区大刹。

2. 茶文化的形成与唐代科举制度有关

唐朝采取严格的科举制度，以进士科取仕，以致非科第出身者不能为宰相。每当会试，不仅应考举子像被关进鸡笼一般困于场屋，就是值班监考的翰林官们亦终日劳乏，疲惫难挨。于是，朝廷特命以茶果送到试场。唐人韩偓所撰《金銮密记》说："金銮故例，翰林当直学士，春晚人困，则日赐成象殿茶果。"《凤翔退耕传》亦载："元和时，馆客汤饮侍学士者，煎麒麟草。"这里的"麒麟草"也是指送会试举子的茶。举子们来自四面八方，朝廷一提倡，饮茶之风在士人群中当然传效更快。

3. 茶文化的形成与唐代诗风大盛有关

唐代科举把作诗列入主要考试科目。其他科目，如帖经等，被视为等而下之。传说诗人李贺与元稹不投机，元稹来访，李贺说："元稹不过是明经及第，不见他！"且不论这故事的真假，说明以诗中第确实是士人心中的理想目标。利禄所在，使文人无不攻诗。于是吟咏成风，出现诗歌的极盛时期，成为我国文学史上光辉的一页。诗人要激发文思，要有提神之物助兴。像李白、李贺那种好喝酒的诗人不少，但茶却适于更多不会酒的诗人。所以卢仝赞茶的好处："三碗搜枯肠，唯有文字五千卷。"人们说李白斗酒诗百篇，而卢仝却说三碗茶便有五千卷文字，茶比酒助文兴的功效更大了。饮茶必有好水，好水连着好山，诗人们游历山水，品茶作诗，茶与山水自然、文学艺术联系起来，茶之艺术化成为必然。

4. 茶文化的形成与唐代贡茶的兴起有关

封建皇帝终日生活在花柳粉黛和肥脆甘浓的环境中，难免患昏沉积食之症。为提神、为消食、为治病，每日饮茶，因而向民间广为搜求名茶，各地要定时、定量、定质向朝廷纳贡，称为"贡茶"。如阳羡茶、顾渚茶，都是有名的贡品。王室饮茶与一般僧侣、士人又不同，不仅要名茶、名水，还要金玉其器，茶具艺术必然得到发展。

5. 茶文化的形成与中唐以后唐王朝禁酒措施有关

酒在我国是许多人爱好的传统饮料，它的作用主要是兴奋神经。但酒的原料主要是粮食，倘若国无余粮便很难提倡饮酒。唐朝自贞观初年至开元二十八年（740年），一百一十年间人口由三百万户增长到八百四十一万余户，而由于"安史之乱"造成的农民逃亡又使总粮食产量下降。大量造酒与粮食的紧缺形成矛盾，于是，自肃宗乾元元年（758年）开始在长安"禁酒"，规定除朝廷祭祀飨燕外，任何人不得饮酒。这造成长安酒价腾跃高昂。杜甫有"街头酒价常苦贵"的诗句，并说："速宜相就饮一斗，恰有三百青铜钱。"有人计算，当时这一"斗"酒的价钱，可买茶叶六斤。民间禁酒，价又极贵，文人无提神之物，茶又有益健康，不好喝茶的也改成喝茶。故《封氏闻见记》说："按古人亦饮茶耳，但不如今溺之甚，穷日尽夜，殆成风俗，始于中地，流于塞外。"唐代疆域广大，许多边疆民族都进贡称藩，朝廷以茶待使节，并加以赏赐，从此茶和中原茶文化又传入边疆。

我们看到，唐代饮茶不仅已深入社会各阶层，而且更进一步与文人诗会、僧人修禅、朝廷文事、对外交流联系起来。这一切都成为茶文化正式形成的社会机缘。

二、茶圣陆羽

在中国茶文化史上，陆羽所创造的一套茶学、茶艺、茶道思想，以及他所著的《茶经》，是一个划时代的标志。

在我国封建社会里，研究经学坟典被视为士人正途。像茶学、茶艺这类学问，只被认为是难入正统的"杂学"。陆羽与其他士人一样，对于传统的中国儒家学说十分熟悉并悉心钻研，深有造诣。但他又不像一般文人被儒家学说所拘泥，而能入乎其中，出乎其外，把深刻的学术原理融于茶这种物质生活之中，从而创造了茶文化。是什么原因使陆羽走上研究茶学的道路而对茶文化有这种创造性的构建精神呢？要了解这一点，就必须研究陆羽的生平及品格，找到他的思想源流。

1. 坎坷的经历

陆羽，字鸿渐；一名疾，字季疵；自号桑苎翁，又号竟陵子。生于唐玄宗开元年间，复州竟陵郡（今湖北天门）人。唐代的竟陵是一个河渠纵横、风景秀丽的鱼米之乡，正如诗人皮日休所写："处处路傍千顷稻，家家门外一渠莲。"开元、天宝号称唐朝盛世，国家富强，域内安宁，但陆羽却一出生便面临着种种不幸。据《新唐书·陆羽传》和《唐才子传》记载，陆羽是个弃儿，自幼无父母抚养，被笼盖寺和尚积公大师所收养。积公为唐代名僧，据《纪异录》载，唐代宗曾召积公入宫，给予特殊礼遇，可见也是个饱学之士。陆羽自幼得其教诲，必深明佛理。积公好茶，所以陆羽很小便得艺茶之术。据说陆羽离开积公很久之后，积公还深念陆羽所煎茶味，其他再好的茶博士煮的茶都觉得不好，足见陆羽在寺院期间已学会一手好茶艺。不过，晨钟暮鼓对一个孩子来说毕竟过于枯燥，况且陆羽自幼志不在佛，而有志于儒学研究，故在其

唐花岗岩石茶具一组十二件

十一二岁时终于逃离寺院。此后曾在一个戏班子学戏。陆羽口吃，但很有表演才能，经常扮演戏中丑角，正好掩盖了生理上的缺陷。陆羽还会写剧本，曾"作诙谐数千言"。

天宝五载（746年），李齐物到竟陵为太守，成为陆羽一生中的重要转折点。李齐物为淮南王李神通之重孙，系王室后裔，为人正直，多政绩，曾开三门砥柱以通黄河漕运。后遭李林甫陷害，由河南府长官贬为竟陵太守。在一次宴会中，陆羽随伶人做戏，为李齐物所赏识，遂助其离戏班，到竟陵城外火门山从邹氏夫子读书，研习儒学。天宝十一载（752年），礼部员外郎崔国辅又因被贬官至竟陵。此时陆羽正精研经史，潜心诗赋。崔国辅和李齐物一样十分爱惜人才，与陆羽结为忘年之交，并赠以"白颁乌犉"（即白头黑身的大牛）和"文槐书函"。崔国辅长于五言小诗，并与杜甫相善。陆羽得这样的名人指点，学问又大增一步。

天宝十四年（755年），"安史之乱"爆发，所谓开元、天宝盛世结束，唐朝进入一个动乱不安的时期。二十四五岁的陆羽随着流亡的难民

唐洪州窑莲花瓣纹碗及托

离开故乡，流落湖州（今浙江湖州市）。湖州较北方相对安宁。陆羽自幼随积公大师在寺院采茶、煮茶，对茶学早就发生浓厚兴趣。湖州又是名茶产地，陆羽在这一带搜集了不少有关茶的生产、制作的材料。这一时期他结识了著名诗僧皎然。皎然既是诗僧，又是茶僧，对茶有浓厚兴趣。陆羽又与诗人皇甫冉、皇甫曾兄弟过往甚密，皇甫兄弟同样对茶有特殊爱好。陆羽在茶乡生活，所交又多诗人，艺术的熏陶和江南明丽的山水，使陆羽自然地把茶与艺术结为一体，构成后来《茶经》中幽深清丽的思想与格调。

自唐初以来，各地饮茶之风渐盛。但饮茶者并不一定都能体味饮茶的要旨与妙趣。于是，陆羽决心总结自己半生的饮茶实践和茶学知识，写出一部茶学专著。

为潜心研究和写作，陆羽终于结束了多年的流浪生活，于上元初结庐于湖州之苕溪。经过一年多努力，终于写出了我国第一部茶学专著，也是中国第一部茶文化专著——《茶经》的初稿，陆羽时年二十八岁。

公元763年，持续八年的"安史之乱"终于平定，陆羽又对《茶经》作了一次修订。他还亲自设计了煮茶的风炉，把平定"安史之乱"的事铸在鼎上，标明"圣唐灭胡明年造"，以表明茶人以天下之乐为乐的阔大胸怀。大历九年（774年），湖州刺史颜真卿修《韵海镜源》，陆羽参与其事，乘机搜集历代茶事，又补充《七之事》，从而完成《茶经》的全部著作任务，前后历时十几年。

《茶经》问世，不仅使"世人益知茶"，陆羽之名亦因而传布。以此为朝廷所知，曾受召任"太子文学"，又"徙太常寺太祝"。但陆羽无心于仕途，竟不就职。

陆羽晚年，由浙江经湖南而移居江西上饶。孟郊有《题陆鸿渐上饶新开山舍》诗云：

> 惊彼武陵状，移归此岩边。
> 开亭拟贮云，凿石先得泉。
> 啸竹引清吹，吟花新成篇。
> 乃知高洁情，摆落区中缘。

武陵为陶渊明写《桃花源记》的地方，诗人盛赞陆羽把桃源景色再现于此。至今上饶有"陆羽井"，人称陆羽所建故居遗址。

陆羽大约卒于贞元二十年冬或次年春，活了七十多岁。陆羽逝于何地，史家多有争议，有的说在上饶，有的说在湖州。孟郊有《送陆畅归湖州因凭题故人皎然、陆羽坟》诗，详细描述了湖州杼山陆羽坟的情况，故以逝于湖州为确。

陆羽一生坎坷，然而诚如孟子所言，承担天降大任之人，"必先劳其筋骨，饿其体肤"，坎坷的经历对陆羽是一种意志与思想的磨炼。无此种种艰苦，也许不可能有《茶经》的出现。

2. 友人交往

要想了解陆羽的茶文化精神，仅知其生平还不够，还要从其与友人交往中了解其思想脉络。

陆羽为人重友谊。《新唐书》本传说他"闻人善，若在己；见有过者，规切至忤人。……与人期，雨雪虎狼不避也"。陆羽无心仕宦、富贵，生平不畏权贵，一生所交者多诗人、僧侣、隐士与高贤。

中国茶文化与佛教有不解之缘，陆羽与僧人也有不解之缘。他自幼为智积禅师收养，壮年后又与僧人皎然结为好友。皎然不仅是中唐著名学僧，也是著名诗僧，为谢灵运十世孙，死后有文集十卷，宰相于頔为之作序，唐德宗敕写其文集藏之秘阁。陆羽与之相识大约在上元初，常互访或同游。皎然的诗多处提到与陆羽的友谊，并描绘与其共同采茶、制茶、品茶的情景。所以，陆羽的茶文化思想吸收了许多佛家原理。

陆羽好友不仅有僧人，还有道士，其中最著名的是李冶。李冶又名李秀兰，自幼聪慧洒脱，喜琴棋书画诸艺。长成出家，做了女道士。她尤擅格律诗，被称为"女中诗豪"。天宝间，玄宗闻其名，曾召入宫中一月。陆羽在苕溪，与皎然、灵澈等曾组织诗社，李秀兰多往与会。秀兰晚年多病，孤居太湖小岛上，陆羽泛舟前去探望，李秀兰还写诗以志，足见其友谊之深。陆羽在《茶经》中，将道家八卦及阴阳五行之说融于其中，反映了他所受道家影响也不小。

陆羽交往最多的是诗人、学士。其中最著名的有皇甫冉、皇甫曾、刘长卿、卢幼年、张志和、耿沣、孟郊、戴叔伦等。这些人大都是刚正率直并深有抱负和学识的人。一次陆羽问张志和最近与谁人经常往来，志和说："太虚为室，明月为炫，同四海诸公共处，未尝少别！"足见其胸襟。其《渔歌子》云："西塞山前白鹭飞，桃花流水鳜鱼肥。青箬笠，绿蓑衣，斜风细雨不须归。"陆羽所交诗人大多崇尚自然美，这对陆羽在《茶经》中创造美学意境大有影响。耿沣为"大历十才子"之一，曾与陆羽对答联诗，作《连句多暇赠陆三山人》（"陆三"是诗友们排行送陆羽的别号）。此诗二人联句，长达二十四句，耿盛赞陆羽对茶学的贡献："一生为墨客，几世作茶仙。""茶仙"之名即由此而来，耿已断定《茶经》必名垂后世。戴叔伦更是陆羽知音。戴曾遭同僚陷害，后来冤案昭雪，陆羽特与权德舆等各作诗三首相庆。由此亦见陆羽之人品。

陆羽友人中，最值一书的是颜真卿。颜以书法为后世称道，其实，他还是著名的军事家和政治家。"安史之乱"爆发，颜真卿正任平原郡太守，胡骑残暴河北，唯真卿战旗高扬，并领导了河北抗敌斗争，使平原郡与博平、清河得以独保。代宗时，谏朝廷、揭叛臣，忠耿刚烈。颜氏于政治、军事、法律、书法、音韵、文字学皆有造诣。大历八年，他到湖州任刺史，与皎然、陆羽结为挚友。他组织词书《韵海镜源》的编写，多达五百卷，有许多文士参加，陆羽是其中重要成员。这对陆羽加深儒理，在《茶经》中以中庸、和谐思想提携中国茶文化精神甚有助益。

陆羽受儒、道、佛诸家影响，而能融各家思想于茶理之中，与他一生结交这么多有名的思想家、艺术家有很大关系。《茶经》绝非仅述茶，而能把诸家精华及唐代诗人的气质和艺术思想渗透其中，因此才奠定了中国茶文化的理论基础。

3. 博学多才

我们从《茶经》本身即可看到，陆羽对自然、地理、气候、土壤、水质、植物学、哲学、文学都有很深的造诣。所以《茶经》的出现绝非一日之功，而是靠长期多方面知识的积累。事实上，陆羽确实多才多艺。他幼年学佛，少年学戏，青年开始钻研孔氏之学，又多与诗人交往，并擅长诗赋。此外，陆羽还擅长书法、建筑和方志学。他评价颜体的奥妙说：书法家徐浩习王羲之笔法，只得其"皮肤鼻眼"，而颜真卿能"得右军筋骨"，所以表面不像，却青胜于蓝，能够创新。其见解十分精辟。

唐代对地理学十分重视，各州府三年一造"图经"送尚书省兵部职方，于是出现了许多著名的地理学家。陆羽不是朝廷命官，但每到一地便留心于地方情形。颜真卿的《湖州乌程县杼山妙喜寺碑铭》曾记载，陆羽曾作《杼山记》。《湖州府志》又说他曾作《吴兴记》。陆羽所作方志著作，今可考证者有：

（1）《杼山记》，记湖州杼山地理、山川、寺院。

（2）《图经》，记湖州苕溪西亭之由来及方位、自然环境。

（3）《吴兴记》，可能是湖州地区全面的地理、风俗情况，故《湖州府志》称其为"本郡专志之肇始"。

（4）《惠山记》，述无锡周围山川、物产、掌故。

（5）《灵隐山二寺记》，记余杭灵隐山之山水、寺庙等。

陆羽还精通建筑学。颜真卿曾在湖州杼山妙峰寺造"三癸亭"，系大历八年十二月二十一日成，恰逢癸年、癸月、癸日，故以"三癸"名之。此亭为陆羽设计建造，颜真卿记事并书写，皎然和诗一首。三大名人集于一处，也算一绝了。皎然诗下有注："亭即陆生所创"。另外，陆羽居上饶时也曾自造山舍，依山傍水，凿泉为井，临山建亭，植竹林花圃。诗人孟郊惊叹其将陶渊明笔下的风景再现，说他造的亭可收云贮雾；凿石所引山泉及所植迎风而啸的竹林，可谐管弦之声。可见，陆羽又深得古代造园之法。我们在《茶经·五之煮》中，曾看到陆羽形容茶汤滚沸时的极美文字，如"枣花漂然于环池之上"，"回潭曲渚青萍之始生"等，如无对园林艺术的体验，怎可将大自然微妙搬到茶釜之中！

陆羽刚直，一生卓尔不群。正是他的人生经历、拓落性格、深邃的学识、广博的知识使他能深明茶之大道。陆羽虽深沉，但并不孤僻，他会做诙谐之戏，热爱生活，热爱自然，更关心国家，关心百姓。无论对学问、事业、友谊都十分执著。为写《茶经》他远上层崖，遍访茶农，经常深入民间。正如皇甫冉《送陆鸿渐栖霞寺采茶》诗中所写：

采茶非采菉，远远上层崖。
布叶春风暖，盈筐白日斜。
旧知山寺路，时宿野人家。
借问王孙草，何时泛碗花。

正是这种不畏艰苦、不断追求、深入实际的精神，使陆羽对茶的各个方面了解得那样细致、深入，用心血和汗水写下了不朽的《茶经》。

三、陆羽的《茶经》及唐人对茶文化学的贡献

陆羽的《茶经》，是一部关于茶叶生产的历史、源流、现状、生产技术以及饮茶技艺、茶道原理的综合性论著。它既是茶的自然科学著作，又是茶文化的专著。

关于陆羽的茶艺和茶道思想，我们在第二编中还有专门论述，所

以，这里仅介绍该书的一般情况及其有关茶艺的大体内容。

《茶经》共十章，七千余言，分为上、中、下三卷。十章目次为：一之源、二之具、三之造、四之器、五之煮、六之饮、七之事、八之出、九之略、十之图。

一之源，概述我国茶的主要产地及土壤、气候等生长环境和茶的性能、功用。他说："茶者，南方之嘉木也。一尺、二尺，乃至数十尺。其巴山峡川有两人合抱者。"当时两人合抱的大茶树，其树龄当上推千百年，证明了我国茶的原生树情况，雄辩地证明了我国是茶的原生地。陆羽还介绍了我国古代对茶的各种称呼，从文字学的角度证明茶原产我国。在本章，陆羽又从医药学角度指出茶的性能和功用，说"茶之为用，味至寒，为饮最宜"，有解除热渴、凝闷、脑痛、目涩、四肢烦懒、百节不舒的功用。

二之具，讲当时制作、加工茶叶的工具。

三之造，讲茶的制作过程。

四之器，讲煮茶、饮茶器皿。

五之煮，讲煮茶的过程、技艺。六之饮，讲饮茶的方法、茶品鉴赏。七之事，讲我国饮茶的历史。总之，五、六、七三章集中反映了陆羽所创造的茶艺和茶道精神。煮茶过程不仅被陆羽生动地艺术化，而且他运用古代自然科学的五行原理强调煮茶应注意的水质、火候。茶用名茶至嫩者，精制封存以待用，不使精华散越。火用嘉木之炭，而忌膏木、败株。水用山中乳泉，涓涓江流，离市之深井。煮茶讲究三沸，还要欣赏其波翻浪涌的美妙情景。保其华，观其色，品其味。在陆羽笔下，饮茶绝不像煮肉、熬粥一般为生存而造食，而是把物质的感受与精神的修养、升华联系到一起。陆羽说："天育万物皆有至妙……所庇者屋，屋精极；所着者衣，衣精极；所饱者食，食与酒皆精极之。"也就是说，衣食住行都要追求精美的情趣。所以，他把饮茶过程也看作精神享受的过程。七之事，总结了我国自神农、周公以来饮茶的传说和历史，使人们看到一个不断升华、发展的过程，也是我们研究茶文化发展史的基本材料。

八之出，详记当时产茶盛地，并品评其高下位次，记载了全国四十余州产茶情形，对于自己不甚明了的十一州产茶之地亦如实注出。这种对科学认真、执著的态度，即使在今天也值得我们效法。

九之略，是讲饮茶器具，何种情况应十分完备，何种情况省略何种器具。野外采薪煮茶，火炉、交床等不必讲究；临泉汲水可省去若干盛水之具。但在正式茶宴上，"城邑之中，王公之门"，"二十四器缺一则茶废矣"。

最后，陆羽还主张要把以上各项内容用图绘成画幅，张陈于座隅，茶人们喝着茶，看着图，品茶之味，明茶之理，神爽目悦，这与端来一瓢一碗，几口灌下，那意境自然大不相同。

且不论陆羽对茶的自然科学原理论述，仅从茶文化学角度讲，我们看到，陆羽确实开辟了一个新的文化领域。

第一，《茶经》首次把饮茶当作一种艺术过程来看待，创造了烤茶、选水、煮茗、列具、品饮这一套中国茶艺。我们把它称为"茶艺"，不仅指技艺程式，而且因为它贯穿了一种美学意境和氛围。

第二，《茶经》首次把"精神"二字贯穿于茶事之中，强调茶人的品格和思想情操，把饮茶看作"精行俭德"、进行自我修养、锻炼志向、陶冶情操的方法。

第三，陆羽首次把我国儒、道、佛的思想文化与饮茶过程融为一体，首创中国茶道精神。这一点在"茶之器"中反映十分突出，无论一只炉，一只釜，皆深寓我国传统文化之精髓。这一点在第二编还要详加论证。

由此看来，不能把《茶经》看作一般"茶学"，它是自然科学与社会科学、物质与精神的巧妙结合。

《茶经》问世，对中国的茶叶学、茶文化学，乃至整个中国饮食文化都产生巨大影响。这种作用，在唐朝当时即深为人们所注目，耿沨当时便断定陆羽和他的著作将对后世产生长远影响，因而称他为"茶仙"。《新唐书》说"羽嗜茶，著《经》三篇，言茶之源、之法、之具尤备，天下益知茶矣。时鬻茶者至陶羽形置炀突间，祀为茶神"，"其后尚茶成风，时回纥入朝，始驱茶市"。说明在唐代人们就已把陆羽称为"茶神"。关于民间以陆羽为茶神的事还有其他文献记载。《大唐传》载："陆鸿渐嗜茶，撰《茶经》三卷，常见鬻茶邸烧瓦瓷为其形貌，置于灶釜上左右，为茶神。"《茶录》曾记载了一个故事，说唐代江南有一个驿馆，其管理者自以为很会办事，请太守去参观。馆中有酒库，祀酒神，太守问酒神是谁，驿官说是杜康，太守说："功有余也。"又有一茶库，也供一尊神，太守问：这又是何人？驿官说是陆鸿渐，太守大喜。宋代著名诗人梅尧臣评价说："自从陆羽生人间，人间相学事春茶。"宋人陈师道为《茶经》作序说："夫茶之著书自羽始；其用于世，亦自羽始。羽诚有功于茶者也。上自宫省，下逮邑里，外及异域遐陬，宾祀燕享，预陈于前。山泽以成市，商贾以起家，又有功于人者也。"

《茶经》问世，民间或官方都很重视，历代一再刊行，宋代已有数种刻本。《新唐书》《读书志》《书录解题》《通志》《通考》《宋志》俱载之。《四库全书》亦收入。可考的本子有：宋《百川学海》本，明《百名家书》本、《格致丛书》本、《山居杂志》本、《说郛》

唐 邢窑白釉狮纹执壶

唐 越窑盏

本、《唐宋丛书》本、《茶书全集》本、《吕氏十种》本、《五朝小说》本、《小史集雅》本、华氏刊本、孙大绶本，清《学津讨原》本、《唐人说荟》本、《植物名实录考》本、《汉唐地理书丛钞》本，民国《湖北先正遗书》本等，近二十种。

为《茶经》作序、跋的有：唐人皮日休，宋人陈师道，明人陈文烛、王寅、李维桢、张睿、童承叙、鲁彭等。

《茶经》早已流传到国外，尤其是日本，人们十分注意对陆羽《茶经》的研究。目前，《茶经》已被译成日、英、俄等国文字，传布于世界各地。

陆羽的《茶经》，是对整个中唐以前唐代茶文化发展的总结。陆羽之后，唐人又发展了《茶经》的思想。如苏廙著《十六汤品》，从煮茶的时间、器具、燃料等方面讲如何保持茶汤的品质，补充了唐代茶艺的内容。唐人张又新著《煎茶水记》，对天下适于煎茶的江、泉、潭、湖、井的水质加以评定，列出天下二十名水序列。张又新声称他所列名水为陆羽生前亲自鉴别口授，但实际上他的观点常与陆羽相悖，故后人认为是假托羽名讲他个人的主张。不过，张氏此作将茶与全国名水相联系，引起茶人对自然山水的更大兴趣，使山川、自然在更广阔的意义上与茶结合，进一步体现中国茶文化学中天、地、人的关系，还是有所贡献的。在茶道思想方面，唐人刘贞亮总结的茶之"十德"，卢仝通过诗歌总结茶的精神作用等，都具有深刻的意义。此外，温庭筠曾作《采茶录》，虽仅四百字，但却以诗人、艺术家的特有气质，把煮茶时的火焰、声音、汤色皆以形象的笔法再现，也是很有特点的作品。至于唐人诗歌中有关茶的描写便更多了。

总之，唐朝是中国茶文化史上一个划时代的时期。

宋辽金时期茶文化的发展

第三章

从五代到宋辽金，是我国封建社会的一个大转折时期。仅从中原王朝看，封建制度已走过了它的鼎盛时期，开始向下滑坡。但从全中国看却是北方民族崛起，南北民族大融合，北方社会向中原看齐和大发展的时期。辽与北宋对峙，金与南宋对抗，宋朝虽然军事上总是打败仗，但经济、文化仍相当繁荣。茶文化正是在这种民族交融、思想撞击的时代得到发展。尤其从茶文化的传播看，无论社会层面或地域都大大超过了唐代。唐代是以僧人、道士、文人为主的茶文化集团领导茗茶运动，而宋代则进一步向上下两层拓展。一方面是宫廷茶文化的正式出现，另一方面是市民茶文化和民间斗茶之风的兴起，从两头扩大了唐代茶文化的狭小范围。从地域讲，唐代虽已开始向边疆甚至国外传播饮茶技术，但作为文化意义上的茗饮活动不过盛行于中原及产茶盛地而已。而到宋代，中原茶文化则通过宋辽、宋金的交往，正式作为一种文化内容传播到北方牧猎民族当中，奠定了此后上千年间北方民族饮茶的习俗和文化风尚，甚至使茶成为中原政权控制北方民族的一种"国策"，使茶成为连接南北的经济和文化纽带。

从茶艺与茶道精神来讲，此时期的茶文化一方面继承了唐人开创的茶文化内容，并根据自己时代的需要加以发展，同时也为元明茶文化的发展开辟了新的前景，是一个承上启下的时代。在茶道思想上，随着理学思想的出现，儒家的内省观念进一步渗透到茗饮之中。从茶艺讲，首先将唐代的穿饼，发展为精制的团茶，使制茶本身工艺化，增加了茶艺的内容。同时，又出现大量散茶，为后代泡茶和饮茶简易化开辟了先河。民间点茶和斗茶之风的兴起，把茶艺推展到广泛的社会层面。宫廷贡茶和茶仪、茶宴的大规模举行又使茶文化的地位抬升。宫廷的奢侈化与民间的质朴形成鲜明对比。从文化内容说，由于茶诗、茶画的大量出现，而且大多出自名人手笔，茶文化与相关艺术正式结合起来。如果说唐代茶文化更重于精神实质，宋人则把这种精神进一步贯彻于各阶层的日常生活和礼仪之中。表面看是从深刻走向通俗、浮浅，而从社会效果看则是向纵深发展了。因此，这是中国茶文化史上一个十分值得重视的时期。

谈中国文化史，按"大汉族主义"的思维习惯，总是以中原代替边疆，以宋代替辽金。实际上，中华民族是一个多民族大家庭，是大家共同创造了我们的民族文化。因此，不能置占半个中国的辽金两代于不顾。所以，我们在本章特以北国两朝与宋并列，并以五代开篇。

一、五代继唐开宋，文士茗饮别出新格

后梁灭唐，开始了中国又一个分裂动荡的时期。五代大都是短命王朝，武人得势，大多不讲文治。但因直接承盛唐风气，许多文化活动不可能因此终止。茶文化也如此。尤其在南方，吴蜀、江浙物产丰富，战事较北方也少得多，文人品茶论茗之事并未断绝。这一时期，许多文人组织饮茶团体、进行茶艺著述便是一个证明。

五代人和凝，就是一个大力推行茗饮的著名茶人。和凝为后梁贞明二年（916年）进士，又于后唐历任翰林学士、知制诰、知贡举，后晋时为中书侍郎、同门下平章事，后汉拜太子太傅，封鲁国公，终于后周。历梁、唐、晋、汉、周，是典型的五代人，也是典型的文士、文官。他在朝为官时，和其他朝官共同组织"汤社"，每日以茶相较量，味差者受罚。自唐以来，北方民间和文人中会社组织很多，比如佛教徒组织"千人邑""千人社"，会社是推行文化思想的一种得力手段。和凝正式组织"汤社"，这比唐代陆羽等人不加名目的饮茶集团更为社会所注目。自此，汤社成为文人聚会的一种正式形式，也开辟了宋人斗茶之风的先例。

毛文锡为唐末进士，五代十国时入后蜀任翰林学士，后历迁礼部尚书、判枢密院事，并拜司徒。他生活在四川这个茶的故乡，因而通晓茶的知识。后受谮贬荆州司马，又临近茶圣陆羽的故乡。然后降后唐，得悉江浙饮茶妙趣，复又入蜀。此人一生在江南茶乡东西盘桓，深敬陆羽。遂仿陆氏《茶经》七之事、八之出，撰《茶谱》。可惜原文已失，其遗文见《太平寰宇记》与《事类赋》。

还有苏廙的《仙茶传》，原书亦失，现存第九卷《作汤十六法》，又称《十六汤品》，收录于《清异录》。有人认为苏廙为唐代人，但苏氏生平无考，《清异录·茗荈门》所收各条均不早于五代，故苏廙仍以断为五代较宜。苏廙所叙制茶汤方法为"点茶法"，明显区别于唐代的直接煎煮。这更证明苏氏非唐人。同时，也说明宋人之点茶是早在五代便开始了。

另有陶穀，后晋时在朝为官，与和凝相善，得其赏识迁著作郎、监察御史、仓部郎中等，后归汉、侍周，一直到宋初方卒。陶榖一生好茶，据说他曾买了太尉党进一个家妓，过定陶时天正下大雪。陶榖雅兴大发，取雪水烹茶，并对党家妓说："党太尉该不懂这种风雅之事吧？"家妓看不起陶氏的穷酸，乃讽刺说："党太尉是个粗人，只会吃羊羔美酒，哪懂得这个！"陶学士虽然惭愧，但仍不忘茶，遂撰《茗荈录》，为宋代第一部茶书，对研究由五代至宋茶的演变、渊源有重要意义。陶榖于宋初历任礼部、刑部、户部三部尚书，其饮茶爱好及所撰茶书对宋代必有很大影响。

后人提起宋代茶艺，必从贡茶说起，而讲贡茶又离不开建茶。然而，建茶之始并不在宋，而始于南唐。陆羽著《茶经》时，尚不知建茶情形，但明确注明：福建十二州产茶情形未详，偶尔得之，其味甚佳。可能在唐代，建茶便已有相当的发展。到南唐时，福建、浙江一带已成为茶叶的重要产地。五代时的幽州军阀和辽初的契丹人千方百计与南唐联系，南唐使者常从海陆犯险北使，都是为换取南唐的茶、锦之利。五代初幽州军阀刘仁恭残暴而好财，据说曾令军人到西山采树叶充茶出卖而禁止南方茶入境，以换取厚利。辽史专家陈述先生认为，刘仁恭让军士采的并不是树叶，而是一种确实可以饮用并治病的中药，《五代史》作者为说明刘仁恭的贪婪，故意贬抑。不论是树叶还是中药，刘仁恭排斥南茶入境之事想是有的。这也反证了南方茶当时已大量向北方边塞出口。其中，南唐占很大比例。

南唐之茶，又以建州最为著名。这与南唐佛教发展又发生了关系。宋人江少虞所著《宋朝事实类苑》说，建州山水奇秀，士人多创佛刹，落落相望。南唐时，日州所领十一县到处是佛寺。建安有佛寺三百五十一，建阳二百五十七，浦城一百七十八，崇安八十五，松溪四十一，关隶五十二，总共可以千数。江氏所说寺数可能是宋代统计，但南唐寺院确实多，而且是我国佛教禅宗派最发达的地方。这便又应了"名山、名刹出好茶"和"茶禅一体"的典故。五代十国时，南唐最为富庶，宋太祖下南唐，得到南唐大片土地财富，自然也包括茶之利，从此建茶大受重视。特别是自建茶作为皇室专贡之后，其地位更高不可攀，其他地区望尘莫及。可见，宋朝茶文化的物质基础，也是在五代十国时期奠定的。

综上所述，唐代茶文化在五代时期并未因盛唐的灭亡与战争的频仍而中断。相反，正因局势动荡，文人生活迁徙多变，中原及长江流域发源的茶艺得以向南北扩展。五代十国时期对茶文化的贡献主要有以下几点：

1. 开辟"汤社"，使饮茶活动更有组织地进行。

2. 文人"汤社"开始对茶的品质竞赛评比，这不仅开宋代"斗茶"的先河，一直影响到现代茶行业专家们的品评会。我国物产丰富，各地物产各有千秋优长，本不好统一评价，唯茶、酒两项向来有精深的品评理论，这是有深刻历史渊源的。

3. 五代时已开始出现"点茶法"，这便打破了一般人"点茶始于宋"的成见。

4. 五代人继唐人之风，多著茶书，补充了唐代的茶艺和茶学理论。

5. 宋代以皇室为首，饮茶走向奢侈，有失唐人朴拙之风。而五代好茶者多"穷酸"文士，动荡漂泊，纵然当了朝廷大官也不及武人的权势，所以还保持了唐人茶文化的朴实。宋代由中间向两端发展，皇室尚奢侈，文人尚风雅，民间尚质朴。这质朴的一面，是由五代茶人继承下来的。陶穀以雪水煮茶，进一步加强茶艺向自然靠近的势态。自此临泉傍溪饮茶成为宋人最雅爱的风尚。

因此，我们说五代在茶文化发展上是起了继唐开宋的作用。

二、宋代贡茶与宫廷茶文化的形成

封建社会里，皇帝是最高统治者，一切最好最美的东西皆献帝王享用。茶是清俭的东西，当民间开始饮用时，宫廷虽偶尔为之，但还没有十分重视。唐代已有贡茶，故卢仝诗云："天子须尝阳羡茶，百草不敢先开花。"陆羽也谈到过王公贵族之家饮茶必二十四器皆备，而且要金玉具器的情况。唐代出土的茶具已相当豪华，贵族尚如此，皇室自然更胜一筹。不过，总的来说，唐代的宫廷虽有饮茶习惯，从文化意义上并未给人留下十分深刻的印象。

唐朝是文人、隐士、僧人领导茶文化的时代，宋朝则不然，由于自五代起，和凝等宰辅之流即好饮茶，宋朝一建立便在宫廷兴起饮茶风尚。宋太祖赵匡胤便有饮茶癖好，因而开辟宫廷饮茶的新时期。历代皇帝皆有嗜茶之好，以至宋徽宗还亲自作《大观茶论》。这时，茶文化已成为整个宫廷文化的组成部分。皇帝饮茶自然要显示自己高于一切的至尊地位，于是贡茶花样翻新，频出绝品，使茶品本身成为一种特殊艺术。宋人的龙团凤饼之类精而又精，以至每片团茶可达数十万钱。可以想见，对茶的这种玩赏、心理作用早已大大超出茶的实际使用价值。这虽不能看作中国茶文化的主流和方向，但上之所倡，下必效仿，遂引起茶艺本身的一系列改革，因而也不能完全否定。饮茶成为宫廷日常生活的内容，考虑全国大事的皇帝、官员很自然地将之用于朝仪，自此茶在

宋 佚名 《饮茶图》团扇面

国家礼仪中被纳入规范。至于祭神灵、宗庙，更为必备之物。唐代茶人大体勾画出了茶文化的轮廓，各阶层茶文化需要各层人士进一步创造。宋朝可以说是茶文化的形成时期。宋代团茶历南北宋、辽、金、元几代，直到明代方废，领导茶的潮流长达四五百年，不能说宋代宫廷对茶文化没起作用。关于宋代宫廷茶文化的具体情况，在第三编还要分论，此处仅就其发展过程概述一二。这便要从北苑建茶和"前丁后蔡"等贡茶使君说起。

宋代贡茶从南唐北苑开始。北苑在南唐属建州。其地山水奇秀，多寺院名胜，又产好茶，故自南唐便为造茶之地。《东溪试茶录》载："旧记建安郡官焙三十有八，自南唐岁率六县民采造，大为民所苦。我朝自建隆已来，环北苑近焙，岁取上贡，外焙具还民间而裁税之。"可见，北苑原是南唐贡茶产地。唐代的饼茶较粗糙，中间做眼以穿茶饼，看起来也不太雅观。所以南唐开始制作去掉穿眼的饼茶，并附以腊面，使之光泽悦目。宋开宝年间下南唐，特别嗜茶的宋太祖一眼便看中这个地方，定为专制贡茶之地。宋太宗太平兴国（976—984年）年初，朝廷开始派贡茶使到北苑督造团茶。为区别于民间所用，特颁制龙凤图案的模型，自此有了龙团、凤饼。宋朝尚白茶，到太宗至道年间又制石乳、的乳、白乳等品目。不过，宋代龙凤团茶所以被格外艺术化并留名于后世，还是因为有了丁谓、蔡襄这两个懂得茶学、茶艺的贡茶使君。

丁谓，字谓之，苏州长洲人。为人智敏，善谈笑，尤喜诗，于图画、棋弈、音律无所不通。好佛教，慕道士，曾为朝廷营造宫观及督山陵修建之事。可见，丁谓有一般茶人应有的文化修养。但其人狡黠，"好媚上"，用现代话说是个马屁精，所以并无茶人高洁的品质。正是这样一个既像茶人，又不像茶人的贡茶官，才能造出奇巧的"茶玩意

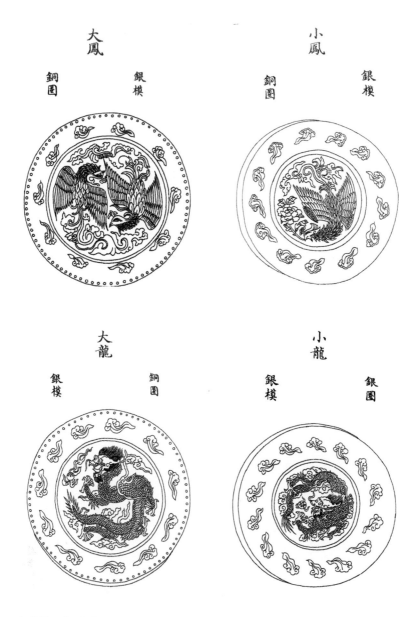

儿"。太宗淳化年间，丁谓为福建采访使，大造龙团以为贡品。真宗时，丁谓又掌闽茶，并撰《茶图》，详细介绍建茶采造情形。因此世人皆知建茶之精。

蔡襄，字君谟，同样是个能文能诗的人，还是书法家，为当时书家第一。但人品与丁谓恰相反。丁谓爱顺着皇帝的意思说好话，蔡襄却专爱挑皇帝老儿的毛病，他曾为谏官，并进直史馆。丁谓专建议皇帝多花钱，什么封禅、修陵之事，皇上还怕没钱，丁谓总能搜刮得足够钱财，满足皇帝奢好。蔡襄则专劝皇帝节俭，为翰林学士、三司使，较天下盈虚出入，量力制用。丁谓慕佛、道，但并非去悟禅理、明道德，而是搞巫蛊之事。蔡襄不大信天命，说"灾害之事，皆由人事"，劝皇帝多做好事。他两次知福州，曾开海塘，溉民田，减赋税，修堤岸，植松柏七百里以护道路，闽人为之刻碑纪德。蔡襄与朋友交重信义，朋友有丧，断酒肉而设灵位痛哭。范仲淹等四人因受谮被贬，他作《四贤一不肖》诗，不仅宋人流传，而且辽朝都敬佩。韩琦、范仲淹进用，他向皇帝进贺。其气质、品德很像"茶圣"陆羽。所以，虽有"前丁后蔡"之说，丁谓只算得上茶官，蔡襄才是真正的茶人，并深得饮茶要旨。他曾作《茶录》，分上下篇。上篇专论茶，正式提出色、香、味需并佳，指出饼茶以珍膏油面，于色不利；饼茶入龙脑，夺其清香；茶无好水则好茶亦难得正味。所以，他所介绍的并不是朝廷的龙团凤饼，而是建安民间试茶的工夫。下篇论茶器，专讲煮水、点茶的器皿，特别强调茶碗色泽应与茶汤色泽协调。人们只知蔡襄为小龙团的创始人，以为与丁谓一样只知奇巧，其实正是蔡襄对宋代团茶制法提出许多相反的看法。

龙团、凤饼与一般茶叶制品不同，它把茶本身艺术化。制造这种茶有专门模型，刻有龙凤图案。压入模型称"制"，有方形、有花，有大龙、小龙等许多名目。制造这些茶程序极为复杂，采摘茶叶须在谷雨前，且要在清晨，不见朝日。然后精心拣取，再经蒸、榨，又研成茶末，最后制茶成饼，过黄焙干，使色泽光莹。制好的茶分为十纲，精心包装，然后入贡。《乾淳岁时记》载："仲春上旬，福建漕司进第一纲茶，名北苑试新，方寸小夸，进御只百夸。护以黄罗软盝，藉以青蒻，裹以黄罗夹袱，巨封朱印，外用朱漆小盒镀金锁，又以细竹丝织笈贮之，凡数重。此乃雀舌水芽所造，一值四十万，仅可供数瓯之啜尔。或以一二赐外邸，则以生线分解，转遗好事，以为奇玩。"这种茶已经不是为饮用，而不过在"吃气派"。欧阳修在朝为官二十余年，才蒙皇帝赐一饼，普通百姓怕连看上一眼都不可能。这种奢靡之风虽不足取，但那精巧的工艺反映了劳动者的智慧，虽不能代表中国茶文化的主流，却也是茶艺中的一种创造。

宋朝贡茶不只龙凤茶，还有所谓京挺的乳、白乳头、金腊面、骨头、次骨等。龙茶供皇帝、亲王、长公主，凤茶供学士、将帅，的乳赐舍人、近臣，白乳供馆阁。

宋朝贡茶数量很大，岁出三十余万斤，凡十品。这给劳动者带来极为沉重的负担，而一些官吏却因此而升官加爵。据《高斋诗话》载，宋朝郑可简因贡茶有功，官升福建路转运使，后派其侄去山中催收贡茶，而让其亲子进京献茶，其子因而得高官。于是全家大摆宴席庆贺，郑可简作联，说"一门侥幸"，而其侄不服，则为下联，说"千里埋冤"。郑氏之侄未得官而叫冤，那些为贡茶终日劳苦的百姓更不知有多少冤屈。苏轼曾以唐朝为杨贵妃进荔枝的故事讽谏宋朝茶贡之奢靡，题为《荔枝叹》，诗云："君不见，武夷溪边粟粒芽，前丁后蔡相笼加。争新买宠出新意，今年斗品充官茶。吾君所乏岂此物，致养口体何陋耶！"苏轼也好茶，是士人茶文化的带头人，据说苏轼与蔡襄斗茶，蔡襄用的自然是著名团茶、上等好水，但比赛的结果却出乎意外，苏轼取得了胜利。看来，蔡襄虽是著名茶人，却难免沾染宫廷风气。

宋代宫廷茶文化的另一种表现是在朝仪中加进了茶礼。如朝廷春秋大宴，皇帝面前要设茶床。皇帝出巡，所过之地赐父老绫袍、茶、帛，所过寺观赐僧道茶、帛。皇帝视察国子监，要对学官、学生赐茶。《梦溪笔谈》载，宋代礼部贡院试进士，"设香案于阶前，主司与举人对拜，此唐故事也。所坐设位供帐甚盛，有司具茶汤饮浆"。接待北朝契丹使臣，亦赐茶，契丹使者辞行，宴会上有赐茶酒之仪，辞行之日亦设茶床。更值得注意的是，宋朝在贵族婚礼中已引入茶仪。《宋史》卷一百一十五《礼志》载：宋代诸王纳妃，称纳彩礼为"敲门"，其礼品除羊、酒、彩帛之类外有"茗百斤"。后来民间订婚行"下茶礼"即由此而来。这样，便使饮茶上升到更高的地位。朝仪中饮茶不同于龙团凤饼，它已是一种精神的象征。

三、宋人斗茶之风及对茶艺的贡献

斗茶，又称"茗战"，它是古人集体品评茶之品质优劣的一种形式。宋人唐庚《斗茶记》说："政和二年三月壬戌，二三君子相与斗茶于寄傲斋，予为取龙塘水烹之，第其品，以某为上，某次之。"政和是宋徽宗的年号，于是有人以为斗茶起自徽宗时。又因宋徽宗曾作《大观茶论》，其序中谈到："天下之士，励志清白，兢为闲暇修索之玩，莫不碎玉锵金，啜英咀华，较箧笥之精，争鉴别裁之。"这是说文士们斗茶的情形，于是，又有人认为，斗茶只是文人闲士百无聊赖的消闲举动，或是夸豪斗富的手段。其实，宋人斗茶既非自徽宗时才起，也并非主要是文人所为，而是很早便由民间兴起的。

由蔡襄的《茶录》可知，斗茶之风很早便由贡茶之地——建安兴起。蔡襄称之为"试茶"。建安北苑诸山，官私茶焙之数达一千三百三十六，制茶者造出茶来，自然首先要自己比较高下，于是相聚而品评。范仲淹《斗茶歌》说：

北苑将期献天子，林下雄豪先斗美。
鼎磨云外首山铜，瓶携江上中泠水。
黄金碾畔绿尘飞，紫玉瓯心雪涛起。
斗茶味兮轻醍醐，斗茶香兮薄兰芷。
其间品第胡能欺，十目视而十手指。
胜若登仙不可攀，输同降将无穷耻。

既然是贡奉天子的东西，好坏优劣当然都很重要，这里把斗茶的原因和现场情形都描述得十分清楚。饮茶既为朝廷所提倡，全国产量又迅速增加，民间饮茶之风也比唐代更盛。于是，斗茶又从制茶者间走入卖茶者当中。宋人刘松年的《茗园赌市图》便是描写市井斗茶的情形。图中有老人、有妇女、有儿童，也有挑夫贩夫。斗茶者携有全套的器具，一边品尝一边自豪地夸耀自己的"作品"。民间斗茶之风即起，文人们也不甘落后，于是在书斋里、亭园中也以茶相较量。最后终于皇帝也加入斗茶行列，宋徽宗赵佶亲自与群臣斗茶，把大家都斗败了才痛快。

这种几乎是在社会各阶层都流行起来的斗茶风气，对促进茶叶学和茶艺的发展起了巨大推动作用。关于制茶方法的改进，本不属本书讨论范围之内，但它牵涉茶艺，故可道其一二。总的来说，宋人制茶比唐人要精，这一方面是生产的发展产生的必然结果，同时也与宋代用茶方法相关。宋代贡茶数量很大，皇室对茶的要求是精工细作。宋代改唐人直接煮茶法为点茶法，所谓点茶，用开水去冲极细的茶末，更用力搅拌，使茶与水融为一体，然后趁热喝下。这两项大改变使制茶工艺发生不少变化。在精制、细作方面，也要特别强调时节，主张以惊蛰为候，且要日出前采茶，以免日出耗其精华。采下的芽，要细加挑拣，分出等级，以便制成不同的贡茶。同时，在蒸茶、榨茶、研茶方面也更科学化。尤其是研制功夫，十分注意，有的达十余次。因为研之愈细，愈易在点茶时使水乳交融。然后入各种形状的模子，称之为"入"成形，再过黄焙成茶饼，厚的团茶焙制数次，长达十几天。这样，自惊蛰采制，到清明前便送到京师。

在茶艺方面，由于点茶法的创造，烹茶技艺发生一系列变化。唐人直接将茶置釜中煮，直接通过煮茶、救沸、育华产生沫饽以观其形态变化。宋人改用点茶法，即将团茶碾碎，置碗中，再以不老不嫩的滚水冲进去。但不像现代等其自然挥发，而是以"茶筅"充分打击、搅拌，使茶均匀地混和，成为乳状茶液。这时，表面呈现极小的白色泡沫，宛如白花布满碗面，称为乳聚面，不易见到茶末和水离散的痕迹，如开始茶与水分离，称"云脚散"。由于茶液极为浓，拂击愈有力，茶汤便如胶乳一般"咬盏"。乳面不易云脚散，又要咬盏，这才是最好的茶汤。斗茶便以此评定胜负。今之日本茶艺，仍是采用此种方法，但笔者欣赏过两盏，茶末甚粗，虽散布满杯，却无乳聚面，所以那云脚早晚和咬盏与否也就谈不到了。

宋 佚名 《斗茶图》

　　茶艺的第二项改进，是讲色香味的统一。宋人尚白茶，乳面如皤皤积雪，由此产生对盏的要求，以青、黑之磁为之最好。今日日本茶艺，系以绿茶为之，又不出现白乳面，故不讲究盏色深，而多以白盏。欣赏古老茶艺的专家们崇尚所谓"天目碗"，但多为取其古拙之意，而并不了解宋代器与形色的关系。

　　此外，唐代饮茶多加盐以改变茶之苦涩，增其甜度，宋代不加盐，以免云脚早散。其余则大体同唐代。

　　到南宋初年，又出现泡茶法，为饮茶的普及、简易化开辟了道路。

　　宋代饮茶，就具体技艺讲是相当精致的，但其缺点也显而易见。即技艺之中，很难融进思想感情，陆羽在煮茶中那种从茶炉、釜水、茶气蒸腾中所达到的万物冥化、天人合一、自然变化的心理体验，宋人大概很难得到。这正是由于贡茶求物之致精而失其神的结果。所以，与其说是茶艺，不如称为"茶技"——其艺术韵味太少了。

　　要说宋人饮茶一点不讲精神境界也不是。文人在饮茶环境方面还是很讲意境的。范仲淹饮茶，喜欢临泉而煮。其镇青州时，曾在兴隆寺南洋溪清泉出处创茶亭。环泉古木蒙密，隔绝尘迹，赋诗鸣琴，烹茶其上，日光玲珑，珍禽上下，那意境还是很美的。故时人称此处为"范公泉"。自此，临泉造园以为饮茶之所的风气大开。济南多泉，大族多效仿。

　　苏东坡喜欢临江野饮，以抒发这位大文学家与天地自然为侣的浩然之气。

　　宋人对茶艺的又一贡献是真正将茶与相关艺术融为一体，由于宋代著名茶人大多是著名文人，更加快了这种交融过程。像徐铉、王禹偁、林逋、范仲淹、欧阳修、王安石、梅尧臣、苏轼、苏辙、黄庭坚等这些第一流的文学家都好茶，所以著名诗人往往有茶诗，书法家有茶帖，画

宋 赵佶 《文会图》（局部）

家有茶画。这使茶文化的内涵得以拓展，成为文学、艺术等纯精神文化直接关联的部分。因此，宋代贡茶虽然有名，但真正领导茶文化潮流，保持其精神的仍是文化人，就连皇帝也不免受文人的影响。如宋徽宗，便是追随文人茶文化的一个。宋徽宗不能算个好皇帝，丢了国家，当了俘虏，但在艺术方面很有造诣，无论诗词歌赋，琴棋书画皆晓。他所著的《大观茶论》，无论对茶的采制过程及烹煮品饮、民间斗茶之风都叙述很详细。作为一个封建帝王，实在难得。他还画有《文会图》，描绘了茶、酒合宴的情形，表现了宋代将茶、酒、花、香、琴、馔相融合的情景。可见，饮茶与相关艺术结合已成为一代风尚。

四、宋代市民茶文化的兴起

宋以前，茶文化几乎是上层人物的专利。至于民间，虽然也饮茶，与文化几乎是不沾边的。宋代城市集镇大兴，市民成为一个很大的阶层。唐代的长安，居民大多为官员、士兵、文人以及为上层服务的手工业者，商业仅限于东西两市。宋代开封，三鼓以后仍夜市不禁，商贸地点也不再受划定的市场局限。各行业分布各街市，交易动辄数百千万。要闹之地，交易通宵不绝。商贾所聚，要求有休息、饮宴、娱乐的场所，于是酒楼、食店、妓馆到处皆是。而茶坊也便乘机兴起，跻身其中。茶馆里自然不是喝杯茶便走，一饮几个时辰，把清谈、交易、弹唱结合其中，以茶进行人际交往的作用在这里被集中表现出来。大茶坊有大商人，小茶坊有一般商人和普通市民。

当时，汴梁茶肆、茶坊最多，十分引人注目。特别是在潘楼街和商贩集中的马行街，茶坊最兴盛。宋人孟元老《东京梦华录》载，开封潘楼之东有"从行裹角茶坊"。而在封丘门外马行街，其间坊巷纵横，

宋耀州窑青瓷划花三鱼纹茶盏

院落数万，"各有茶坊酒店"。有些大茶坊，成为市民娱乐的场所，同书记载，北山子茶坊在曹门街，"内有仙洞仙桥，仕女往往夜游吃茶于彼"。在这种茶坊中，不仅饮茶，还创造了一种仙人意境。民间文化往往重繁华热闹，这种茶坊与文人墨客品茗于林泉之下当然大不相同。开封的许多饭店卖饮兼卖茶，所以宋人称饭店为"分茶"。

宋代茶肆不仅在大城市十分兴旺，小城镇也比比皆是，这在小说《水浒传》中便多有反映。《水浒传》虽为明人所作，但其中许多故事很早便开始流传，故反映了不少宋代真实生活情景。其中，描写茶坊的不止一处。最为大家熟悉的便是武大郎隔壁的王婆茶坊。西门庆来到茶坊，王婆说有和合茶、姜茶、泡茶、宽叶茶，反映了我国古代爱以佐料入茶的情况。王婆茶坊内煮茶之处称"茶局子"，烧茶是用"风炉子"，以炭火用茶锅煮茶，给客人上茶谓"点茶"。这是民间点茶之法。《东京梦华录》说，汴梁士庶聚会，有专门跑腿传递消息之人，称作"提茶瓶人"。一开始，这些人主要为文人服务，后来民间媒婆、说客、帮闲，也成了"提茶瓶人"。

南宋都城临安及所属州县已有一百一十万人口，城内大小店铺连门俱是。同行业往往聚一街，更需以酒店、茶坊为活动场所。许多歌妓酒楼也兼营茶汤，饮茶与民间文艺活动又联系起来。

市民茶文化主要是把饮茶作为增进友谊、社会交际的手段，它的兴起把茶文化从文化人和上层社会推向民间，成为茶风俗的重要部分。北宋汴京民俗，有人迁往新居，左右邻舍要彼此"献茶"；邻舍间请喝茶叫"支茶"。这时，茶已成为民间礼节。

总之，宋代是茶文化由中间阶层向上下两头扩展的时期。它使茶文化逐渐成为全民族的礼仪与风尚。

五、辽金少数民族对茶文化的贡献

自唐代，中原饮茶习俗便开始向边疆传播。但文化意义上的饮茶活动，是自宋代才扩展到边疆民族。

辽宋对峙，但到"澶渊之盟"后却以兄弟之礼相互来往。中华民族本是一家，兄弟们打了又好，好了又打，但文化、经济的交往总是不断。辽朝是契丹人建立的国家，常以"学唐比宋"勉励自己。所以，宋朝有什么风尚，很快会传到辽朝。少数民族以牧猎为生，多食乳、肉而乏菜蔬，饮茶既可帮助消化，又增加了维生素，所以他们比中原人甚至更需要茶。我国自唐宋以后行"茶马互市"，甚至把茶作为吸引、控制少数民族的"国策"，这也使边疆民族更加以茶为贵。

宋朝茶文化的传播，首先是通过使者把朝廷茶仪引入北方。辽朝朝仪中，"行茶"是重要内容，《辽史》中有关这方面的记载比《宋史》还多。宋使入辽，参拜仪式后，主客就坐，便要行汤、行茶。宋使见辽朝皇帝，殿上酒三巡后便先"行茶"，然后才行肴、行膳。皇帝宴宋使，其他礼仪后便"行饼茶"，重新开宴要"行单茶"。辽朝茶仪大多仿宋礼，但宋朝行茶多在酒食之后，辽朝则未进酒食首先行茶。至于辽朝内部礼仪，茶礼更多。如皇太后生辰，参拜之礼后行饼茶，大馔开始前又先行茶。契丹人有朝日之俗，崇尚太阳，拜日原是契丹古俗，但也要于大馔之后行茶，把茶仪献给尊贵的太阳。

宋朝的贡茶和茶器也传入辽朝，宋朝贺契丹皇帝生辰礼物中，有"金酒食茶器三十七件"，"的乳茶十斤，岳麓茶五斤"，契丹使过宋境各州县，宋朝官吏亦赠茶为礼（见《契丹国志》）。

南宋与金对峙，宋朝饮茶礼仪、风俗同样影响到女真人。女真人又

《备茶图》 河北宣化辽代张匡正墓壁画

影响到西夏的党项人，自此北方茶礼大为流行。金代的女真人不仅朝仪中行茶礼，民间亦渐兴此风。女真人婚礼中极重茶，男女订婚之日首先要男拜女家，这是北方民族母系氏族制度遗风。当男方诸客到来时，女方合族稳坐炕上接受男方的大参礼拜，称为"下茶礼"，这或许是由宋朝诸王纳妃所行"敲门礼"的送茶而来。

至于契丹、女真的汉化文人，更是经常效仿宋人品茶的风尚。

所以，宋朝在茶文化精神方面虽有失唐人的深刻，但在推动茶文化向各地区、各层面扩展方面却做了重大贡献。

元明清三代茶文化的曲折发展

第四章

中国茶文化自两晋开始萌芽，唐代正式形成一定格局，宋代将范围与内容加以拓展，可以说一直处于上升的趋势。但自元以后，出现了新情况。如果把前一段比成一条不断汇聚、畅流的宽阔河道，自元以后，可以说进入一个千曲百折和百舸争流的阶段。

宋人拓宽了茶文化的社会层面和文化形式，茶事十分兴旺，但茶艺走向繁复、琐碎、奢侈，失去了唐代茶文化深刻的思想精神，有成功之处，但也有不少败笔。过精、过细的茶艺，一方面使形式掩盖内容，同时也给茶文化进一步发展带来困难。恰在这时，中国社会也发生了大的变革。元代蒙古人的入主，标志着中华民族全面大融合的步骤大大加快，中原传统的文化思想必然受到大的冲击。北方民族虽嗜茶如命，但主要是出于生活的需要，从文化上却对品茶煮茗之事没有多大兴趣，对宋人繁琐的茶艺更不耐烦。文化人面临故国残破，异族压迫，也无心再以茗事表现自己的风流倜傥，而希望由茶中表现自己的清节，磨砺自己的意志。这两股不同的思想潮流，在茶文化中却暗暗契合，即都希望茶艺简约，回归真朴。明初，汉人虽又重新夺回了政权，但有感于前代民族兴亡，本朝又一开国便国事艰难，仍怀砺节之志。所以，由元到明朝

中期，茶文化形势大体相近。其特点，一是茶艺简约化；二是茶文化精神
与自然契合，以茶表现自己的苦节。茶被称为"苦节君"，便是从这一时
期开始。晚明到清初，精细的茶文化再次出现，制茶、烹饮虽未回到宋人
的繁琐状况，但茶风趋向纤弱，不少茶人甚至终生泡在茶里，玩物丧志的
倾向出现了。这反映了封建制度日趋没落，文人无可奈何的悲观心境。清
代后期，我国进入近代历史，封建思想最后走向衰微，外来文化又不断冲
击，各种文化思潮处在大汇合、大撞击当中。表面看，传统的茶文化形式
终于衰落下去，但优秀的茶文化精神并未从中国土地上消亡，而是深深渗
入各阶层人民当中，开始了近代民众茶文化的大发展。

为了说明这种曲折变化，我们把元、明、清初放在一起考察，但它
们实际上是面目各异的几个阶段。

一、元代茶艺的简约化是对宋代"败笔"的批判

宋代在我国茶叶生产和制茶技术上是一个大发展的时期，对推动茶
文化内容丰富多样和拓展社会层面方面也做了不少贡献。但是，在茶艺
思想和茶道精神上，实在谈不到有多大发展。相反，崇尚奢华、繁琐的
形式，反而使自晋唐以来茶人努力发掘的优秀茶文化精神日渐淡化，失
去了其高洁深邃的本质。在某种意义上说，甚至是对优秀茶文化传统的
摧折。

所以产生这种情况，与宋代程朱理学有关。中国儒家思想在它的早
期本来有相当大的生命力。中国茶人恰恰是吸收了儒学中积极的一面，
如中庸、和谐、礼让、仁爱、团结、凝聚等社会理想与道德观念；天人

合一、五行相调、情景合一、物我一致等辩证的自然观等等，都被吸收到茶文化中来。所以，中国茶文化在它的早期，是以一种高屋建瓴、拓落出尘、清新豪爽的姿态出现的。唐代的茶艺表面看也比较复杂，但不失朴拙；茶人们对艺术的追求十分执著，对茶道精神的发掘相当深刻。好的茶人往往都表现了高尚的情操、宏远的理想和豁达的人生态度。而到宋代，儒家思想变成了维护封建教化的理论，虽然在吸收佛教思想、主张内省、创造知识分子理想人格方面有贡献，但反对变革。理论呆滞了，便难以推动文化发展。文人们饮茶，并不能从中发挥自己的思想，茶文化只剩下形式，精神被挤掉了。形式越繁琐，精神被挤掉越多。宋代喝茶都分了等级，一切纳入封建礼教之中。茶的自然形态也被扭曲了。龙团凤饼，精研细磨，十几道工序，加上富丽堂皇的龙纹、腊面、锦袱、金盒、朱封，连茶的模样都找不到了。朝仪用茶，不是喝茶，是"喝礼儿"；贵族喝茶，不是喝茶，是"喝气派"；文人喝茶也不是喝茶，可以说是"玩茶"。

　　尽管在一些高人隐士和禅宗寺院中还保持些茶道古风要义，但在整个社会上，保留朴实的精神实在不多。说到此，不能不赞叹日本这个国家善于学习拣择的精神。日本学习中国茶道是在南宋，但他们恰恰选择了保留唐人古风最多的南方禅宗茶道。而在整个北宋和南宋，这种精神是越来越少。不用说茶本身，每件饮茶器具也变成了体现豪华身份的道具。虽然在新生的市民茶文化中也出现不少鲜活的因素，但从全社会看，像唐朝那种勃勃生机是太少了。茶人们既很少陆羽那种积极向上的精神，也缺乏卢仝、皎然那种深刻的思想意境。宋徽宗赵佶崇尚道家，又懂茶学，但一直未能把道家的自然观与茶文化学相结合。许多大文人爱饮茶，但儒家以茶雅志向、砺节操的态度也少见了。蔡襄这样一个敢直谏、恤民意的人尚迷恋于龙团的奇巧，还能找出几个更优秀的茶人呢？苏东坡是大文学家，显然比一般人对茶的认识高了一筹，对贡茶的奢侈似有非议，既品尝过各种贡茶，又自己研究吃茶方法，曾到各处访名泉，崇尚自然，但也不过有感于"乳瓯十分满，人事真局促"，在茶中找一些自我解脱。像苏轼这样的自然派茶人宋代实在也找不出太多，不少茶人沾上了腐儒的酸气，体验不出茶的意境。

然而，物极必反。宋代茶太精了，人为的造作太多了，人们便又想起那质朴无华的自然茶艺。元代的社会环境恰恰提供了这样一个机会。

蒙古入主中原，豪放粗犷的牧马民族不可能对品茶论茗的风雅之举有很大兴趣。元初全国陷入蒙古人的金戈铁马之中，中原传统的文化体系受到一次大冲击。忽必烈建元大都，开始学习中原文化，但由于秉性质朴，不好繁文缛节，所以虽仍保留团茶进贡，但大多数蒙古人还是爱直接喝茶叶。于是，散茶大为流行。团茶本为保存方便，但到宋代过分精制，既费工又费时，而且成本昂贵，失去了其合理的使用价值。元移宋鼎，中原传统的文化精神受到严重打击。汉人受歧视，南方汉人更受歧视。文人的地位很低下，所谓"八娼、九儒、十丐"之说，虽是文人激愤自嘲的戏语，文人虽未正式被说成"臭老九"，地位也强不了多少。汉族传统文化遭到冲击，茶文化也面临逆境。耶律楚材是金末元初的大文人，他是契丹贵族后裔，由金入元，很受蒙古统治者器重，是元初的重要谋士。他从征西域，又帮蒙古人在燕京建立十路课税制度，可以说是元初少见的得势文人。但以耶律楚材之势，居然几年找不到好茶喝。他从征西域，从王君玉那里乞得几片好茶，高兴得做起诗来，诗中说："积年不啜建溪茶，心窍黄尘塞五车。碧玉瓯中思雪浪，黄金碾畔忆雷芽。卢仝七碗诗难得，谂老三瓯梦亦赊。敢乞君侯分数饼，暂教清兴绕烟霞。"以耶律楚材这样一个一代文豪，想得几片好茶还得向人家讨要，足见元初团茶受到的冲击已经很严重。

当然，蒙古人对饮茶并不反对，反对的是宋人饮茶的繁琐，他们要求简约。于是，首先在制茶、饮茶方法上出现了大变化。

元代茶饮有四类：

1. 茗茶

品饮方法已与近代泡茶相近。是先采嫩芽，去青气，然后煮饮。这种方法有人认为可能是连叶子一起吃下去，所以叶非嫩不可。

2. 末子茶

采茶后先焙干，再磨细，但不再榨压成饼，而是直接储存。这种茶是为点茶用，近于日本现在茶道用的末茶。

3. 毛茶

毛茶是在茶中加入胡桃、松实、芝麻、杏、栗等物一起吃，连饮带嚼。这种吃法虽有失茶的正味，但既可饮茶，又可食果，颇受民间喜爱。至今我国湖南、湖北等地吃茶爱加青果、青豆、米花，北方则加入红枣，便是元代毛茶的遗风。元代不仅民间喜爱毛茶，文人也有以毛茶自娱的。倪瓒是著名文人，他住在惠山中，以核桃、松子、真粉合制成石子般的小块，客人来，茶中加入这种"添加剂"，称作"清泉白石茶"。

4. 腊茶

也就是团茶。但当时数量已大减，大约只有宫廷吃得到。

从以上情况看出，团茶仍保存，但数量已很少。末茶制作也较简易，是为保留宋代斗茶法。而直接饮青茗和毛茶就更简便。这既适于北方民族，也适应于汉族民间。

正式废除团茶是明初。朱元璋生于乡闾之间，颇懂民间疾苦。明初尚有团茶进贡，他听说茶农很苦，团茶那样费工夫，耗资又大，便于洪武二十四年（1391年）下令正式废除进贡团茶。朝廷都不要了，民间自然也不再生产了。作为一个封建皇帝，能体察民情实为可贵。此一举，结束了自唐以来团茶统治饮茶世界的历史，开辟了饮茶的新时期，奠定了散茶的地位。散茶大量生产，茶广泛走向民间各家各户，向海外发展的可能性也更大了。但散茶的应用，实际上是从元代便大量出现了。

随着饮茶方法的简易化，元代茶文化出现了两种趋势：一是增多了"俗饮"，使饮茶更广泛地与人民生活、民风、家礼相结合；另一个特点是重返自然，茶人走向自然界，重新将茶、将自己融于大自然之中，从而继续发掘了道家冥合万物的思想。

俗饮，不见得便没有思想，中国人向来是强调精神的，民间也不例外。元代大画家、书法家赵孟頫，对饮茶是很有兴致的。他曾仿宋人刘松年的《茗园赌市图》作《斗茶图》，两者人物、意境都大体仿佛，但赵氏更突出了一个"斗"字，将几个民间斗茶的人物从神态上描绘得更为细腻。这说明，即使是元代文人，对民间俗饮亦十分重视。还有一幅无名氏的茶画，名为《同胞一气》，画面上是一群小儿，围着一盆炽热的炭火，火上有铁架之类，正在烤包子，同时手执茶壶、小杯，边吃边饮。表面看，这只是孩子日常生活写照，谈不到什么文化。但画家以"同胞一气"为题，立即突出了中国茶人团结、友爱、亲如手足的主题。可见，"文化"并不只是属于文化人，而是属于全体人民。中国茶文化更如此。南朝神话中描绘的伟大茶人是民间卖茶的老婆婆，元代的茶文化又通过儿童来倡导同胞一气。中国茶精神至深，深入到每一个角落。

在倡导俗饮的同时，元代文人开辟了与自然契合的饮茶风气。这种时尚来自两种原因：一方面，元代文人处于蒙古贵族高压之下，需以茶浇开心中的郁结；另一方面是道教的流行，给茶文化回归自然增添了理论根据。这种茶道思想从元人赵原所绘《陆羽烹茶图》可以得到证明。这幅画说是画陆羽，实际是元代茶人的理想。画中远山、近水、古木、茅屋，构成一个完整的和谐世界。青山高耸，古树挺拔，水域开阔，茅屋敞朗，虽是山峦起伏，但给人以天远地广、玉宇无限的感觉。主人翁置身于茅屋之下，小僮烹茶，人与茶、与物、与天地融为一体，似乎要从这饮茶生活中参悟天地宇宙的玄机。这与晚明、清初的茶寮、书房和茶画小品的意趣大不相同，它反映了元代茶人虽处逆境但胸怀远大的品格。

二、明人以茶雅志，别有一番怀抱

明清是中国封建社会的衰老时期。明朝一建国就面临着种种矛盾。朱元璋开国，还算开明，主张与民生息，社会初安，经济也有发展。但他去世不久，燕王便造了反，此后定鼎北京，又面临北方蒙古族残余势力的不断内侵。加上倭寇骚扰，农民起义，即使在明前期社会也并不太平。明朝对文人实行高压政策，以程朱理学为统治思想，文人是很难抒发政见的。从太祖朱元璋开始便采取严刑滥杀，胡惟庸一案，即辗转株连死者三万余人，大将蓝玉一案死一万五千余人。文人只能作八股，稍触禁忌即遭飞祸，出现不少文字狱。在此情况下，不少文人胸怀大志而无处施展，又不愿与世俗权贵同流合污，乃以琴棋书画表达志向。而饮茶与这诸种雅事便很好地融合了。明初茶人大多饱学之士，其志并不在茶，而常以茶雅志，别有一番怀抱。其突出代表是朱权和号称"吴中四才子"的唐寅、文徵明等。

朱权为明太祖朱元璋第十七子，神姿秀朗，慧心敏悟，精于史学，旁通释老。年十四封宁王，十二就藩大宁，智略宏远，曾威镇北荒。为靖难功臣，后与永乐帝渐有隙，受诽谤查无实据，后隐居南方，深自韬晦。于是托志释道，以茶明志。他说："凡鸾俦鹤侣，骚人羽客，皆能去绝尘境，栖神物外，不伍于世流，不污于时俗，或会于泉石之间，或处于松林之下，或对皓月清风，或坐明窗净牖，乃与客清谈款话，探虚玄而参造化，清心神而出尘表。"可见，其饮茶并非只在茶本身，而是"栖神物外"、表达志向的一种方式。朱权曾作《茶谱》，对废除团茶后新的品饮方法和茶具都进行了改造。又经盛颙、顾元庆等人的多次改进，形成了一套简易新颖的烹饮方法。明人饮茶一要焚香，既为净化空气，也是净化精神表示通灵天地的意愿。二是备器。朱权仿炼丹神鼎做茶炉，而以藤包扎。盛颙改用竹包，惠山竹炉又称苦节君，含逆境守节之意。然后是煮水、碾茶，将茶放在碗中点泡，以茶筅打击。这种点茶法较宋代简易，后来又加入茉莉蓓蕾，以蒸腾温润的茶气催花展放，食其味，嗅其香，观其美。由于毛茶法的出现颇为人喜爱，但茶中直接放果实易夺茶味，故朱权等将点茶法与毛茶法结合，饮茶同时又设果品。茶人每于山间或林泉之下，烹茶食果，得佳趣，破郁闷。

所谓吴中四才子，即文徵明、祝枝山、唐伯虎、徐祯卿。这几个都是才高而不得志的大文人，琴棋书画无不精通，又都爱饮茶。文徵明、唐伯虎皆有多幅茶画流行于世。

文徵明为明代山水画宗师，他的茶画有《惠山茶会记》《陆羽烹茶

明 宜兴窑变龚春茶壶

图》《品茶图》等。唐寅的茶画传世的有《烹茶画卷》《品茶图》《琴士图卷》《事茗图》等。这些画的共同特点，都是能契合自然。或于山间清泉之侧鸣琴烹茶，泉声、风声、煮茶声与画家的心声融为一体；或于古亭相聚品茗，友人诉说衷肠；或于江畔品饮，望江水滔滔……大多是天然景色。偶尔也反映室内茗茶情况，但比较少。正如朱权在《茶谱》中所说："茶之为物，可以助诗兴而云山顿色，可以伏睡魔而天地忘形，可以倍清谈而万象惊寒。"涵虚子为《茶谱》作序说得更明白："吾尝举白眼而望青天，汲清泉而烹活水，自谓与天语而扩心志之大，符水火以副内炼之功，得非游心于茶灶，又将有裨于修养之道矣！"

这期间，茶人著述亦甚丰，除朱权外，顾元庆亦作《茶谱》，田艺蘅有《煮泉小品》，徐献忠有《水品全秩》。这些著作，既是对自陆羽著《茶经》以来历代茶学的总结，也多方面反映了明前期茶文化发展情形。

这一时期为时不长，但在中国茶文化史上非常重要，它不仅是辞旧开新的阶段，更重要的是集中体现了中国士人茶文化的特点，反映了茶人清节励志的积极精神。尽管茶人的抱负不可能实现，但总是表达了自己的愿望。不用说诗、文及茶画，即便是饮茶器具也都以有深刻含意的词句命名。竹茶炉叫"苦节君"；盛茶具的都篮叫作"苦节君行省"；焙茶的笼子称作"建城"；贮水的瓶子叫作"云屯"，意谓将天地云霞贮于其中。茶人的用心良苦，可想而知。

三、晚明清初士人茶文化走向纤弱

如果说明初的士人们不苟于世俗，但还对理想抱有希望，晚明以后则彻底灰心了。这时，文化界出现了一种新复古主义，其代表人物有李梦阳、李攀龙、王世贞等，提倡"文必秦汉，诗必盛唐"。但实际上，既无秦汉的质朴雄浑，也没有盛唐的宏大气魄，只不过在形式上模仿作一些小品。不过，它对当时的八股文及以文媚神、媚权，谄谀权贵的文风起了对抗作用。稍后又有唐顺之、茅坤等，提倡直写胸臆。他们的作品与其说仿秦、汉、盛唐，不如说更像六朝士人，大多是些玩风赏月的风流文字。这些文人大都爱好饮茶，从茶中追求物趣。待到满清入主中原，这些文人既不肯"失节"助清，但又对时局无可奈何，乃以风流文事送日月，耗心志，有些人甚至皓首穷茶，一生泡在茶壶里。所以，表面看这一时期茶人与明前期的风流雅致相似，但实际上完全失去了那阔大的抱负与胸怀。

这一时期的茶人提出一些"理论"，为他们的消极情绪辩护。一是说"茶即道"，物神合一，不用专门考虑发扬什么其他精神。如张源认为茶本身"造时精，藏时燥，泡时洁。精、燥、洁，茶道尽矣"。所以，这些茶人特别讲究茶汤之美。二是讲与世无争。国家发生了很大变化，但反正自己不想参与国事。所以，即使在饮茶中也必定一团和气。各人对茶的观点不一致，你说你的，我说我的，一笑了之。像陆羽那样为茶艺与李季卿翻脸，作《毁茶论》的事，在这些茶人中是不会发生的。许多茶人不仅效仿陆羽入山访茶，而且自筑植茶的小园、饮茶的茶寮。张源隐居洞庭达三十载，朱汝圭春夏两季必入罗芥山访茶，六十年而不辍。这些人对茶的产地、滋味，水的高下，鉴别极精。在茶道哲学倾向上是唯美主义，所以对茶具的精致化有很大促进。对各地茶品，特别推崇罗芥茶。罗芥处于常、湖二州交界的宜兴和长兴，唐代陆羽写《茶经》便是在这个产茶区。由于明人推崇罗芥茶，宜兴陶制茶器因之身价大起，一把好宜兴壶当时便值五六两金子。器具更精美，物品更要精。除选茶外，对水的要求也更高。这时文人崇尚的是惠山泉水，许多人把惠山水装了罐，长途运输，带在身边。张岱专门组织了一个运水组织，为朋友们服务，按量论价，月运一次，愿者登记，每月上旬收银子。

最大的变化是饮茶环境。这时的茶人大多把室外饮茶搬到室内。陆树声所作《茶寮记》便是个典型。他主张园居小寮，禅栖其中，中设茶灶，备一切烹煮器具，烹茶僮子，过路僧人，跏趺而饮。茶人不再到大自然中去寻求契合，既然茶本身就包含着道，就不必到自然中去寻找了。所以，茶友必是翰卿墨客，缁流羽士，逸老散人。一句话：有钱又有闲。所以，不再像陆羽、皎然等的茶人盛会，而希望人越少越好。说独饮得神，二客为胜，三四为趣，五六曰泛，七八人一起饮茶便是讨施舍了。所以，有许多"易饮""不易饮"的讲究。这种自讨茶生活的风气，在明清茶画中到处可见。

此时的茶艺不仅要精而又精，而且常别出心裁，搞许多奇巧的花样。《茶寮记》载，沙门福全点茶时能使汤面幻化出一句诗，有的则使水纹成鸟兽虫鱼形象，被称为"茶百戏"。明人许次纾作《茶疏》说，饮茶时应当是：

心手闲适，披咏疲倦。
意绪纷乱，听歌拍曲。

歌罢曲终，杜门避事。

鼓琴看画，夜深共语。

明窗净几，洞房阿阁。

贵主款狎，佳客小姬。

访友初归，风日晴和。

轻云微雨，小桥画坊。

茂林修竹，课花责鸟。

荷亭避暑，小院焚香。

酒阑人散，儿辈斋馆。

清幽寺观，名泉怪石。

这些要求无非是清闲、雅玩，茶人高洁的志向消失殆尽矣！

四、清末民初茶文化走向伦常日用

明末清初的文人茶文化明显地脱离了大众和实际生活，这种文化思想自然缺乏生命力。近代以来，中国饱受帝国主义侵略，有志的知识分子大多抱忧国忧民之心，或变法图强，或关心实业，以求抵制外侮，挽救国家的危亡，救民于水火之中。那种以文化为雅玩消闲之举，或玩物丧志的思想不为广大士人所取。况且，国家动乱，大多数人亦无心茶事。这造成自唐宋以来文人领导茶文化潮流的地位终于结束。表面看，中国传统的茶艺、茶道逐渐衰退，乃至失传，但实际上，这支优越的传统文化并没有从中国土地上消失。恰恰相反，它继续深入，深入到人民大众之中，深入到千家万户，茶文化作为一种高洁的民族情操，与人民生活、伦常日用紧密结合起来。自元代，杂剧中便常说"早晨开门七件事，柴米油盐酱醋茶"。茶与百姓的日常生活结合，茶精神也成为人民大众的精神。

这种趋势，主要表现在以下几个方面：

1. 城市茶馆大兴

以北京为例，清末民初茶馆遍于全城，而且有适合于各层次人们活动的场所。有专供商人洽谈生意的清茶馆；有饮茶兼品尝食品的贰浑铺；有说书、表演曲艺的书茶馆；有兼各种茶馆之长、可容三教九流的大茶馆；还有供文人笔会、游人赏景的野茶馆。茶馆里既有挑夫贩夫，也有大商人、大老板，也可以有唱曲儿的、卖艺的，还可以有提笼架鸟的八旗子弟。在茶馆里，封建的等级制度是不好讲究了，茶作为人际交往的手段，通过茶馆这种特殊场合最突出、最充分地发挥出来。民国时，北京人几乎家家喝茶，人人喝茶，茶的需要量空前大增。据1934年《北平商务会员名录》统计，北平市参加商务会的茶店、茶庄即达一百多家，从业职工达一千多人。这些茶店，除供应市民需要，很大部分是供应茶馆。茶馆还把茶与曲艺、诗会、戏剧、灯谜等民间文化活动结合起来，造成一种特殊的"茶馆文化"。

民国以后，来茶馆喝茶的散客越来越少，许多茶馆改为戏园，并且成为第一批容许女子参加的社交场合。所以民初北平许多叫"茶园"的地方，实际上已是戏园。茶园里，既供茶，也供应花生、瓜子、糖果，同时有小戏台，演出京剧、评剧、话剧。人们来到茶园，寻找友谊、互助和"同胞一气"的精神。老舍先生的著名剧作《茶馆》便反映了当时北京茶馆文化的一个侧面。

2. 俗饮被大力推广

我国自晋以来，饮茶便被视为文化人和有闲阶层的雅事，一般百姓饮茶，不过被看作饮浆解渴，是不被重视的。所以，茶艺繁琐，一般人学不来，吃不起。清末民初，各种俗饮方法便开始出现，民间饮茶也开始讲兴趣味和技艺。世家大族以茶待客，讲三道茶：一杯接风，二杯畅谈，三杯送客。文士们家居，茶成为与妻儿抚琴、读诗、谈话的助兴之物。出外野游，或携童仆，或约好友，提了茶炉，于郊野品茶也是一种乐趣。普通百姓家中，也爱饮茶，各地方法也均有创造。什么京师盖碗茶、福建功夫茶皆由此时兴起。

俗饮最易融进民众的伦常观念及生活习俗。如分茶，一把大壶，几个小杯，称作"茶娘式"，表现母生子、生生不息和亲密的关系。清人丁观鹏的《太平春市图》，反映了在野外烹茶、饮食、佐以果品的生活习俗。仕女画中，反映妇女们边玩纸牌，边品茶的妯娌、姐妹情谊。甚至妓馆、戏厅、佛斋饮茶情形，皆以图画描绘。饮茶内容还上了杨柳青年画、小说插图。茶文化开始从有闲阶层中解放出来，成为人民大众的文化。《老残游记》中插有在金线泉饮茶的画图，《海上花列传》也有妓馆中"执壶当快手"陪客饮茶的版画插图。

这时，最爱饮茶的文人们当然并未放弃对茶的特别爱好，但已不单独以茶为艺，而是把饮茶结合在自己的日常文事活动之中。清人画谱中，书斋必有茶，桌上清供必有壶，盆景边也要画一把茶壶方算清兴，文几供品也少不了茶具，文房四宝也要配个茶壶或茶杯。

3. 茶具百花齐放

清末民初饮茶方法简易化，复杂的茶具不再被用，而壶与碗便被突出出来。茶壶除宜兴壶继续受宠外，还与其他工艺结合。玉匠做出玲珑剔透的青玉壶，景泰蓝工匠做出铜胎镶嵌金银的景泰蓝壶，有的壶上以金银、象牙为把手，至于各式陶瓷壶，更是百花齐放，多姿多彩。

由于对外茶叶贸易的大发展，适应国外要求的茶具也应运而出。英国自康熙年间向中国买茶，到20世纪初，中国出口产品中茶占交易额的百分之六十。外国人爱饮中国茶，也喜爱中国的茶具，为满足出口，出现了中西合璧的茶具，西方的造型，加上中国的山水、人物、花鸟，别具一格。由于半发酵的红茶出现，茶的色、香、味被更加突出表现，这对不了解茶的内在属性的外国人更有吸引力。随着茶叶和茶具的出口，中国茶更广泛为世界各国所知。各国商界巨子、政界名流，以饮中国茶、藏中国茶具为光荣。这时，官府常以茶招待外宾，中国人的饮茶礼仪也逐渐传到西方，中国茶文化随着时代的变化走向世界。茶，诚有功于民，有功于国，有功于我中华民族者！

乾隆皇帝的三清盖碗

第二编

中国茶艺
与茶道精神

茶艺和茶道精神，是中国茶文化的核心。我们这里所说的"艺"，是指制茶、烹茶、品茶等艺茶之术；我们这里所说的"道"，是指艺茶过程中所贯彻的精神。有道而无艺，那是空洞的理论；有艺而无道，艺则无精、无神。老子曰：

　　道，可道，非常道；名，可名，非常名。无名，天地之始；有名，万物之母。故常无，欲以观其妙；常有，欲观其徼。此两者同出而异名，同谓之玄，玄之又玄，众妙之门。

我想，这段话最能说明中国茶艺与茶道的关系。茶艺，有名，有形，是茶文化的外在表现形式；茶道，就是精神、道理、规律、本源与本质，它经常是看不见、摸不着的，但你却完全可以通过心灵去体会。茶艺与茶道结合，艺中有道，道中有艺，是物质与精神高度统一的结果。

本来，道就应该贯彻于茶艺之中，两者很难划分界限；但为让读者看得更明白，我们还是分而述之。

关于中国茶文化的一般演进情形，我们已在上章记述，其中也包含着艺茶之术和茶道之理。但不过是简述历史，难以详尽、精确。因而，本编难避复赘之嫌。但为使大家对茶艺茶道认识更为具体、深入，则必须作这样的梳理。

中国茶艺，至精至美，历代又变化万千，难以以章节尽其情形，也只能说个大概。中国茶道，实际是整个中华文明精华集结交融的产物，而非哪家哪派所能独自概括。所以，我们重点选取儒、道、佛三家茶道精神，也只不过作个代表。中国茶精神，大哉、深哉，笔者也只能道其一二。更多更深的道理，尚待广大茶人共同发掘。

第五章　中国茶艺（上）——艺茶、论水

中国茶文化，首先是一个艺术宝库。中国人"喝茶"与"品茶"是大有区别的。喝茶者，消食解渴，重视茶的物质功能、保健作用。品茶者，则不仅含品评、鉴赏功夫，还包括精细的操作艺术手段和品茗的美好意境。且不说唐代的"茶圣""茶仙"和宋代贡茶使君，以及明清艺茶专家与"茶痴"，即便近现代的真正茶人，品茶亦不同凡响。以老北京人来说，喝茶先要择器，讲究壶与杯的古朴或是雅致。壶形特异，还要有美韵。杯要小巧，不只为解渴，主要为品味。品茶还要讲与人品、环境协调。尝茶的滋味，同时还要领略清风、明月、松吟、竹韵、梅开、雪霁等种种妙趣和意境。连家居小酌，也要包含仪礼、情趣。其次要讲水，什么惠山泉水、扬子江心水、初次雪水、梅上积雪、三伏雨水……还有如何汲取、储蓄，或藏之经年，或埋之地下，用何种水泡何种茶，用时如何摇动均匀，或是静取不动，皆有一定讲究、一定之理。至于茶，则论雀舌、旗枪，又讲"明前"（清明前）、"雨前"（谷雨前）等。今之红绿花茶、西湖龙井，真正茶道家并不一定视为上品。煮茶的功夫则更大，柴炭、锅釜、火候、色、香、味，须处处留神，丝毫不爽。

至于历史上唐宋元明艺茶之法则道理更多。近年来，日本屡有茶道

表演团来华，国人视为珍奇；其实，中国茶道比这些内容要丰富得多。先不论茶道精神，即从茶艺外在形式而论，日本也只是吸收南宋或明代部分茶艺程序。中国茶道应是形式与精神的统一。仅以形式而言，便包括了选茗艺茶、名水评鉴、烹茶技术、茶具艺术、品饮环境的选择创造等一系列内容。现在流传于东亚诸国者，大半仅存点茶、品饮这一小部分内容，所以程式多于韵味，技巧多于精神。而在国内，由于古老的茶道形式和内容多已失传，许多人甚至还不知有中国茶道，即或也以程式化方法表演一些调茶献茶技艺，也远不能体现中国历史上茶道的精华。至于吃茶还要讲美学观点、艺术境界，绝大多数人更难以理解。

对现代人来说，吃杯茶还要有那么多繁复的讲究，大多数人无论时间、精力皆不大可能。于是，有人怀疑，有无重新发掘、介绍中国古老茶道的必要。我以为，中国茶文化的精华是它的茶道精神。但古人宣传这些精神是通过一定茶艺形式，否则只讲茶道精神而空洞无物，人们便很难理解。况且，旧的茶艺形式也可以变化改造，文化精神可融于新的茶艺形式之中，这有一个推陈出新的过程。但要创新则先须知旧，所谓"温故知新"便是这个道理。况且，中国古老的茶艺，即使在现代化的今天也不一定完全失去意义。完全向大众推广固可不必，作为一种古老的文化形式则可再次展现。影视、戏剧中总是多次再现古代生活，并非要现代人都重新穿着宽衣广带、高冠厚履，但我们从古人生活中仍可受到许多启迪。日本以茶道为"国粹"，借以宣扬自己的民族精神，中国既是茶的故乡，又是茶文化的发源地，而且茶道内容更为丰富、完备，为何不加以总结、整理，使之再现呢？况且，不讲中国茶艺，也难明茶道之理。所以，我们仍要从茶艺说起。

以下分两章、从六个方面介绍中国茶艺。

清宫旧藏紫砂壶

一、艺茶

中国人喝茶与外国人喝咖啡大不相同，特别是茶道中的茶，是作为天地、物品与人的统一过程来看待的。所以，无论辨茶之优劣、产地、加工、制作、烹调，不仅要符合大自然的规律，还包含美学观点和人的精神寄托。在现代，用先进的科学技术已可以分析出各种茶的化学成分、营养价值、药物作用，而古代的中国茶学家，是用辩证统一的自然观和人的自身体验，从灵与肉的交互感受中来辨别有关问题。所以，在饮茶技艺当中，既包含着我国古代朴素的辩证唯物思想，又包含了人们主观的审美情趣和精神寄托。从物质与精神的结合上说，其成就甚至有超过现代之处。

茶，在中国人看来，乃天地间之灵物，生于明山秀水之间，以青山为伴，以明月、清风、云雾为侣，得天地之精华，而造福于人类。所以古代真正的茶人，不仅要懂烹茶待客之礼，而且常亲自植茶、制作，课僮艺圃。即使没有亲种亲制的条件，也要入深山，访佳茗，知茶的自然之理。从汉王课僮艺茶，唐代名僧广植茶树，陆羽走遍大江南北、太湖东西，朝攀层峦，暮宿野寺、荒村，一直到明代茶人自筑茗园等，形成了这种实践的传统。当代茶圣吴觉农先生、茶学大师庄晚芳先生，既是自然科学专家，又皆通古籍，既明茶理，又懂其中的蕴藉。所以，中国茶艺中第一要素便是"艺茶"，无论评名茶、择产地、采集、制作，均须得地、得时、得法。

《茶经》云："茶者，南方之嘉木也。""其地，上者生烂石，中者生栎壤，次者生黄土。"这是讲茶的土壤条件。又云："野者上，园者次，阳崖阴林，紫者上，绿者次；笋者上，牙者次；叶卷上，叶舒次。阴山坡谷者，不堪采掇，性凝滞，结瘕疾。”这是讲茶的其他自然环境和采摘时机。而这些条件多在我国南部气候温润、环境幽静的名山之中。于是茶的生长条件本身决定它天然要与风光名胜之区相伴。中国茶人深深了解这个道理，从选茶开始便重视契合自然。

唐代由于皇帝爱喝阳羡茶，皆以阳羡为佳。其实，当时名茶产地已经很多。最著名者，一是集中于风景秀丽的巴山蜀水之间，二是太湖周围的著名风景区。陆羽将全国盛产名茶的三十一州加以评定，其中八州在今四川境内，占四分之一。当时，蜀中贡茶已达上百种，最著名者有蒙山茶、中峰茶、峨眉茶、青城茶、峡川间的石上紫花芽、香山茶、云安茶、神泉小团、明昌禄等，而蒙顶石花号称第一。巴蜀多文人，唐人重诗歌，经诗人吟咏，巴蜀之茶愈为世人推重。浙西的常、湖二州亦多产名茶，最有名者称顾渚紫笋。此地濒临太湖，山水佳丽，流泉清澈，既得气候之宜，又兼水土之精。中有杼山，多佛刹精舍，陆羽曾为作志。陆羽及皎然等正是在此处奠定了中国茶道的格局，顾渚茶更为人所重。

宋代继南唐于建州北苑大造贡茶，北苑名刹毗连，茶好，水也好，加之朝廷推崇，名声大振。但贡茶制作过于艰难复杂，又加入龙脑等香料，故真正的茶人并不以为佳，即便建州民间斗茶也不以腊面龙团为之。于是，不少茶人访名山，寻佳茗，日注茶、蒙顶茶、宝云茶等茶被视为真正上品。

明人崇尚罗岕茶。隐栖于山中曰“岕”，“岕”字，今通“芥”字，相传有罗氏者隐于武夷山，因得罗岕之名。明代文人好武夷茶，多因同好武夷之景。茶痴朱汝圭，每年入罗岕访茶，六十年如一日。此山又有明月峡，吴人姚绍宪自辟小园，于其中植茶，自判品第。由童年而至白首，朱汝圭始得其玄诣。据他讲，许次纾所著《茶疏》，便是因姚绍宪将试茶秘诀都告知许氏，方有此著作。许氏逝世后又"托梦"给他，令其将《茶疏》传布，姚氏因而为之作序。有此一段神话般的故事，武夷山茶更令人传颂。明代被人重视的好茶，还有歙州罗松茶、吴之虎丘茶、钱塘龙井茶、天台山雁荡茶、括苍山大盘茶、东阳金华茶、绍兴日铸茶等。

由此可见，历史上的名茶，常在好山好水间，又得茶人品第、文人传颂，方为人所重。仅选茶一节，既包含了科学道理，又有美学思想。庄子认为，凡物契合于自然方算真好、真美，中国茶艺由选茗开始便体现了这种自然观点。

好茶，还要采摘得时，制作得法。

唐人采茶时间要求不严，谓阴历二、三、四月均可采。宋以后，对采茶时间要求严格，常以惊蛰为候，至清明前为佳期。天色主张晴日凌露之时，如果茶被日晒，则膏脂被耗，水分又失，不鲜且失精华。采茶用指甲，不用手指，以免被手温所熏染，为汗水所污。唐人对茶芽不大拣择，挺拔者即为佳。宋以后拣择甚精，以芽之形状、老嫩分别品级。一般说，芽越嫩茶愈佳。一芽为莲蕊，如含蕊未放；二芽称旗枪，如矛端又增一缨；三芽称雀舌，如鸟儿初启嘴巴。真所谓未见其物，先闻佳名，使人油然生出喜悦之情。中国茶艺，未施术而先有美韵，非古老文明国家是难理解的。

好茶须制作得法，故制茶又是茶艺要害。唐代制茶已相当考究。唐代制作的茶有四种：觕茶、散茶、末茶、饼茶。觕茶类似现代茶砖，储运方便但不精。散茶经烘焙后立即收藏，如现代散茶，但在饮时须研磨成末，类似日本茶道所用末茶。这三者，主要是民用，觕茶主要供边疆民族，散茶与末茶流行民间。但作为茶艺，均难取得艺术效果，故陆羽着重改进饼茶。而其他诸品因饼茶的驰名，唐代中后期已流行日稀。饼茶原为荆、巴间制法。陆羽主张只取春芽，以蒸青法杀青，然后捣为泥，以圆模拍制成饼，最后穿孔，串为一气，温火焙干，收藏备用。饼茶既有末茶使用的简便（因古代要将茶末与水交融共饮），又便于保存，所以自此大为流行。由唐代中期直到明初，领导中国茶艺五百余年。

宋代因贡茶，把饼茶做得过于精细，虽表面好看，却反失茶的真味。茶道本应是物质与精神的统一，失去物质本来面目，艺术精品亦显得造作。但从艺术角度，亦不失为一种别具一格的创造，故仍有介绍之必要。

宋代贡茶以龙团、凤饼为名，是以金银模型压制的饼茶，又称团茶。宋代团茶去掉穿孔，研制多次，细腻美观，再加龙脑香料，外附腊面，光泽鉴人。大龙团一斤八饼，小龙团一斤达二十饼。名为团茶，其实有各种图案。龙、凤团皆为圆形，龙团胜雪为方形饼，白团为六角梅花形，雪英为六角形，宜年宝玉为椭圆形，太平嘉瑞似白团而大，端云翔龙似大龙团而小，万春银叶为六角尖瓣形，长寿玉圭下方而上圆……每饼皆以龙纹、祥云、彩凤为图案，历朝花样翻新，层出不穷。《武林旧事》曰：

仲春上旬，福建漕司进第一纲蜡茶，名北苑试新。皆方寸小镑。进御只百镑。护以黄罗软盝，藉以青蒻，裹以黄罗夹袱，巨封朱印，外用朱漆小匣镀金锁，又以细竹丝织芨贮之，凡数重。此乃雀舌水芽所造，一值四十万，仅可供数瓯之啜尔。

欧阳修《龙茶录·后序》云：

茶为物至精，而小团又其精者，《录》叙所谓上品龙茶者也。盖自君谟（注：即蔡襄，字君谟）始造而岁贡焉。仁宗尤所珍惜。虽辅相之臣，未尝辄赐。唯南郊大礼致斋之夕，中书枢密院各四人，共赐一饼。……至嘉祐七年，亲享明堂，斋夕，始人赐一饼，余亦忝预，至今藏之。余自以谏官供奉仗内，至登二府，二十余年，才一获赐。

以欧阳修之职位，二十余年方得皇帝赏赐一饼，可见龙团之精、之贵，实比珍宝更为难得。苏轼则比欧阳修幸运多了，曾多次得到小龙团，所以说："小团得屡试，粪土视珠玉。"一茶饼值数十万，拿珠玉与之比，自然与粪土一般了。然而物虽至精，但过于奢侈，便不合我国茶道养廉、雅志的主旨了。但宋代龙团凤饼工艺确有值得研究、发掘之处。今之坨茶、砖茶皆傻大黑粗，虽实用但确不美观，若能吸取宋人工艺加以改良，岂不更美！

元代北方蒙古族对过分细腻的文化难以接受，游牧民族喜砖茶，民间则多用散茶。明代正式废除团茶，这也算朱元璋体谅民间疾苦的一项功德之举，而散茶、末茶、砖茶皆流传下来。明清半发酵的红茶类出世，茶的色、香、味能得到更好的体现。花茶也应运而生，由于符合北方人特别是京师的饮茶习惯，因而大为风行。

应当特别指出，古人制茶既是生产过程，又当作精神享受，是从制茶过程中体验万物造化之理。所以从起名到制作，皆含规律和美学精神。

而许多文人饮茶，有的临时采集，有的以半成品重新加以研磨、烤炙，从中体验自制自食的妙趣，便更富实践精神。

二、论水

　　水之于茶，犹如水之于酒一样重要。众所周知，凡产名酒之地多因好泉而得之，茶亦如此。再好的茶，无好水则难得真味。故自古以来，著名茶人无不精于水的鉴别。水的好坏对茶的色、香、味影响实在太大。记得余幼时多闻天津人极爱喝茶，但十几年前一到天津，泡了杯极好茉莉花茶，饮来如同食苦涩药汤。原来那时"引滦入津"工程尚未进行，天津人喝的是饱含盐碱的苦水，再好的茶也吃不出滋味。一般饮茶尚且如此，要求极严的古代茶艺自然更重视水质水品。明人田艺蘅在《煮泉小品》中说，茶的品质有好有坏，"若不得其水，且煮之不得其宜，虽好也不好"。明人许次纾在《茶疏》中也说："精茗蕴香，借水而发，无水不可与论茶也。"清人张大复甚至把水品放在茶品之上，他认为："茶性必发于水，八分之茶，遇十分之水，茶亦十分矣；八分之水，试十分之茶，茶只八分耳。"（《梅花草堂笔谈》）这确实并非夸张，而是从实践中得来的宝贵经验。

　　关于宜茶之水，早在陆羽著《茶经》时，便曾详加论证。他说：

　　其水，用山水上，江水中，井水下。其山水，拣乳泉、石池漫流者上，其瀑涌湍漱勿食之，久食令人有颈疾。又多别流于山谷者，澄浸不泄，自火天至霜郊以前，或潜龙蓄毒于其间，饮者可决之，以流其恶，使新泉涓涓然，酌之。其江水，取去人远者。井水取汲多者。

　　陆羽在这里对水的要求，首先是要远市井，少污染；重活水，恶死水。故认为山中乳泉、江中清流为佳。而沟谷之中，水流不畅，又在炎夏者，有各种毒虫或细菌繁殖，当然不宜饮。而究竟哪里的水好，哪儿的水劣，还要经过茶人反复实践与品评。其实，早在陆羽著《茶经》之前，他便十分注重对水的考察研究。《唐才子传》说，他曾与崔国辅"相与较定茶水之品"。崔国辅早在天宝十一载便到竟陵为太守，此时的陆羽尚未至弱冠之年，可见陆羽幼年已开始在研究茶品的同时注重研究水品。由于有陆羽这样一个好的开头，后代茶人对水的鉴别一直十分重视，以至出现了许多鉴别水品的专门著述。最著名的有唐人张又新的《煎茶水记》、宋代欧阳修的《大明水记》、宋人叶清臣的《述煮茶小品》、明人徐献忠的《水品》、田艺蘅的《煮泉小品》。清人汤蠹仙还专门鉴别泉水，著有《泉谱》。至于其他茶学专著，也大多兼有对水品的论述。

唐人张又新说，陆羽曾品天下名水，列出前二十名次序，他曾作《煎茶水记》，说李季卿任湖州刺史，行至维扬（今扬州）遇陆羽，请之上船，抵扬子驿。季卿闻扬子江南泠水煮茶最佳，因派士卒去取。士卒自南泠汲水，至岸泼洒一半，乃取近岸之水补充。回来陆羽一尝，说："不对，这是近岸水。"又倒出一半，才说："这才是南泠水。"士兵大惊，乃具实以告。季卿大服，于是陆羽口授，乃列天下二十名水次第：

庐山康王谷水帘水第一，
无锡县惠山寺石泉水第二，
蕲州兰溪石下水第三，
峡州扇子山下蛤蟆口水第四，

苏州虎丘寺石水第五，

庐山招贤寺下方桥潭水第六，

扬子江南零水第七，

洪州西山西东瀑布水第八，

唐州柏岩县淮水源第九，

庐州龙池山顾水第十，

丹阳县观音寺水第十一，

扬州大明寺水第十二，

汉江金州上游中零水第十三，

归州玉虚洞下香溪水第十四，

商州武关西洛水第十五，

吴松江水第十六，

天台山西南峰千丈瀑布水第十七，

郴州圆泉水第十八，

桐庐严陵滩水第十九，

雪水第二十。

这二十名水次第，是否为陆羽评定，很值得怀疑。首先，李季卿曾羞辱陆羽，并不识茶的真谛。即使陆羽成名后，李氏重言和好，以陆羽为人，不见得能对这位势利眼有畅怀评水之兴。其次，这二十名水有多处与《茶经》的观点不合。陆羽向来认为湍流瀑布之水不宜饮，而且容易令人生病，而这二十项中，居然有两项瀑布水。第三，陆羽认为山水上，江水次之，井水下，这二十水次序与陆羽《茶经》观点也常上下颠倒。当然，水不仅在于位置，而且主要在成分，所以不可拘泥《茶经》

之说一概而论。但张又新的排列，确实与陆羽对水的科学见解有相悖之处。所以，早在宋代，欧阳修对此即提出质疑，认为张又新是假托陆羽之名，自己胡诌。但不论如何，《煎茶水记》打开了人们的视野，加深了人们对茶艺中水的作用的认识，不能全泯其功。因而，后代茶人访名茶，还常访名泉，对水的鉴别不断提出新见解，也是受到张又新的启发。至于是否要把天下名水都分出次第等级，笔者则以为大可不必。现代科学对茶的品质鉴别已十分精细，何茶宜何水自然不该一概而论，而应具体区别对待。不过，前人的研究成果仍是值得十分重视的。

历代鉴水专家对水的判第很不一致，但归纳起来，也有许多共同之处，就是强调源清、水甘、品活、质轻。

对水质轻重，特别好茶的乾隆皇帝别有一番见解，他曾游历南北名山大川，每次出行常令人特制银质小斗，严格称量每斗水的不同重量。最后得到的结果是北京西郊玉泉山和塞外伊逊河（今承德地区境内）水质最轻，皆斗重一两。而济南之珍珠泉斗重一两二厘，扬子江金山泉斗重一两三厘。至于惠山、虎跑，则各为一两四厘，平山一两六厘，清凉山、白沙、虎丘及京西碧云寺各为一两一分。有无更轻于玉泉山者，乾隆说：有，雪水。但雪水不易恒得，故乾隆以轻重为首要标准，认为京西玉泉山为"天下第一泉"。不论其确切与否，这也算一种观点。玉泉山被称为"天下第一泉"，其实不仅因为泉水水质好，一则乾隆皇帝偏爱；二则京师当时多苦水，明清宫廷用水每年取自玉泉；三则玉泉山景色当时确实幽静佳丽。当时的玉泉位于玉泉山南麓，泉水自高处"龙口"喷出，琼浆倒倾，如老龙喷汲，碧水清澄如玉，故得玉泉之名。可见，被视为好水者，除水品确实高美外，与茶人的审美情趣有很大关系。

被人称为"天下第一泉"的何止玉泉山，因历代评鉴者观点和视野、经历不同，被誉为"天下第一泉"者大约也有六七处。

最早被命为天下第一泉者，据说是经唐代刘伯刍鉴定的"扬子江南零水"，又称"扬子江心水""中泠泉"等。此泉位于镇江金山以西扬子江心的石弹山下，由于水位较低，扬子江水一涨便被淹没，江落方能泉出，所以取纯中泠水不易，加之附近江水浩荡，山寺悠远，景色清丽，故为许多茶人和大诗人所重。再加上李季卿与陆羽品泉的一段故事就更增添了许多传奇色彩。著名英雄文天祥即有诗曰："扬子江心第一泉，南金来此铸文渊。男儿斩却楼兰首，闲品《茶经》拜羽仙。"

据张又新《煎茶水记》所云，陆羽所认定的"天下第一泉"是江西庐山的谷帘水，而把扬子江心南泠水降到了第七位。此泉在庐山大汉阳峰南，一泓碧水，从涧谷喷涌而出，再倾入潭，附近林木茂密，绝少污染，故水质特佳，具有清冷香洌、柔甘净洁等许多优点，用以试茶，据说不仅味好，而且沫饽云脚如浮云积雪，在特别重视沫饽育华的古代尤被珍视。

还有云南安宁碧玉泉，据说为明代著名地理学家徐霞客认定为"天下第一泉"。此泉为温泉，以天然岩障分为两池，下池可就浴，内池碧波清澈，奇石沉水，景既奇，水又甘，故可烹茶，故徐氏亲题"天下第一泉"五个大字，认为"虽仙家三危之露，佛地八功之水，可以驾称之，四海第一汤也"。

济南之趵突泉，早在北魏时期郦道元所著《水经注》中即有记述，经《老残游记》的艺术渲染，更吸引多少名士和游人前来观赏品味。据说，早在宋代就有曾巩以之试茶，盛赞其味，故也被世人称为"天下第一泉"。

还有峨眉山金顶下的玉液泉，据说是王母令玉女自瑶池所引琼浆玉液，故被视为"神水"。

至于各地自判的名水便更多了。特别是产茶胜地，多有好水相伴，其实多不在诸多所谓"天下第一泉"之下。如龙井茶配虎跑水，顾渚茶配金沙泉，皆被公认是最佳组合。还有无锡惠山泉水，向来被认为是不可多得之物。历代著名茶人往往长途跋涉，专门运输储存。

中国茶学家不仅重视泉水，对江水、山水、井水也十分注意。有些茶学家认为，烹茶不一定都取名泉，天下如此之大，哪能处处有佳泉，所以主张因地制宜，学会"养水"。如取大江之水，应在上游、中游植被良好幽静之处，于夜半取水，左右旋搅，三日后自缸心轻轻舀入另一空缸，至七八分即将原缸渣水沉淀皆倾去。如此搅拌、沉淀、取舍三遍，即可备以煎茶了。从现代观点看，这种方法可能不如加入化学物质使之直接洁净省时省工，但对古人来说，却是从实践中得来的自然之法，也许更符合天然水质的保养。

至于其他取水方法还有许多，有的确有一定科学道理，有的不过因人之所好，兴之所至，因时、因地、因具体条件便宜从事。如有些茶人取初雪之水、朝露之水、清风细雨中的"无根水"（露天承接，不使落地）。甚至有的人专于梅林之中，取梅瓣积雪，化水后以罐储之，深埋地下，来年用以烹茶。有的日本茶人批评中国人饮茶于旷野、松风、清泉、江流之间，体现不出苦寂的茶道精神。其实，各个民族、各种人群，都有自己的好尚。大自然本来多姿多彩，人生本来应合自然韵律，只因社会、自然条件限制，日本茶人把"和敬清寂"视为他们的茶道主旨，而又特别突出强调"清""寂"二字。我想人们既不该像现今一些西方人那样任意放纵，也不必如日本茶人一味追求苦寂，比较起来，还是中国茶人更符合自然之理。按照中国大哲学家庄子的思想，所谓精神主要要从大自然中领悟，合乎自然韵律者为美。中国茶人特别重视水，要从泉中、江中、滚沸的茗釜中听取那大自然的箫声琴韵。各种思想凡被人们多数赞许者皆各有千秋，何必定要扬此抑彼。即如今日，人们以自来水泡茶，只要水好，冲泡得法，又有何不可？

　　总之，水在中国茶艺中，是一大要素，它不仅要合于物质之理、自然之理，还包含着中国茶人对大自然的热爱和高雅、深沉的审美情趣。

　　茶道表演，连水也不懂，是谈不到茶艺、茶道的。

第六章　中国茶艺（下）
　　　　——茶器、烹制、品饮与品茗意境

三、茶器

　　"工欲善其事，必先利其器"，这是说的一般劳动工作。茶艺是一种物质活动，更是精神艺术活动，器具则更重要更讲究，不仅要好使好用，而且要有条有理，有美感。所以，早在《茶经》中，陆羽便精心设计了适于烹茶、品饮的二十四器：

风炉

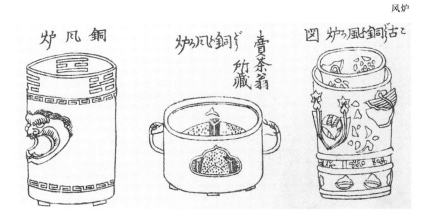

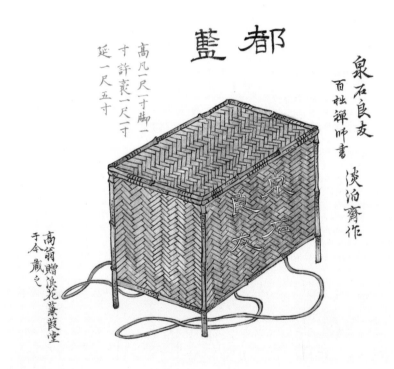

都藍

泉石良友
百拙禪師書 淡泊齋作

高凡一尺一寸脚一
寸許裏一尺一
延一尺五寸

高翁贈浪花華嚴堂
于今藏之

1. 风炉：为生火煮茶之用，以中国道家五行思想与儒家为国励志精神而设计，以锻铁铸之，或烧制泥炉代用。其具体设计思想见后章茶道部分。

2. 筥：以竹丝编织，方形，用以采茶。不仅要方便，而且编制美观，这是由于古人常自采自制自食而特意设置之器。

3. 炭挝：六棱铁器，长一尺，用以碎炭。

4. 火筴：用以夹炭入炉。

5. 鍑（即釜）：用以煮水烹茶，似今日本茶釜。多以铁为之，唐代亦有瓷釜、石釜，富家有银釜。

6. 交床：以木制，用以置放茶。

7. 纸囊：茶炙热后储存其中，不使泄其香。

8. 碾、拂末：前者碾茶，后者将茶拂清。

9. 罗合：罗是筛茶的，合是贮茶的。

10. 则：有如现在的汤匙形，量茶之多少。

11. 水方：用以贮生水。

12. 漉水囊：用以过滤煮茶之水，有铜制、木制、竹制。

13. 瓢：舀水用，有用木制。

14. 竹筴：煮茶时环击汤心，以发茶性。

15. 鹾簋、揭：唐代煮茶加盐去苦增甜，前者贮盐花，后者舀盐花。

16. 熟盂：用以贮热水。唐人煮茶讲究三沸，一沸后加入茶直接煮，二沸时出现泡沫，舀出盛在熟盂之中，三沸时将盂中之热水再入釜中，称之谓"救沸""育华"。

17. 碗：是品茗的工具，唐代尚越瓷，此外还有鼎州瓷、婺州瓷、岳州瓷、寿州瓷、洪州瓷，以越瓷为上品。唐代茶碗高足、扁身。

18. 畚：用以贮碗。

19. 札：洗刷器物用，类似现在的炊帚。

20. 涤方：用以贮水洗具。

21. 滓方：汇聚各种沉渣。

22. 巾：用以擦拭器具。

23. 具列：用以陈列茶器，类似现代酒架。

24. 都篮：饮茶完毕，收贮所有茶具，以备来日。

用现在人的观点来看，饮一杯茶有这么多复杂的器具似乎难以理解。但在古代人来说，则是完成一定礼仪，使饮茶至好至精的必然过程。用器的过程，也是享受制汤、造华的过程。其实，现代烹饪所用器具较陆羽二十四器更为复杂，只不过厨师做，客人吃，不知其中艰辛而已。中国古代茶人，用这样细腻的描述体味自煎自食的乐趣，也从中表现实践精神。陆羽当时便说明，所谓"二十四器必备"，是指正式茶宴，至于三五友人，偶尔以茶自娱，可据情简化。

宋代不再直接煮茶，而用点茶法，因而器具亦随之变化。宋代茶艺，处处体现了理学的影响，连器具亦不例外。如烘茶的焙笼叫"韦鸿胪"。自汉以来，鸿胪司掌朝廷礼仪，茶笼以此为名，礼仪的含义便在其中了。碎茶的木槌称为"木待制"，茶碾叫作"金法曹"，罗合称作"罗枢密"，茶磨称"石转运"，连擦拭器具的手巾都起了个高雅的官衔，叫作"司职方"。且不论这些名称所表达的礼制规范是保守还是进步，其中的文化内涵则一目了然。可见，中国古代茶具不是为繁复而繁复，主要是表达一定的思想观念。宋代全套茶具以"茶亚圣"卢仝名字命名，叫作"玉川先生"。足见，仅以使用价值来理解古代茶器是难得

鎏金壶门座银茶碾子

鎏金飞天仙鹤纹银茶罗子

要旨的。今人参观日本茶道表演，看见方巾、水方、小刷子等一堆器物，而不知其义。不用说现代中国人，即便日本茶道师，使用这些器物也不一定尽知其中含义。因此，只有从文化观念上，才可能作出合理的解释。

明清废团茶，散茶大兴，烹煮过程简单化，甚至直接用冲泡法，因而烹茶器皿亦随之简化。但简化不等于粗制滥造，尤其对壶与碗的要求，更为精美、别致，出现各种新奇造型。由于中国瓷器到明代有一个高度发展，壶具不但造型美，花色、质地、釉彩、窑品高下也更为讲究，茶器向简而精的方向发展。壶、碗历代皆出现珍品，如明代宣德宝石红、青花、成化青花、斗彩等皆为上乘茶具。壶的造型也千姿百态，有提梁式、把手式、长身、扁身等各种形状。图案则以花鸟居多，人物山水也各呈异彩。我国唐代茶碗重古朴，而宋代由于斗茶的出现，以茶花沫饽较品质高低，需要碗色与茶色和谐或形成鲜明对比，所以重瓷器色泽。而明清以后，茶之种类日益增多，茶汤色泽不一，壶重便利、典雅或朴拙、奇巧，碗则争妍斗彩，百花齐放。所以，仅用明清壶碗组成一个大型展览亦并不费难。

清代京师，则自有独特的高雅茶具。老北京大家贵族、宫室皇廷，乃至以后许多高档茶馆，皆重盖碗茶。此种茶杯一式三件，下有托，中有碗，上置盖。盖碗茶又称"三才碗"。三才者，天、地、人也。茶盖在上，谓之"天"，茶托在下，谓之"地"，茶碗居中，是为"人"。一副茶具便寄寓一个小天地、小宇宙，包含古代哲人"天盖之，地载之，人育之"的道理。

盖碗茶源于何时，至今无定论。茶托又称"茶船"，民间相传为唐代西川节度使崔宁之女所造，始为木托，后以漆制，始称茶船。但从目前考古发掘来看，茶托的出现肯定更早，所以崔宁之女创茶船之说也只能作故事传说来看。盖碗茶具有许多花样，常绘山水花鸟，多出名人手笔，碗内又绘避火图。有的连同茶托为十二式；也有的十二碗加十二托，为二十四式，以备茶会之用。清代茶托花样繁多，有圆形、荷叶形、元宝形等。北京气候高寒，茶具以保温为要，所以盖碗茶具一时风行。此风一起，影响各地。尤其是四川等地，大街小巷，处处茶馆皆备盖碗茶，至今特色不减。

明清以后，茶具不仅为实用，而且成为十分典雅的工艺品，许多家庭喜欢摆一套精美茶具，有客来沏一壶好茶，列杯分茗，既是亲朋情谊，又是艺术品的陈列欣赏。中国人的茶艺观点可以说已深入千家万户。

中国瓷器向来知名世界，饮中国茶，要用中国茶具方为完美。茶与茶具结合，推动了中国茶文化向外扩展。自明以来，我国出口贸易中茶与瓷器皆为大宗，近代更是如此。直至现代，中国茶具仍为世界各国所喜爱。今日一些东南亚国家，明明是自己烧制的茶具，却以"中国瓷器"相标榜，以抬高身价。小小茶具对推动中外文化交流起了重要作用。

四、紫砂陶壶与制壶专家

紫砂陶壶本来只是茶具中的一种，我们之所以将之单列一节，是因为在明清以来的茶艺发展史上它占有特殊的地位。其质朴的特质与深刻的艺术思想实在值得特书一笔。

我国茶具本来有一个从陶到瓷的发展过程，到明清之时，我国瓷器已发展到光辉的顶峰，按理说，陶具是不可能突出的。紫砂壶本起于宋代，但一般并不为人所重。而到明代，忽然异军突起，数十年间即达到狂热的程度。而由明至今，紫砂壶身价一直未减，许多收藏家甚至倾其家财而搜集紫砂珍品。这种现象必然有一定道理。

明人对紫砂壶评价是极高的。周容《宜都瓷壶记》说："今吴中较茶者，必言宜兴瓷。"《阳羡名壶》说："台湾郡人，……最重供春小壶，一具用之数十年，值金一笏。"《桃溪客话》载："阳羡名壶，自明季始盛，上者与金玉同价。"明代一把好紫砂壶，甚至可抵中人一家之产，常与黄金争价。至今，紫砂名壶甚至成为某些人一生追求、寻觅的目标。是什么原因使紫砂壶在我国茶文化发展史上得到这样的殊遇呢？许多人从经济、技术方面作了探讨。我以为，新技艺的发现固然是某种器具兴起的基本要素，但是否能够推广则主要看是否合乎社会需要。所谓社会需要，一是物质需要，二是精神需要。所以，紫砂壶的出现，主要还要从茶与人的变化中探讨原因。

我国古代中原及江南各地多流行绿茶，绿茶重在自然色泽，品味清淡，砂壶吸香，自然于绿茶不宜。而到明代，发酵、半发酵茶出现了。这种茶要求浓泡、味重，而瓷器久泡茶味易馊。而且汁浓壶必不可很大，一壶揣于怀中，砂壶手感好，有自然、温厚、平定之感，并且储之较长茶汤亦无"熟烂气"。紫砂壶以宜兴、阳羡、潮州等地特种粗砂而制，无土气，不夺香，又无热汤气，泡茶不失厚味，色、香、味皆不易失，甚至注茶越宿，暑月不馊。一壶在手，既觉温暖，又不烫手。这些，正是半发酵茶和红茶类的要求。所以，若无此类散茶的出现，无论文人如何提倡，不适用之物也是行不通的。这是物质基础。

但是，紫砂壶之所以能于明代短期内迅速跃居诸种瓷器之上，甚至达到可加冠加冕的地步，这主要还是特殊的社会背景所决定的。

明代，尤其是晚明至清初，是社会矛盾极为复杂的时期。本来，明初的文人在茶艺中就追求自然，崇尚古朴，但主要是契合大自然而回归于山水之间。明末，社会矛盾继续加深，许多思想家都尽力觅求解决社会矛盾的方法而不可得。社会问题难以解决，文人们开始从自己的思想上寻求自我完善或自我解脱。于是继宋代程朱理学之后，明代理学思想又进一步发展。特别是王阳明的"心学"，把释家禅宗思想和道家思想皆融于儒学之中，形成一种新儒学。三教合一的新儒学继承了程朱理学强调个人内心修养的思想，一方面提倡儒学的中庸、尚礼、尚简，同时推崇释家的内敛、喜平、崇定，并且崇尚道家的自然、平朴和虚无。这些思想不仅在哲学界、思想界产生重大影响，也影响到文化界，继而进入茶学思想之中。这时，社会留给文人的自由天地更为狭小，想找一块暂时的沙漠绿洲也很难得。于是，许多文人只好从一壶一饮中寻找寄托。所以在茶艺上，一方面仍崇尚自然、古朴，而同时又增加了唯美情绪，无论对茶茗、水品、茶器、茶寮，皆求美韵，不容一丝一毫败笔。但这种美韵又不是娇艳华美，而要求童心逸美。所以在书画中追求"逸品"，把"逸品"放在"神品"之上，对戏剧、文学追求"化工"，而不是"画工"，所以李贽赞《拜月亭》《西厢记》是真正的"化工"之作，而《琵琶记》不过是"画工"之品，认为艺术应真正达到出神入化，而不能只像"画工"，画其皮毛。

这些思想深刻影响晚明茶艺，特别是制壶艺术。文人的天地愈小，愈想从一具一器中体现自己的"心"。从一壶一器、一品一饮中寻找自己平朴、自然、神逸、崇定的境界。正在这时，出现了一批制壶专家，他们的出现，正是这多种思想心理交融的结果。

据说，第一位有明文记载的制壶专家是金沙寺的一位僧人，他首创阳羡砂壶。此僧佚名，只知其性情"闲静有致"。所以，紫砂壶一入世便与禅理结合起来。

其后，出现了龚春，其艺名又为供春。供春是真正的紫砂壶的鼻祖。此人原是文人吴颐山的一个书童，其艺术构思肯定受吴的影响。他制壶期间，又常住金沙寺中，所以又受释家影响。他是下层人物，还带着劳动者的泥土气息。这多种因素，形成他质朴、典雅的艺术风格。他的作品无论色泽、形态皆取法自然。一把供春小壶，如老瓜红熟，蒂将落而枯蔓存；或如虬根老皮，或似花瓣样细腻，变化万千，饱含韵致。

继供春之后，有时大彬。大彬常往来松江（时称娄东，为文人荟萃之地），与著名茶人陈继儒过往甚密。陈继儒崇尚小巧，时大彬则改制小壶。其著名作品有僧帽壶、葵瓣壶，从而明显表露出佛教与自然派茶人的影响。陈继儒作画往往草草泼墨，便突出一派苍老之气。时大彬以僧帽简练表达平朴、崇定内容，其艺术思路是相通的。

明代还有陈信卿、沈子澈、蒋伯荂、李仲芳、惠孟臣等，皆为制壶高手。或以瓜棱造型，或以梨皮呈自然之色，甚至把老树虬根之上又放几个花朵，便称"英雄美人壶"。

清代陶壶专家有陈鸣远，以包袱壶寓茶人心内包藏万机，以梅桩老干体现自然之美，以束柴三友壶体现我中华儿女和茶人一贯提倡的友谊合作，皆壶中精品。又有陈曼生，多做梨形壶，突出提梁或把手的力度，并常以名家书法与壶结合。

所以，一把好的紫砂壶，往往可集哲学思想、茶人精神、自然韵律、书画艺术于一身。紫砂的自然色泽加上艺术家的创造，给人以平淡、闲雅、端庄、稳重、自然、质朴、内敛、简易、蕴藉、温和、敦厚、静穆、苍老等种种心灵感受。心灵的产物，自然比金玉其外、珠光宝气的东西价值要高得多了。所以，紫砂壶长期为茶具中冠冕之作便不足为奇了。

近代以来，西方思想渗入中国，灯红酒绿，一时使中国的古老艺术受到冷落。但在民间，闽、粤等地功夫茶的兴起却使紫砂壶又找到继承、发扬的机会。于是，宜兴陶壶、潮州功夫壶愈做愈精。特别是新中国建立以来，各方人士同心协力，发掘古老的优秀文化传统，使紫砂壶得到更大发展。在这种情况下，出现了一批新的制壶专家，制壶名师许四海就是其中杰出的一位。

许四海原是一名军人，早在服役期间便开始搜集名壶，并涉猎书法、绘画、篆刻等多种艺术。为买一把壶，他甚至不惜当场以衣物等作抵。转业后他已有藏品二百来件，从收藏进而对制壶产生兴趣。他收有古壶，更重宜兴壶林新秀们的作品，如吕尧臣的古井移木壶、王石耕的

江苏出土的大彬壶

回文方壶、范洪泉的松鼠葡萄壶、范盘冲的四象壶……这林林总总的壶海世界和长期的艺术追求使许四海终于亲自进入制壶领域。上海有关部门积极帮助建立了"四海茶具馆"，馆中既有他的藏品，也有他自己的新作。一方面许四海千方百计搜求古今名壶，而同时人们又踏破铁鞋搜集许四海的作品。他的代表作海春壶非常类似供春壶，但他同时又进行着新的艺术创造。许四海制壶的最大特点是浑朴自然，不文饰，不造作，用他自己的话说，是"不变城中高髻样，自梳蓬鬓卧沧浪"。他的创作尽力摒弃人为追求痕迹，主张返璞归真。他所制的佛手壶，雕塑的卧牛、螃蟹、人物，都求一种浑朴野趣，朴拙的外形蕴涵内在的美。许四海已是国内外公认的紫砂陶界大师，这本身也预示着中华古老茶艺正在曙光中重新升腾。

五、烹制与品饮

中国饮茶方法自汉唐以来有多次变化。大体说，有以下几种：

1. 煮茶法

直接将茶放在釜中烹煮，是我国唐代以前最普遍的饮茶法。其过程陆羽在《茶经》中已详加介绍。大体说，首先要将饼茶研碎待用，然后开始煮水。以精选佳水置釜中，以炭火烧开。但不能全沸，只要鱼目似的水泡微露之时，便加入茶末。茶与水交融，二沸时出现沫饽，沫为细小茶花，饽为大花，皆为茶之精华。此时将沫饽舀出，置熟盂之中，以备用。继续烧煮，茶与水进一步融合，波滚浪涌，称为三沸。此时将二沸时盛出之沫饽浇入釜中，称为"救沸""育华"。待精华均匀，茶汤便好了。烹茶的水与茶，视人数多寡而以"则"严格量入。茶汤煮好，均匀地斟入各人碗中，包含雨露均施、同分甘苦之意。

2. 点茶法

此法即宋代斗茶所用，茶人自吃亦用此法。此法不再直接将茶入釜烹煮，而是先将饼茶碾碎，置碗中待用。以釜烧水，微沸初漾时即冲点入碗。但茶末与水亦同样需要交融一体。于是发明一种工具，称为"茶筅"。茶筅是打茶的工具，有金、银、铁制，大部分用竹制，文人美其名曰"搅茶公子"。水冲入茶碗中，须以茶筅拼命用力打击，这时水乳交融，渐起沫饽，皤皤然如堆云积雪。茶的优劣，以沫饽出现是否快，水纹露出是否慢来评定。沫饽洁白，水脚晚露而不散者为上。因茶乳融合，水质浓稠，饮下去盏中胶着不干，称为"咬盏"。茶人以此较胜负，胜者如将士凯旋，败者如降将垂首，从茶中寄托对人生的希望，增搏击的勇气。今人一杯一碗，一气饮下，自然难以领略其中的意趣。点茶法直到元代尚盛行。只是不用饼茶，而直接用备好的干茶碾末。现今日本末茶法类似宋元点茶法，不过茶筅搅打无力，并不出沫饽，不过绿钱浮水而已。

3. 毛茶法

即在茶中加入干果，直接以熟水点泡，饮茶食果。茶人于山中自制茶，自采果，别具佳趣。

4. 点花茶法

为明代朱权等所创。将梅花、桂花、茉莉花等花的蓓蕾数枚直接与末茶同置碗中，热茶水汽蒸腾，双手捧定茶盏，使茶汤催花绽放，既观花开美景，又嗅花香、茶香。色、香、味同时享用，美不胜收。

5. 泡茶法

此法明清以至现代，为民间广泛使用，自然为人熟知。不过，中国各地泡茶之法亦大有区别。由于现代茶的品种五彩缤纷，红茶、绿茶、花茶，冲泡方法皆不尽相同。大体说，以发茶味，显其色，不失其香为要旨。浓淡亦随各地所好。近年来宾馆多用袋装泡茶，发味快，而又避免渣叶入口，也是一种创造。至于边疆民族，无论蒙古奶茶，西藏酥油茶，云南罐罐茶，饮用方法各异，将于另章介绍。

我们这里讲的烹饮之法是从文化角度看待，而文化观念也是在变化的。况且，饮茶既是精神活动，也是物质活动。所以茶艺亦不可墨守成规，以为只有繁器古法为美。但无论如何变，总要不失茶的要义，即健康、友信、美韵。因此，只要在健康思想的指导下，做些改进是应该的。当代生活节律不断变化，饮茶之法也该越变越合理。法简易行，但过简难得韵味佳趣。古法不易大众化，但对现代工业社会过于紧张的生活，却是一种很好的调节。所以，发掘古代茶艺，使之再现异彩，也是极重要的工作。据说福州茶艺馆已恢复斗茶法，使沫饽、重华再现，实在是一雅举。

谈饮法，不仅讲如何烹制茶汤，还要讲如何"分茶"。

唐代以釜煮茶汤，汤熟后以瓢分茶，通常一釜之茶分五碗，分时沫饽要均。宋代用点茶法，可以一碗一碗地点；也可以用大汤钵、大茶筅，一次点就，然后分茶，分茶准则同于唐代。

明清以后，直接冲泡为多，壶成为重要茶具。自泡自吃的小壶固然不少，但更多的是起码能斟四五碗的茶壶。这种壶叫作"茶娘式"，而茶杯又称"茶子"，由壶注杯，表示母亲对孩子们的关心。民间分茶都十分讲究。为使上下精华均匀，烫盏之后往往提起壶来巡杯而行，好的行茶师傅可以四杯、五杯乃至十几杯巡注几周不停不撒，民间称为"关公跑城"。技术稍差难以环注的也要巡杯，但须一点一提，也是几次才均匀茶汤于各碗，此谓"韩信点兵"。有人说中国人平均主义思想严重，吃杯茶也讲精华均分。确实不假，但这总比强夺豪取、贫富悬殊为好。譬如煮一锅肉，一人饱食，众人喝汤，在中国人观念中不合家人和睦之道。分茶法的讲究，正是为突出名茶共享的主题。

六、品饮环境

中国人把饮茶既看作一种艺术，环境便要十分讲究。高堂华屋之内，或朝廷大型茶宴，或现代大型茶馆固然人员众多，容易形成亲爱热烈气氛，但传统中国茶道则是以清幽为主。即便是集体饮茶，也绝不可如饭店酒会，更不可狂呼乱舞。唐人顾况作《茶赋》说："罗玳筵，展瑶席，凝藻思，开灵液。赐名臣，留上客，谷莺啭，宫女嚬，泛浓华，漱芳津，出恒品，先众珍，君门九重，圣寿万春。"这里讲朝廷茶宴，有皇室的豪华浓艳，但绝无酒海肉林中的昏乱。皎然则认为，品茶是雅人韵事，宜伴琴韵花香和诗草。看来皎然确实不是一个地地道道的和尚。所以，他在《晦夜李侍御萼宅集招潘述、汤衡、海上人饮茶赋》中说：

晦夜不生月，琴轩犹为开，
墙东隐者在，淇上逸僧来。
茗爱传花饮，诗看卷素裁，
风流高此会，晓景屡裴回。

这场茶宴中有李侍御、潘述、汤衡、海上人、皎然，其中三位文士、官吏，一个僧人，一个隐士，以茶相会，赏花、吟诗、听琴、品茗相结合。陆羽、皎然、皇甫兄弟留下的茶诗或品茶联句甚多，可见在唐代，虽然也强调茶的清行俭德之功，但并不主张十分呆板。唐代《宫乐图》中，品茶、饮馔、音乐结合，亦颇不寂寞。当然，在禅宗僧人那里，这种饮法是不可以的。百丈怀海禅师制禅宗茶礼，正式称为茶道，主要是以禅理教育僧众。皎然、百丈同为唐代僧人，但其饮茶意境大不相同。

宋代各阶层对饮茶环境的观点不同。朝廷重奢侈又讲礼仪，实际上主要是"吃气派"——有礼仪环境，谈不上韵味。民间注重友爱，茶肆、茶坊，环境既优雅，又要有些欢快气氛。文人反对过分礼仪化，尤其到中后期，要求回归自然。苏东坡好茶，以临溪品茗、吟诗作赋为乐事。

元明道家与大自然相契的思想占主要地位。尤其是明，大部分茶画都反映了山水树木和宇宙间广阔的天地。唐寅《品茶图》，画的是青山高耸、古木权丫、敞厅茅舍、短篱小草，并题诗曰："买得青山只种茶，峰前峰后摘春芽。烹前已得前人法，蟹眼松风娱自嘉。"晚明初清，文人多筑茶室茶寮，风雅虽有，但远不及前人胸襟开阔。文人们虽自命清高，而实际上透出无可奈何的叹息。如《红楼梦》中妙玉品茶，自己于小庵之中，虽玉杯佳茗，自称槛外之人，实际不过寄人篱下。她自命清高而鄙视刘姥姥，与陆羽当年"时宿野人家"的品格相去远矣。

其实，所谓饮茶环境，不仅在景、在物，还要讲人品、事体。翰林院的茶宴文会，虽为礼仪，而不少风雅。文人相聚，松风明月，又逢雅洁高士，自有包含宇宙的胸怀和气氛。禅宗苦修，需要的是苦寂，从寂暗中求得精神解脱，诗词、弹唱、花鸟、琴韵自然不宜。而茶肆茶坊，

宋 佚名 《飞阁延风图》

却少不得欢快气氛。家中妻儿小酌，茗中透着亲情；友人来访，茶中含着敬意。边疆民族奶茶盛会，表达民族的豪情与民族间兄弟情谊。总之，饮茶环境要与人事相协调。闹市中吟咏自斟，不显风雅，反露出酸臭气；书斋中饮茶、食脯、唱些俚俗之曲自然也不相宜。

中国人所以把品茗看成艺术，就在于在烹点、礼节、环境等各处无不讲究协调，不同的饮茶方法和环境、地点都要有和谐的美学意境。元人《同胞一气图》画了一群小儿边吃茶边烤包子，使人既感受到孩童的可爱和稚气，又体会到"手足之情"。倘若让这些孩子正襟危坐，端了茶杯摇头晃脑地吟诗，便完全没有韵味了。所以，问题并不在于是否都有幽雅的茶室或清风明月。"俗饮"未必俗，故作风雅未必雅。中国各阶层人都有自己的茶艺，各种茶艺都要适合自己特定的生活环境和精神气质。这样，才能真正体会茶的作用。因此，评定茶艺高下很难一概而论，只有从相关的人事、景物、气氛及茶艺手法中综合理解，方能得中国茶道的艺术真谛。

中国历史上，好的茶人往往都是杰出的艺术家，唐代的饮茶集团，五代的陶榖，宋代苏轼、苏辙、欧阳修、徽宗赵佶，元代赵孟頫，明代吴中四才子，清代乾隆皇帝乃至近代文学大家，都是既有很高的文化修养、艺术造诣，又懂茶理的。可见，中国人把饮茶称为"茶艺"并非自我吹嘘、夸张之辞，而确实在烹饮过程中贯彻了艺术思想和美学观点。因此，不能简单地把中国茶艺看作一种技法，而应全面理解其中的技艺、器物、韵味与精神。

儒家思想与中国茶道精神

　　每个民族都有自己的母体文化，由此派生出其他子系文化。西方以古希腊、罗马文化为自己的基点，崇尚火与力，以力横决天下。而中国尊的是皇天后土，以大地为母亲，所以平和、温厚、持久。这造成后来的儒家以中庸为核心的文化体系。中国茶文化正是由这个母系文化中派生而来。中国茶道思想融合儒、道、佛诸家精华而成，但儒家思想是它的主体，近代以来，西方的"坚船利炮"既打破了中国传统的生产和生活方式，也打破了中国的精神传统。加之儒学到后期确实作了维护腐朽封建制度的工具，人们对儒家思想的评价当然发生巨大转变。许多人向西方寻找真理，对中国的传统抨击十分强烈。但是，经过上百年中西文化的反复较量，人们又回过头来，重新审视自己的传统，又觉得祖宗留下的东西还有许多宝贝，一旦擦掉它身上的灰尘，又会光彩夺目起来。

　　儒家思想当然也不是尽善尽美的，其他民族也有自己优秀的文化精神。在人类历史上，许多民族创造过"高峰文化"，但为时不久便销声匿迹。如巴比伦文化、古埃及文化，今日何处去寻？除了那古老的金字塔和地下出土的文物，留下了多少精神内容？甚至，古希腊、罗马文化，从某种意义上讲今日继承得也太少，更看不到深化和发展。而中国的儒家思想，不仅创造了人类历史上整整一个光辉时代，使中国处于世界封建时期的顶峰，而且影响到整个东亚文化圈，到现代工业社会，不仅东方儒学又重新抬头，甚至西方也想从儒学中寻找摆脱困境的方案。国外所谓"儒学第三期发展"，正是这样被提出来的。这说明，儒学不仅是封建的产物，作为一种民族思想精华，它有在不同时代应变、发展的极大生命力。儒学还有一个特点，便是时时、处处渗入日常生活之中，十分重大的哲理，在许多小事物中体现出来。中国茶文化便是由此派生而来。饮茶，不仅与伦常、道德、文化、思想关联，甚至包含兴邦治国之道，还包含宇宙观。近年来台湾茶人提出大力发展茶业，小小一杯茶，被提到如此惊人的高度，西方人无论如何是难以理解的。但中国却以为很自然。所谓"治大国若烹小鲜"，煎条小鱼都可以领悟治国之道，更何况中国茶文化这种洋洋大观的子文化大体系？话虽如此，若不了解中国古老的茶道，别说西方人，就是现代之国人亦难免怀疑茶人们在夸大其词。但是，当我们了解真正的中国茶道之后，便明白事实确实如此。中国茶道，其理至深，其义至远，这道理，你只有在实践中去体会。在下一支拙笔，也不过道其一二而已。

一、中庸、和谐与茶道

有人说，西方人性格像酒，火热、兴奋，但也容易偏执、暴躁、走极端，动辄决斗，很容易对立；中国人性格像茶，总是清醒、理智地看待世界，不卑不亢，执著持久，强调人与人相助相依，在友好、和睦的气氛中共同进步。这话颇有些道理。酒自然有酒的好处，该热不热，该冷不冷，须要拼一下但不去拼是不行的。但从人类长远利益看，中国人的思维方法或许可尽量减少人类不必要的灾难。所以，茶文化从中国这块土壤上诞生，有着深厚的思想根源。

表面看，中国儒、道、佛各家都有自己的茶道流派，其形式与价值取向不尽相同。佛教在茶宴中伴以青灯孤寂，要明心见性；道家茗饮寻求空灵虚静，避世超尘；儒家以茶励志，沟通人际关系，积极入世。无论意境和价值取向，看上去不都是很不相同吗？

其实不然。这种表面的区别确实存在，但各家茶文化精神有一个很大的共同点，即和谐、平静，实际上是以儒家的中庸为提携。

与无边的宇宙和大千世界相比，人生活的空间环境是那样狭小。因此，人与自然、人与人之间便难免矛盾冲突。解决这些矛盾的办法，在西方人看来，就是要直线运动，不是你死，便是我活，水火不容。中国人却不这么看。在社会生活中，中国人主张有秩序，相携相依，多些友谊与理解。在与自然的关系中，主张天人合一，五行协调，向大自然索取，但不能无休无尽，破坏平衡。水火本来是对立的，但在一定条件下却可相容相济。儒家把这种思想引入中国茶道，主张在饮茶中沟通思想，创造和谐气氛，增进彼此的友情。饮茶可以更多地审己、自省，清清醒醒地看自己，也清清醒醒地看别人。各自内省的结果，是加强理解，理解万岁！过年过节，各单位举行"茶话会"，表示团结；有客来，敬上一杯香茶，表示友好与尊重。常见酗酒斗殴的，却不见茶人喝茶打架，哪怕品饮终日也不会抢起茶杯翻脸。这种和谐、友谊的精神，来源于茶道中的中庸思想。

陆羽创中国茶艺，无论形式、器物都首先体现和谐统一。他所做的煮茶风炉，形如古鼎，整个用《周易》思想为指导。而《周易》被儒家称为"五经之首"。除用易学象数原理严格定其尺寸、外形外，这个风炉主要运用了《易经》中三个卦象：坎、离、巽，来说明煮茶包含的自然和谐的原理。坎卦在八卦中为水；巽卦在八卦中代表风；离卦在八卦中代表火。陆羽在三足间设三窗，于炉内设三格，三格上，一格书"翟"，翟为火鸟，然后绘离的卦形；一格书"鱼"，绘坎卦图样；另一格书"彪"，彪为风兽，然后绘巽卦。陆羽说，这是表示"风能兴火，火能煮水"。故又于炉足上写下："坎上巽下离于中"，"体均五行去百疾"。在西方人看来，水火是两种根本对立难以相容的事物。但在中国人看来，二者在一定条件下却能相容相济。《易经》认为，水火完全背离是"未济"卦，什么事情也办不成；水火交融，叫作"既济"卦，才是成功的条件。中医理论认为，心属火，肾属水，心肾不交会生病，心火下降，肾水上升，两者协调才能健康。所以，气功学把这种协调心肾的功法称为"水火既济功"。天与地的关系同样如此，《易经》认为，天之气到地下来，地之气到天上去，这是泰卦，能平安吉祥。相反，天高高在上，地永远压在下面，表面看合理，实际天地隔离，那叫否卦，是并不吉祥的。用这种观点指导统治术，要求帝王们要体察民情，产生"民本"思想；而百姓们也要体谅些国家，顾全些大局。而水火不容的两国也能化敌为友。有时兵戎相见，转眼又称兄弟之国。"大同世界""万邦和谐"，是中国人的社会理想；天地自然、五行和谐，是中国人辩证的自然观。中国茶人把这两点都引入茶艺和茶道之中。陆羽认为，水、火、风相结合，才能煮出好茶，发茶性，去百疾。同样是水，也要取水质既清洁又平和的，因此对湍流飞瀑评价最低，认为不宜煮茶。枯井之水也不好，"流水不腐，户枢不蠹"，过于静止，就要陈腐，喝了也要生病。

宋　刘松年　《博古图》

在中国茶文化中，处处贯彻着和谐精神。宋人苏汉臣有《百子图》，一大群娃娃，一边调琴、赏花、欢笑嬉戏，一边拿了小茶壶、茶杯品茶，宛如中华民族大家庭，孩子虽多并不去打架，而能和谐共处。至于直接以《同胞一气》命名的俗饮图，或把茶壶、茶杯称为"茶娘""茶子"，更直接表达了这种亲和态度。中华民族亲和力特别强，各民族有时也兄弟阋墙，家里打架，但总是打了又和。遇外敌入侵，更能同仇敌忾。清代茶人陈鸣远，造了一把别致的茶壶，三个老树虬根，用一束腰结为一体，左分枝出壶嘴，右出枝为把手，三根与共，同含一壶水，同用一只盖，不仅立意鲜明，取"众人捧柴火焰高""十支筷子折不断""共饮一江水"等古意，而且造型自然、高雅，朴拙中透着美韵。此壶命名为"束柴三友壶"，一下子点明了主题。

中国历史上，无论煮茶法、点茶法、泡茶法，都讲究"精华均分"。好的东西，共同创造，也共同享受。从自然观念讲，饮茶环境要协和自然，程式、技巧等茶艺手段既要与自然环境协调，也要与人事、茶人个性相符。青灯古刹中，体会茶的苦寂；琴台书房里，体会茶的雅韵；花间月下宜用点花茶之法；民间俗饮要有欢乐与亲情。从社会观说，整个社会要多一些理解，多一些友谊。茶壶里装着天下宇宙，壶中看天，可以小中见大。中国人也讲斗争，但斗的目的是为求得相对稳定与新的平衡。目前，世界面临着残杀、战争和自然环境的大破坏、大污染，中国的茶道精神或许能给这纷乱的世界加些清凉镇静剂。据说，英国议会中开会，怕议员们吵起来，特地备茶，以改善气氛，这大概是中国茶道精神的延伸。中国改革开放之初，开始青年人觉得西方文化有刺激性，向往摇滚乐、咖啡厅。搞了几年，还是觉得平和、清醒为好。于是又想起了中国的茶，想起了茶会中那安定、祥和的气氛。中国人讲"人之初，性本善"，中国茶道或许会更多唤起人类善的本性。地球这样小，外星纵有适于生存的地方，起码现在还没找到。既然如此，还是多一点茶人间的友善为好。可能这正是中国与东方茶事大兴的原因之一吧。

二、中国茶道与乐感文化

有人说，日本茶道要点在于清、寂，而中国茶道却多了许多欢快的气氛。这确实是说到了点子上。日本处于孤岛之上，忧患意识或危机感特别强，他们吸收中国禅宗茶道的苦寂思想是很自然的，西方人表面看来欢欢乐乐，但内心也有许多说不出的苦处。西方是上帝统治着人，人们今生要拼命享受，因为来世还不知如何。今天是百万富翁，明天就可能一贫如洗，跳楼跳海。人们对于自己的命运很难把握，更谈不到子孙后代。所以，乐中有悲，不过是"今朝有酒今朝醉"。日本的"清寂"与西方的"拼命享受"，表面看很不相同，但都怀有对未来的恐惧。

中国人则不然，虽然信神，但神可有可无。生命谁给的？不是上帝，而是父母、爷爷和奶奶。今后前景如何？寄希望于子孙后代，相信芝麻开花节节高、一代更比一代强。所以，中国人总是充满信心地展望未来，也更重视现实的人生。不必等来世再到上天那里求解脱，生活本身就要体会"活"的欢乐。有人称中国文化的这种特点为"乐感文化"，而中国茶道，正呈现出这一特点。在困境到来时，茶人们也讲以茶励志；但在日常生活中，特别是茶道中，总是更多与欢快、美好的事物相联系。因为，在儒家思想看来，人生到世界上并不是专门为了受苦。再艰苦的环境，总还有许多乐趣，没有一点欢乐和希望，还活着干什么？

陆羽主张茶艺要美，技术要精，连煮茶的沫饽都用鱼睛、蟹目、枣花、青萍来形容。皎然是个和尚，但是个被儒化了的和尚，他主张饮茶可以伴明月、花香、琴韵，还作了许多好诗，被誉为"诗僧"，在唐诗中也占了一个地位。范文澜先生笑皎然不是个真和尚，既然四大皆空，要作诗扬名干什么？这也有点太苛求了些。和尚们既不能娶妻生子，享受天伦之乐，连作诗、绘画、享受点自然情趣和朋友的亲情都不可，那真是印度的苦行僧了。所以，皎然是个很有人情味的和尚。陆羽重于茶艺，皎然重于茶理，特别是重茶中的艺术思想、精神境界。谈到中国茶道思想，人们总是推崇卢仝的《谢孟谏议寄茶》诗，俗称《七碗诗》。其实，皎然早就一碗两碗地讨论过茶的意境。他在《饮茶歌诮崔石使君》中写道：

越人遗我剡溪茗，采得全芽爨金鼎。素瓷雪色缥沫香，何似诸仙琼蕊浆。一饮涤昏寐，情来朗爽满天地。再饮清我神，忽如飞雨洒轻尘。三饮便得道，何须苦心破烦恼。此物清高世莫知，世人饮酒多自欺。愁看毕卓瓮间夜，笑向陶潜篱下时。崔侯啜之意不已，狂歌一曲惊人耳。孰知茶道全尔真，唯有丹丘得如此。

在皎然看来，连陶渊明采菊东篱，借酒浇愁也大可不必。以茶代酒，更达观、更清醒地看待世界，涤去心中的昏寐，面对朗爽的天地，才是茶人的追求。这奠定了中国茶道的基调，既有欢快、美韵，但又不是狂欢滥饮。所以，真正的茶人总是相当达观的。有乐趣，但不失优

唐 佚名 《宫乐图》 宋人摹本

雅，是有节律的乐感。

唐代《宫乐图》，表现的是宫中妇女品茶与饮馔、音乐相结合的情景，是从悠扬的宫乐、祥和的气氛中体现乐感。明人在自然山水间饮茶，求得自然的美感和乐趣。在斋中品茗，相伴琴、书、花、石，求得怡然雅兴。甚至于洞房中夫妻对斟，皆可入画，有欢快但无俗媚，更不可能有猥亵之感。著名女词人李清照与丈夫赵明诚都是著名茶人，常以茶对诗，夫妻和乐，以至香茗洒襟，仍不失雅韵，被人传为佳话。至于民间茶坊、茶楼、茶馆，欢快的气氛便更浓重些。以禅宗的德山棒来看，这些茗饮方式好像都没有什么深刻的思想。但在正常人看，七情六欲皆出乎天然，合于自然者即为道。儒家看来，天地宇宙和人类社会都必须处在情感性的群体和谐关系之中，不必超越实际时空去追求灵魂的不朽，体用不二，体不高于用，道即在伦常日用、工商耕稼之中。"天行健"，自然不停地运动，人也是生生不息，日常的生活，有艰难，也有快乐，才合自然之道，自然之理。饮茶不像饮酒，平时愁肠百转，喝昏了发泄一通，狂欢乱舞，也不像苦行僧，平时无欢乐，无精神，苦苦坐禅，才有一时的开悟和明朗。茶人们一杯一饮都有乐感。"学而时习之，不亦说乎？""有朋自远方来，不亦乐乎？"以茶交友不亦乐乎？佳茗雅器不亦乐乎？以茶敬客不亦乐乎？居家小斟不亦乐乎？并非中国人不知艰难或没有"忧患意识"，而是执著于终生的追求，诚心诚意地对待生活，"反身而诚，乐莫大焉"。合于自然，合于天性，穷神达化，人便可以在一饮一食当中都得到快乐，达到人生极致。

饮茶，于己养浩然之气，对人又博施众济，大家分享快乐。茶道中充满自己的精神追求，也有对其他人际的热情。清醒、达观、热情、亲和与包容，构成儒家茶道精神的欢快格调，这既是中国茶文化总格局中的主调，也是儒家茶道与佛教禅宗茶道的重要区别。快乐在儒家看来，不仅不是没有志气、没有思想，恰恰相反，是对生活充满信心的表现。所以孔子赞扬颜回说："贤哉，回也！一箪食，一瓢饮，在陋巷，人不堪其忧，回也不改其乐，贤哉，回也！"中国的茶人们比起锦衣玉食的达官贵人，端了杯茶自乐，当然显得寒酸，比起禅宗茶道的清苦，又好像执著不够。但儒家茶道是寓教于饮，寓志于乐。道家飘逸、闲散过了些，佛教又执著得不近乎人情，还是儒家茶道既承认苦，又争取乐，比较中庸，易为一般人接受。所以，中国民间茶礼、茶俗，大多吸收儒家乐感精神，欢快气氛比较浓重。老北京的市民们，在艰苦的岁月里从北京茶馆里寻找了不少快乐，茶也算个"有功之臣"了。

三、养廉、雅志、励志与积极入世

历史上，"茶禅一味"给人们留下了深刻的印象。加之明清茶人接受道家思想，消极避世者甚多，清末八旗子弟，民国遗老遗少，又常以茶为"玩意儿"，给人们留下的好印象也不多。所以，近世虽积极推崇茶的好处，但并不以为茶艺的讲究有什么好，常把艺茶品茗看作文人、闲人的无聊、避世、消闲之举，而不大了解中国茶中积极入世的精神。其实，中国茶文化从一产生开始，便是以儒家积极入世的思想为主。茶人中消极避世者有之，但一直不占主要地位。我们这样说，是从中国茶文化发展的总体趋势和大格局而言。当然，并不排除茶道流派和个别茶人中的消极思想。在个别时期，消极避世的倾向甚至占上风，而从茶文化在中国长期发展中的历史作用来说，无论如何，其积极精神是主要的。

在中国，儒、道、佛各家虽然都有自己的茶道思想，但领导中国茶文化潮流的主要是文人儒士。中国的儒学，即使在它走向保守以后，仍然是入世而不是避世。中国的知识分子，从来主张"以天下为己任""为生民立命""为天地立心"，很有使命感和责任心，中国茶文化恰好吸收了这种优良传统。中国最开始习惯饮茶的确实是道人、和尚，但能形成文化观点，以精神推动茶文化潮流的仍是儒生们。两晋与南北朝时，推动茶文化发展的，主要是政治家和清谈家。政治家如桓温、陆纳等是以茶养廉，以对抗两晋以来的奢靡之风，而清谈家则是在饮酒、饮茶中纵论天下之事。清谈也并非全无用处，其中也不乏有见解、有思想的人物。

到唐代，陆羽等创制茶文化总格局，实际上已是儒、道、佛各家的合流。但儒家思想是提携诸家的纲领。陆羽本身就充满了忧国忧民之心，这从他创制的器具上就可得到证明。有人认为，陆羽是"教技术"，好比一个茶学工程师，皎然、卢仝等才是讲茶精神。其实不然，皎然的许多茶诗固然充满了美的意境和哲理，但主要是创建茶的艺术意境和美学思想。尽管皎然与一般和尚有许多不同，但毕竟仍是和尚。而陆羽则不然，他自幼被父母抛弃，当过小和尚，进过戏班子，尝尽人间酸甜苦辣。刚逢伯乐，打算实现精研儒学的愿望，却又碰上"安史之乱"。到湖州避难，在研究茶学中深入民间，十分了解百姓的疾苦。在与颜真卿等交往中，又进一步研究儒学、讨论国家大事。今人多知颜真卿是大书法家，而大多不知颜氏也是位大政治家，而且首先是政治家。天宝十二年（753年），安禄山驱兵南下，河北诸郡纷纷陷落，颜真卿任平原郡太守，唯独平原郡城防坚固，战旗飘扬，颜氏肩负了领导整个河北战场的重任。后来，颜真卿又出任刑部尚书，因忠耿刚烈，被排挤出京。后再次检校刑部尚书，又犯颜直谏，惹恼了皇帝，得罪了宰相，方又左迁外任。大历八年（773年），颜真卿出任湖州刺史，陆羽与之结为至交，皎然也是颜府座上客。可以想见，这样一班朋友，必然会在思想上彼此影响。陆羽与颜真卿的性格十分相似，朋友有错，常苦心劝谏，人家若听不进去，先自己难过地大哭。一个是谏君，一个是谏友，但都是忠耿刚烈。陆羽除茶学著作外，还长于修方志，今可稽考者尚有五六种。方志在古代称"图经"，地方修"图经"，上达朝廷，了解民情土风以备参考。可见，陆羽的心上系朝廷，下连黎民。所以，当他制造烧茶的风炉时，不仅吸收了《易经》五行和谐的思想，而且把儒家积极入世的精神都反映进去。适值"安史之乱"平定，他便在炉上刻下"大唐灭胡明年铸"。他又在炉上铸了"尹公羹，陆氏茶"，与伊尹相比。他所造茶釜，不论长宽厚薄皆有定制，并说明要"方其耳以令正"，"广其缘以务远"，"长其脐以守中"。这令正、务远、守中的思想，正是儒家治国之理。他在《茶经》中强调，饮茶者须是精行俭德之人，把茶看作养廉和励志、雅志的手段。后来，刘贞亮总结茶之"十德"，又明确"以茶可交友"，"以茶可养廉"，"以茶可雅志"，"以茶利礼仁"，正式把儒家中庸、仁礼思想纳入茶道之中。

最能形象地反映茶道入世精神的是宋人审安老人《茶具图》中十二器之名。

1. 烘茶焙笼——称"韦鸿胪"。

2. 茶槌——称"木待制"。

3. 茶碾——称"金法曹"。

4. 茶帚——称"宗从事"。

5. 茶磨——称"石转运"。

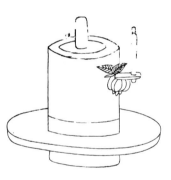

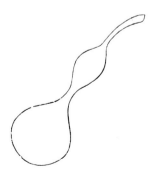

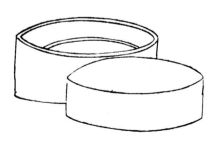

宋 审安老人 《茶具十二先生图》

6. 茶瓢——称"胡员外"。

7. 茶罗合——称"罗枢密"。

8. 茶巾——称"司职方"。

9. 茶托——称"漆雕秘阁"。

10. 茶碗——称"陶宝文"。

11. 茶注子——称"汤提点"。

12. 茶筅——称"竺副帅"。

在这里，每一件茶器都冠以职官名称，充分体现了茶人以小见大，以茶明礼仪、制度的思想。明代，国事艰难，更继承了这种传统，竹茶炉称"苦节君像"，都篮称"苦节君行省"，焙茶笼称"建城"，贮水瓶称"云屯"，炭笼叫"乌府"，涤方曰"水曹"，茶秤叫"执权"，茶盘叫"纳敬"，茶巾称"受污"。表面看，茶人们松风明月，但大多数人却时时不忘家事、国事。茶人们从饮茶中贯彻儒家修、齐、治、平的大道理，大至兴观群怨，规矩制度、节仪，小至怡情养性，无一不关乎时事。至于消闲的作用，当然是有的。儒家向来主张一张一弛，文武之道，不必要终日、终生都绷着脸，当进则进，当退则退。即使闲居野处，烹茶论茗，也并不一定说明就是消极。

四、礼仪之邦说茶礼

中国向来被称为"礼仪之邦"。现代人一提起"礼"，便想起封建礼教、三纲五常。其实，儒家思想中的礼，不都是坏的。比如敬老爱幼，兄弟礼让，尊师爱徒，便都没有什么不好。人类社会是一架复杂无比的大机器，先转哪个把手、哪个轮子，总要有个次序。中国人主张礼仪，便是主张互相节制、有秩序。茶使人清醒，所以在中国茶道中也吸收了"礼"的精神。南北朝时，茶已用于祭礼，唐以后历代朝廷皆以茶荐社稷、祭宗庙，以至朝廷进退应对之盛事，皆有茶礼。

宋代宫廷茶文化的一种重要形式便是朝廷茶仪，朝廷春秋大宴皆有茶仪。徽宗赵佶作有《文会图》，无论从徽宗本身的地位或这幅画表现的场景、内容来看，都不可能是一般文人的闲常茶会。图的下方有四名侍者分侍茶酒，茶在左，酒在右，看来茶的地位还在酒之上。巨大的方案可环坐十二个位次。宴桌上有珍馐、果品及六瓶插花，树后石桌上有香炉与琴。整个宴会环境是在阔大的厅园之中，绝不似同时期书斋捧茶，或刘松年《卢仝烹茶图》、钱选《玉川烹茶图》那样自在闲适。可见，这是礼仪性茶宴。当然，比朝廷正式茶仪要灵活、自然，而较一般茗饮拘谨得多。由此可见，文人以茶为聚会仪式，或朝廷亲自主持文士茶会已是经常举动。所以，在《宋史·礼志》《辽史·礼志》中，到处可见"行茶"记载。《宋史》卷一百一十五《礼志》载，宋代诸王纳妃，称纳彩礼为"敲门"，其礼品除羊、酒、彩帛之类外，还有"茗百斤"。这不是一种随意的行为，而是必行的礼仪。

自此以后，朝廷会试有茶礼，寺院有茶宴，民间结婚有茶礼，居家茗饮皆有礼仪制度。百丈怀海禅师以茶礼为丛林清修的必备礼仪。明人丘濬《家礼仪节》中，茶礼是重要内容。元代德辉《百丈清规》中，十分具体地规定了出入茶寮的规矩。如何入蒙堂，如何挂牌点茶，如何焚香，如何问讯，主客座位、点茶、起炉、收盏、献茶，如何鸣板送点茶人……规定十分详细。至于僧堂点茶仪式，同样有详细规定。这可以说是影响禅宗茶礼的主要经典，但同样也影响了世俗茶礼的发展。《家礼仪节》更深刻影响民间茶礼，甚至影响到国外。如韩国至今家常礼节仍重茶礼。这些茶礼表面看被各阶层、各思想流派所运用，但总的来说，都是中国儒家"礼制"思想的产物。

茶礼过于繁琐，当然使人感到不胜其烦，但其中贯彻的精神还是有许多可取之处。如唐代鼓励文人奋进，向考场送"麒麟草"；清代表示尊重老人举行"百叟宴"；民间婚礼夫妻行茶礼表示爱情的坚定、纯洁……都有一定积极意义。

当然，茶礼中也有陈规陋习，旧北京有些官僚，不愿听客人谈话了便"端茶送客"，便是官场陋俗。

但总的来说，茶礼所表达的精神，主要是秩序、仁爱、敬意与友谊。现代茶礼可以说把仪程简约化、活泼化，而"礼"的精神却加强了。无论大型茶话会，或客来敬茶的"小礼"，都表现了中华民族好礼的精神。人世间还是多一些相互理解和尊重为好。

最后，我们以卢仝《走笔谢孟谏议寄新茶》诗，来总结儒家的茶道精神。原诗曰：

日高丈五睡正浓，军将打门惊周公。

口云谏议送书信，白绢斜封三道印。

开缄宛见谏议面，手阅月团三百片。

闻道新年入山里，蛰虫惊动春风起。

天子须尝阳羡茶，百草不敢先开花。

仁风暗结珠琲瓃，先春抽出黄金芽。

摘鲜焙芳旋封裹，至精至好且不奢。

至尊之余合王公，何事便到山人家。

柴门反关无俗客，纱帽笼头自煎吃。

碧云引风吹不断，白花浮光凝碗面。

一碗喉吻润，两碗破孤闷。

三碗搜枯肠，唯有文字五千卷。

四碗发轻汗，平生不平事，尽向毛孔散。

五碗肌肤清，六碗通仙灵。

七碗吃不得也，唯觉两腋习习清风生。

蓬莱山，在何处？

玉川子，乘此清风欲归去。

山上群仙司下土，地位清高隔风雨。

安知百万亿苍生命，堕在巅崖受辛苦。

便为谏议问苍生，到头还得苏息否？

凡论茶道者，皆好引此诗，但多取中间"七碗"之词，舍去前后。而这样一来，茶人讽谏的积极精神便丢了。卢全被后人誉为茶之"亚圣"，不仅由于他以饱畅洸洋的笔墨描绘出饮茶的意境，而且特别强调了儒家的治世精神，是对唐代正式形成的中国茶文化精神的总结。

这首诗，实际分三部分。第一部分以军将打门，谏议送茶写起，表面看是用铺陈的方法写过程，但实际既包括礼仪精神，又包含伦序与讽谏。谏议送茶，已含"以茶交友"之意，是讲茶对人际友谊的作用。"天子须尝阳羡茶，百草不敢先开花"，又含了伦序。有的说从这里便开始讽谏，其实，以卢全这位封建文人说，先明伦序更符合他的思想。而"仁风暗结"，夸赞茶性"不奢"，又表达了儒家仁爱和养廉的精神。若说专以帝王、公侯与小民饮茶对比，也未免牵强。诗人首先以礼仪、伦序、友爱、仁义点出饮茶宗旨，倒更符合其思想实际。

中间当然是全诗精华。"一碗喉吻润"，还只是物质效用，"两碗破孤闷"，已经开始对精神发生作用了。三碗喝下去，神思敏捷，李白斗酒诗百篇，卢仝却三碗茶可得五千卷文字！四碗之时，人间的不平，心中的块垒，都用茶浇开，正说明儒家茶人为天地立命的奋斗精神。待到五碗、六碗之时，便肌清神爽，而有得道通神之感。表面看，饮到最后似有离世之意，但实际上，真正关心人间疾苦的茶人是不可能飞上蓬莱仙山的。所以，笔锋一转，便到第三层意思，最后是想到茶农的巅崖之苦，请孟谏议转达对亿万苍生的关怀与问候。这里，才是真正的讽谏，是表达茶人"为生民立命"的精神。看来卢仝被称为"亚圣"也是当之无愧的了。

第八章　老庄思想对茶文化的影响及道家所做的贡献

　　中国茶文化吸收了儒、道、佛各家的思想精华，中国各重要思想流派都做出了重大贡献。儒家从茶道中发现了兴观群怨、修齐治平的大法则，用以表现自己的政治观、社会观，佛家体味茶的苦寂，以茶助禅、明心见性，而道家则把空灵自然的观点贯彻其中。甚至，墨子思想也被吸收进来，墨子崇尚真，中国茶文化把思想精神与物质结合，历代茶人对茶的性能、制作都研究得十分具体，或许，这正是墨家求真观念的体现。

　　本章重点谈道家对中国茶文化的贡献。表面看，儒与道朝着完全相反的方向发展。儒家立足于现实，什么事都积极参与，喝茶也忘不了家事、国事、天下事；道家强调"无为"，避世思想浓重。但实际上，在中国，儒道经常是相互渗透，相互补充的。儒家主张"一张一弛，文武之道""大丈夫能屈能伸"，条件允许便积极奋斗，遇到阻力，便拐个弯走，退居山林。所以，道家的"避世""无为"，恰恰反映了中国文化柔韧的一面，可以说对儒家思想是个补充。中国茶文化反映了儒道两家这种相辅相成的关系。特别是在茶文化的自然观、哲学观、美学观，以及对人的养生作用方面，道家也做出了重要贡献。儒家精神固然在中国茶文化中占重要地位，道家也不能不提。有人说，儒家在中国茶文化中主要发挥政治功能，提供的是"茶礼"；道家发挥的主要是艺术境界，宜称"茶艺"；而只有佛教茶文化才从茶中"了解苦难，得悟正道"，才可称"茶道"。其实，各家都有自己的术、艺、道。儒家说："大道既行，天下为公。"茶人说："茶中精华，友人均分。"道家说："道，可道，非常道。"两者不过一个说表现，一个说内在，表里互补，都是既有道，也有艺、有术。

道家与道教是两回事，道教尊老子为祖并宗教化，其思想远不如老子来得深刻。而古代道家思想与庄子在哲学观方面颇为接近，所以，人们常将老、庄并提。从自然和宇宙观方面，中国茶文化接受老庄思想甚深，这又为茶人们创造饮茶的美学意境提供了源泉活水。因此，我们就从这里开始讨论吧。

一、天人合一与中国茶文化中包含的宇宙观

老子姓李名耳，生于两千七百多年以前的楚国，有人说他活了二百岁。到底老子活了多少岁也难考证清楚，反正是个有名的老寿星。一般人容易只看事物的外部，老子强调要深入事物的内部；一般人只看事物的正面，老子专爱强调它的反面。人们说刚强的好，他说牙齿硬，掉得快；舌头软，至死与人同在。人们说聪明好，他又说大智若愚；人们说要有为，他便说无为而治是第一流的政治家。老子主张以小见大，师法自然，回归到质朴的自然状态，国家也好治理了，人自己苦恼也少了。老子的思想从矛盾的另一个侧面丰富了中国文化思想，为中国文化扩大

了领域，增加了弹性和韧心。庄子是老子思想的继承者和发扬者，他喜欢用幽默的语言、生动的故事，天上地下的恢宏气魄，无边无际的浪漫手法和诗一样的语言说明人间和宇宙万物中的大道理。老庄思想的共同特点是不把人与自然、物质与精神分离，而将其看成一个互相包容、联系的整体。中国茶文化是这种思想的典型反映。

本来，中国的古老文化传统向来是强调人与自然的统一。据说，黄帝轩辕氏的时候，管天事与人事的官还不分家，所以人能与鬼神沟通，得天地之理。后来颛顼帝叫南正重司天，北正黎司地，用现代话说，自然科学与社会、政治分了家，所以天地便不能沟通了，精神与物质也对立了。中国茶人接受了老庄思想，强调天人合一，精神与物质的统一。"茶圣"陆羽首先从研究茶的自然原理入手，即使用现代科学观点衡量验证，陆羽也是第一流的茶叶学专家。但是，陆羽不仅研究茶的物质功能，还研究其精神功能。所谓精神功能，还不只是因为茶能醒脑提神，若仅此一点，仍属药理、医学范围。陆羽和其他优秀茶人，是把制茶、烹茶、品茶本身看作一种艺术活动。既是艺术，便有美感，有意境，甚至还有哲理。西方人爱把精神与物质对立起来，现今的西方世界，一方面是高度的技术成就和物质财富的堆积，另一方面却是精神贫乏与道德堕落，两者很难找到统一的方法。拿吃饭穿衣来说，在西方人看主要是物质享受，若要在牛排、炸鸡、咖啡和三明治当中还要感受出一点什么思想，甚至还要包含艺术、哲理，那简直不可思议。中国人则不同，喝茶也要讲精神。陆羽创造的茶艺程序，就充满了美感。如烹茶一节，既观水、火、风，又体会物质变化中的美景与玄理。煮茶，物性变化，出现泡沫，一般人看来，有什么美？陆羽却在沫饽变化中享受大自然的情趣。他形容沫饽变化说："华之薄者曰沫，厚者曰饽，细者曰花。如枣花漂漂然于环池之上，又如回潭曲渚青萍之始生，又如青天爽朗有浮云鳞然。其沫者，若绿钱浮于水湄，又如菊英堕于樽俎之中，……重华累沫，皤皤然若积雪耳。"在陆羽的眼里，茶汤中包含孕育了大自然最洁净、美好的品性。日本茶道重在领略静、寂的禅机，而中国茶道重在情景合一，把个人融于大自然之中。卢仝饮茶，感受到的是清风细雨一样向身上飘洒，可以"情来爽朗满天地"。宋代大文学家苏轼更把整个汲水、烹茶过程与自然契合。他的《汲江煎茶》诗云：

> 活水还需活火烹，自临钓石取深清。
> 大瓢贮月归春瓮，小杓分江入夜瓶。
> 雪乳已翻煎处脚，松风呼作泻时声。
> 枯肠未易禁三碗，坐听荒城长短更。

诗人临江煮茶，首先感受到的是江水的情意和炉中的自然生机。亲自到钓石下取水，不仅是为煮茶必备，而且取来大自然的恩惠与深情。大瓢请来水中明月，又把这天上银辉贮进瓮里，小杓入水，似乎又是分来江水入瓶。茶汤翻滚时，发出的声响如松风呼泻，或是真的与江流、松声合为一气了。然而，茶人虽融化于茶的美韵和自然的节律当中，却并未忘记人间，而是静听着荒城夜晚的更声，天上人间，明月江水，茶中雪乳，山间松涛，大自然的恩惠与深情，荒城的人事长短，都在这汲、煎、饮中融为一气了。茶道中天人合一、情景合一的精神，被描绘得淋漓尽致。

元明时期，儒家文人遇到了空前的大难题。蒙古人入主中原之初，尚未接受汉族传统文化，文化人向来自认为"万般皆下品，唯有读书

明 仇英 《写经换茶图卷》

高"，在元朝统治者眼里却落了个"臭老九"的地位。明代党羽横生，文人不敢稍稍发表独立的见解。于是，许多有才学的人隐居山林，以茶解忧，茶成了表示清节的工具，被称作"苦节君"；茶成了苦中求乐的文人朋友，又被称作"忘忧君"。其实，"苦节"倒是真的，"忧"却很难忘却。诚如庄子所云，泉水干枯了，鱼儿们用口水相互沾润，倒不如各自畅游于大江大湖的好。茶人们这种苦节励志的精神固然可贵，但对整个社会却难以有所匡辅。但是，正因为不像宋人那样，时时处处都用儒家礼仪规范饮茶活动，所以中国茶道的自然情趣才更为浓重。茶人们从茶中领略自然的箫声，尽量"忘我"，求得心灵的某种解脱，庄子说，颜成子游从师学道，第一年心如野马，第二年开始收心，第三年心无挂碍，第四年混同物我，第五年大众来归，第六年可通鬼神，第七年顺乎自然，第八年忘去生死，第九年大彻大悟。无论皎然的三碗茶诗，还是卢仝的七碗诗，仔细读去，都包含着庄子这种混同物我，顺乎自然，大彻大悟的精神。元明茶人进一步加深这种思想，品茶论水只是进入自然的媒介。所谓"枯石凝万象"，小小一杯茶，从中要寻求的却是空灵寂静，契合自然的大道。如文徵明、唐寅等人的品茶图画，都反映了这种思想。文、唐二人都是嘉靖文坛上"吴中四才子"的主要成员，其艺术风格和人品均以纵逸不羁的姿态出现。文徵明的茶画，有《惠山茶会》《陆羽烹茶图》《品茶图》等，从这些茶画中，我们看到的是枯石老树，清水竹炉。唐寅，字伯虎，比文徵明更纵逸风雅，喜欢的是香茶、琴棋、博古、观书，加上娇妻美妾。唐伯虎点秋香的故事，至今为民众所传颂。所以他的茶画也更多了些风雅美韵。他在《琴士图》中，画的是青山如黛，瀑布流泉，岸边的茶炉火焰燃烧，茶釜的沸水，与泉声、瀑声、松声、琴声似融为一体。画是静的，但处处有自然的箫声在宇宙间回响、流动，也拨动了茶人内心的琴弦。同样画陆羽品茶，唐寅的笔下，意境阔大得多，天地宇宙、山水自然的美韵洋溢整个画图之中，而又总是把煮茶的情节放在画的突出部位，具体茶艺方法表现得十分洗练，但总是作为画龙点睛之笔。他又把焚香、插花、勘书、观画、雅石、山水与品茶都结合起来，雅石透漏瘦绉，修竹扶疏而出。这些情景，既吸收了庄子万象冥合的观念，又融进儒家对现实生活美好的追求。他在《品茶图》中，自题诗曰：

> 买得青山只种茶，峰前峰后摘春芽。
>
> 烹煎已得前人法，蟹眼松风娱自嘉。

买青山，自种茶，自煎茗，自得趣，更多了些积极乐观的追求。唐寅的诗画，有庄子的气魄和上天入地的精神，但又多了些儒家的现实与乐观。所以，中国的儒与道，实在是很难分家的。即便真正的道士，也未必完全是避世。元代丘处机是蒙古人的重要谋士，曾从征大雪山。出世与入世是相对而言，完全把道家思想理解为消极的东西未必妥当。老庄思想总的来说是着眼于更大的宇宙空间，所谓"无为"，正是为了"有为"；柔顺，同样可以进取。水至柔，方能怀山襄堤；壶至空，才能含华纳水。目前，世界上纷争、喧嚣太过了，"飞毛腿""爱国者"呼啸于夜空，人们又想起了东方自然和谐与宁静的环境。就整个人类发展来说，无论人与人，还是人与自然，终归是以和谐为好，完全没有火，缺少生机；而没有茶的宁静、清醒，世界一片混乱，人类也难以正常生存。道家茶理，从另一个侧面发掘了茗茶艺术中的深刻哲理。

二、道家茶人与服食祛疾

把饮茶推向社会的是佛家，把茶变为文化的是文人儒士，而最早以茶自娱的是道家。我国关于饮茶的大量记载出现在两晋和南北朝。其中，许多饮茶的故事出现在道家的神怪故事中。道家思想宗教化变为道教，但中国人对上帝鬼神的信仰总是不十分笃实的，道教其实并没有太严格的教义，只不过把老庄思想神化。所以，道家也常被称为神仙家。当时，佛教传入中国不久，不少人还难以认识佛的本质，常把佛也归入神仙家之类。道教的要义无非是清静无为，重视养生，茶对这种修炼方法再有利不过，所以道士们皆乐于用。于是在南北朝的神怪故事中就出现了许多关于茶的记载。《神异记》说，余姚人虞洪入山采茗，遇一道士，牵着三条青牛，把虞洪领到一个大瀑布下，说："我便是神仙丹丘子，听说您善做茶饮，常想得到您的惠赐。"于是指示给他一棵大茶树，从此虞洪以茶祭祀丹丘子。《续搜神记》说，晋武帝时，宣城人秦精常入武昌山采茶，遇到一个丈余高的毛人，指示给他茶树丛生的地点，又把怀中的柑橘送给他。这个毛人虽不是神仙，也被看作山怪之类。至于《广陵耆老传》中的卖茶老婆婆，便明显是个神仙了，官府把她抓到监狱里，夜里她能带了茶具从窗子里飞走。后来茶人在诗中经常创造饮茶羽化成仙的意境，大概正是受了这种启发。

不过，这还只是传说中的神仙道士。真正的道人也是最爱饮茶的，道家饮茶更加自在，不像佛教茶道过分执著于精神追求，也不像儒家那样器具、礼仪繁琐。宋孝武帝之子新安王子鸾、豫章王子尚到八公山访问昙济道人，昙济就是个很会煮茶的人，他设茗请二位皇子品尝，子尚说："这像甘露一样美，怎么说是茶茗？"

道家最伟大的茶人大概要算陶弘景。陶为南朝齐梁时期著名的道教思想家，同时也是大医学家。他字通明，自号华阳隐居，丹阳秣陵（今南京）人。陶弘景曾仕齐，拜左卫殿中将军。入梁，在句曲山（茅山）中建楼三层，隐居起来。时人看见，以为是神仙。梁武帝礼请下山，陶弘景不出，但武帝有要事难决时便派大臣去请教，号称"山中宰相"。他的思想脱胎于老庄哲学和葛洪的神仙道教，也杂有儒、佛观点。可见，道家的"避世"也是相对的。陶氏在医药学方面很有成就，曾整理古代的《神农本草》，并搜集魏晋间民间新药，著成《本草经集注》七集，共载药物七百三十种。现已在敦煌发现残本。另著有《真诰》《真灵位业图》《陶氏验方》《补阙肘后百一方》《药总诀》等书。可见他既是个政治家、思想家，又是医药学家。他在《桐君采药录》中的注解内，备述西阳（今湖北黄冈）、武昌、庐江（今安徽合肥）、晋陵（今江苏武进）等地所产好茶，以及巴东所产真茗。陶氏是从茶的药用价值方面来看待茶的。

唐代著名道家茶人大概首推女道士李冶。李冶，又名李季兰，出身名儒，不幸而为道士。据说，陆羽幼年曾被寄养李家，李冶与陆羽交情很深。后来，她在太湖的小岛上孤居，陆羽亲自乘小舟去看望她。李冶弹得一手好琴，长于格律诗，在当时颇有名气。天宝年间，皇帝听说她的诗作得好，曾召之进宫，款留月余，又厚加赏赐。德宗朝，陆羽、皎然在苕溪组织诗会，李冶是重要成员，陆羽《茶经》中老庄道家思想肯定受到李冶的影响。所以完全有理由说，是这一僧、一道、一儒家隐士共同创造了唐代茶道格局。李冶本是个才华横溢，喜欢谈笑风生的人，为陆羽饮茶集团增添过不少情趣，但到晚年处境凄凉。她有《湖上卧病喜陆鸿渐至》诗云：

昔去繁霜月，今来苦雾时。
相逢仍卧病，欲语泪先垂。
强劝陶家酒，还吟谢客诗。
偶然成一醉，此外更何之。

老友相逢，强颜欢笑，心境却十分凄苦。

明代优秀茶人朱权，晚年是兼修释老的。他明确指出：（1）茶是契合自然之物；（2）茶是养生的媒介。这两条都是道家茶文化的主要思想。他认为，饮茶主要是为了"探虚玄而参造化，清心神而出尘表"。

为什么道家对茶都有这么大的兴趣呢？除了茶有助于空灵虚静的道家精神要求外，道家思想宗教化之后所进行的修炼方法显然与茶相宜。

道教的修炼方法，一曰内丹，即胎息以炼自身之气；二曰存思，即将自己的意念寄托于天地山川或身体某个部位，求得"忽兮恍兮，其中有象"的效果；三曰导引沐浴，用意念引导阳光、雨露、星月之辉沐浴己身而去除污浊之气；四曰服食烧炼，即通过食品中化学物质或草木果品，帮助健身强体。道教的修炼方法，是典型的中国"现实主义"，来世先不必去求，今生首先要做个寿星，成个"神仙"。用现代科学道理分析，这不过是一套气功修炼的方法。修炼气功，人不能睡，但又要在尽量虚静空灵的状态下才能产生效果。除去其中的宗教迷信色彩，这原来是气功保健和开发特异智能的好方法。要打坐，炼内丹，必有助功之物。道家炼所谓"金石之药"，虽然对我国古代化学研究做出贡献，但真的吃下去却常常出问题，甚至丧生。而服用草木果实，却是很有道理的。茶能提神清思，而且确实有升清降浊，疏通经络的功效，所以不仅道家练功乐用，佛家坐禅也乐用。因此，可以说道家研究茶的药理作用是最认真的。从葛洪的《抱朴子》到陶弘景著《本草经》，都是从药理出发来认识茶的作用。

道家修炼，又主张内省。当饮茶之后，神清气爽，自身与天地宇宙合为一气，在饮茶中可以得到这种感受。

三、老庄思想与茶人气质

茶在中国流行太普遍了，三教九流都与茶相关。不过真正的"茶仙""茶癖""茶痴"，却真有些特殊的风度。除去帝王、公侯以茶人自我标榜者外，一般茶人，不论儒、道、佛的信仰，都有些共同特点，即追求质朴、自然、清静、无私、平和，但又常常有些浪漫精神和浩然之气。茶人们这种特殊的气质和修养，与老庄思想的影响有很大关系。试例举一二：

【老子的清心寡欲与茶人廉洁之风】道家是主张清心寡欲的，这与中国长期的封建社会和小农经济有关。既然自然资源有限，生产力发展受到很大限制，当然还是不要无休止地索取与纷争为好。从现代社会发展看，这种观点有消极的一面，但即使在现代工业社会里，人的物质需求也不可能完全得到满足。拼命追求物欲而不顾现实条件，会造成许多破坏和危机。比较起来说，中国人主张简朴，倒是化解当今危机的办法之一。老子说："不贵难得之货，使民不为盗；不见可欲，使民心不乱。"拼命追求不大适用的金银宝货，盗贼便多了；人人贪心太大，天下便不会和平。茶人们正是吸收了这种精神，而多崇尚简朴。历史上以茶养廉的事我们已经说了不少，下面说个现代的伟人。

伟大的民主革命先行者孙中山先生是力主倡导饮茶的。他在《建国方略》《三民主义·民生主义》等重要论著中明确论述茶对国民心理建设的功能。他说："中国不独食品发明之多，烹调方法之美为各国所望尘不及，而中国之饮食习尚暗合于科学卫生，尤为各国一般人所望尘不及也。""故中国穷乡僻壤之人，饮食不及酒肉者，常多寿。""中国常人所饮者为清茶，所食者为淡饭，而加以菜蔬、豆腐。此等之食料，为今卫生家所考得为最有益于养生者也。"孙先生认为，喝水比吃饭甚至还重要。把饮茶提到"民生"的高度，茶被称为"国饮"确实有据了。中山先生本人就是极爱饮茶的，尤其爱喝西湖龙井和广东功夫茶。1916年，他从上海到杭州，特地视察茶店、茶栈，然后品尝龙井茶。到虎跑泉观光，取水烹茗，并赞道："味真甘美，天之待浙何其厚也！"

中山先生还指出，要推广饮茶，从国际市场上夺回茶叶贸易的优势，应降低成本，改造制作方法，"设产茶新式工场"。中山先生的民生思想中，是提倡茶的简朴，"不贵难得之货"的。从陆纳的以茶待客，到陆羽"随身惟纱巾、藤鞋、短褐、犊鼻"，到南宋陆游《啜茶示儿辈》的简约生活……一直到中山先生提倡以茶为国饮、为民生大计，都是提倡简约自持。

【老庄的无限时空与茶人的阔大胸怀】表面看来，老庄主张"无为"，实际上，无为之中包含有为，包含着一个阔大无边的大宇宙观。庄子的思想往往是天上地下，无边无际地遨游，一会儿是直上九重霄汉的大鹏，一会儿是游于三江四海的鲲鱼。道家认为，事物是不断发展变化的，所谓一生二，二生三，三生万。唐宋以后儒家趋向保守，畏天命而谨修身；佛教虽出现了许多适应中国士大夫口味的流派，但总的来说是认为在劫难逃。只有道教，用无边的宇宙和生息不断的观念鼓舞自己"长生不死""羽化飞升"，表现了中华民族对生命的无限热爱，所以，不能一概以"唯心主义的幻想"来看。抱着这种乐观的理想饮茶，使许多茶人十分注意从茶中体悟大自然的道理，获得一种淡然无极的美感，从无为之中看到大自然的勃勃生机。所以，真正的茶人胸怀经常是十分阔大的，虚怀若谷，并不拘泥茶艺细节。自我修养要"忘我、无私"，与大自然契合，由茶釜中沫饽滚沸想到那滚滚的江河、湖海、大气、太极。最后，自己忘掉了，茶也忘掉了，海也忘掉了，大气和星河也忘掉了，人、茶、器具、环境浑然一气，这才能真正身心愉悦，即所谓大象无形也。所以，中国茶道精神要在无形处、无为处、空灵虚静中自然感受，无形的精神力量大于有形的程式。这正是受道家影响的结果。这种精神不仅是茶人的精神，也贯彻于全民族之中。中华儿女以天地宇宙为榜样，把忘我、无私视为自己追求的目标。

【老庄的愤世嫉俗与茶人的退隐励志】老庄思想在自然观方面无疑是相当积极的，不信"天命"，而要与天地同在。但在政治观上，确实有消极的一面，用现在的话说，是"见着矛盾躲着走"，去寻自己的安适，不是与他们师法天地的自然观相矛盾，很有些自私吗？老庄思想是主张避世的，但应当看到，这种表面消极的政治态度后面，又有愤世嫉俗、对旧制度猛烈抨击的一面。庄子生逢乱世，心情很痛苦，很矛盾，在表面的洒脱下，有一颗忧国忧民的心，不然就不会"著书十余万言"（《史记》本传），对当时的政治作出激烈的嘲讽和抨击。他的退隐思想，是表示与统治者不合作的态度，"天子不得臣，诸侯不得友"，自己"洸洋自恣以适己"，一则避免"中于机辟，死于网罟"；二则表明自己不能苟同于世俗的价值观，把自己从功名利禄中退出来，保持自己的精神自由和独立人格。所以，与其说是厌世，不如说是愤世、嫉世。中国著名的茶人，许多退隐思想浓重，并不是逃避责任，而是表明不苟同世俗的人格。这一点，受道家思想影响很明显。陆羽幼年也曾决心精研儒学，但当他真正长大成人后才看透了当时的社会，拒绝做朝廷官吏，而做了"陆处士"。白居易早期参与政治，其诗歌中讽喻作品很多，笔锋直刺权贵。但自贬官之后，伤感和闲适的内容渐增，也开始以茶自适。但走上这条路并非出于自愿，而是因为"济世才无取，谋身智不周"（《履道新居二十韵》），于是不得不隐退，不得不从茶中去寻找自我。"游罢睡一觉，觉来茶一瓯"，"从心到百骸，无一不自由"，他是从茶中自我开解。朱元璋的第十七子朱权，曾就藩大宁，威震北荒，并且是靖难功臣，但因受永乐帝猜忌，不得不深自韬晦。宣宗时，又上书论宗室不应定等级，宣宗大怒加责，他不谢罪退隐怕是终会招致杀身之祸的。所以晚年在缑领上建生坟，自称丹丘先生、函虚子，最后变成了著名的茶道专家。可见，茶人的退隐，既是为社会所迫，也是自己找寻的在艰难中生存和磨砺志向的办法。元、明都以"苦节君""苦节君行省"等比喻茶具，其心中的苦水可知矣。所以，茶人多以清苦自适来要求自己，这种精神，造成中国不少文化人富于气节。"饿死事小，失节事大"，到近现代帝国主义入侵、抗日战争爆发，许多知识分子先是茶水、菠菜、豆腐，后来茶水变成了白开水，菠菜豆腐也吃不上了，但也决不做帝国主义的奴才！这也正是茶人留下的优良传统。

【庄子倾听自然的音律，茶人与大自然为友】在庄子的笔下，有一个无限的空间系统，人的精神可以自由纵横其间，无论山川人物，鸟兽鱼虫，甚至一个影子，一个骷髅，都可以与他对话。巨鲲潜藏于北溟，隐喻着人的深蓄厚养；大鹏直飞九万里，象征着人的远举之志。庄子大概出身很穷，曾处穷闾陋巷，靠织草鞋度日，才华横溢，但终身未仕。这使他只能从自然中找寻归宿，因为在社会上找不到出路。社会上不自由，庄子便把自己变成一只蝴蝶，梦见自己在宇宙大花园里无拘无束地漫游。道家茶人把这一思想引入中国茶文化，在茶人面前展开了一个美丽的自然世界。他们与江流、明月相伴，与松风竹韵为友，使自己回归于大自然之中。这是对自由的向往，也符合人天真烂漫的本性。尤其到现代工业社会，与其人与人互相倾轧，还不如多一点天真烂漫为好。有人说，中国人"天生"不懂得"民主""自由"。以在下看来，中国人最懂自由的价值。茶人们追求自由的精神，便是一个极好的例证。

【庄子的价值转换论与茶人的孤傲自重】老子和庄子，对世俗的价值观念都持鄙视态度。《老子》第二十章说："众人熙熙，如享太牢，如登春台，我独泊兮其未兆，……众人皆有余，而我独若遗，……俗人昭昭，我独昏昏；俗人察察，我独闷闷。"这位李老先生专与一般人唱反调。庄子则更形象、明白地说明这一点：人家说圣人好，他说天下糊涂人太多了，才有所谓圣人，甚至说圣人不死，天下就没太平；人家说富了好，他说钱太多了就有人偷你！人家说木瘤盘结的大树不成材，他又说要不是结那么多树瘤子，早就被人砍了，还能长那样大？人家说，犀牛好大呀，他偏说大有什么用，它会捉老鼠吗？

看来，中国的茶人们真学了庄子的脾气，很爱与世俗唱对台戏。陆羽的性情人们就觉得怪。一般人看不起伶人，他偏去做戏子；朝廷请他做官不去，偏要研究茶；别人多顾个人安危，他为朋友不避虎狼。许多茶人即使做官，也经常因直谏被贬。王安石也好茶，而且很懂水品，好不容易做了宰相，却偏要变法，连小说家都叫他"拗相公"。老舍先生学问很大，偏要写北京的市民生活，不是祥子、虎妞，便是《茶馆》里的三教九流。在茶人们看来，所谓荣华富贵薄如白开水，倒不如做个自在的茶仙为好。"作花儿比作官到有拿手"（《金玉奴棒打薄情郎》），人穷，却总有几分傲气。茶人中像宋代丁谓之流的毕竟是少数，大多数茶人有一身穷骨气。即便富的茶人也大多不苟同世俗，很懂得雅洁自爱，又总爱发表些怪论。即使不敢公然指责权贵，也总是明讥暗讽地对抗几下子。茶人的这种精神，培养了许多知识分子忠耿清廉的性格，对封建世俗观念常常唱反调。

如果说儒家茶文化更适合士大夫的胃口，而道家茶文化则更接近普通文人寒士和平民的思想。它以避世的消极面目出现，与占统治地位的儒家思想处于不同的境地，因此绝不可忽视。谈中国茶道精神者往往扬儒贬道，这有很大的片面性。

第九章　佛教中国化及其在茶文化中的作用

　　谈到中国茶文化，人们经常注意到其与佛教有重大关系。日本还经常谈到"茶禅一味"，中国也有这种说法。禅，只是佛教中的许多宗派之一，当然不能说明整个佛教与中国茶文化的关系。但应当承认，在佛学诸派中，禅宗对茶文化的贡献确实不小。尤其在精神方面，有独特的体现，并且对中国茶文化向东方国家推广方面，曾经起到重要作用。大家可能注意到，日本佛教的最早传布者，既是中日文化交流的友好使者，又是最早的茶学大师和日本茶道的创始人。倘若中国茶文化中，佛教没有独特的贡献，不可能引起日本僧人如此的注意。

　　但是，茶文化是与现实生活及社会紧密联系的，而佛教总的来说是彼岸世界的东西；中国茶文化总的思想趋向是热爱人生和乐感的，而佛教精神强调的是苦寂，这两种东西怎么会如此紧密地联袂相伴？要解决这个问题，我们就必须首先从中国佛教的发展演变过程说起，然后再谈佛与茶的具体联系。

一、佛道混同、佛玄结合时期的"佛茶"与养生、清思

中国是一个大熔炉，任何一种外来思想若不在这个熔炉中冶炼、适应，便很难在这块土地上扎根，更谈不到发展。佛教，在中国古代史上是影响最大的外来文化，它之所以能在中国不断发展，正是因为首先有这样一个与中国传统交融、适应，甚至被改装打扮的过程。在完成这个过程之前，佛教还谈不到自己对茶艺、茶道的独立作用。

佛教发源于印度，创始人释迦牟尼却出生于今尼泊尔，他生活的时代与中国孔子的时代差不多。当时印度社会同样充满了压迫和苦难，佛教的产生正是为对抗印度占统治地位的婆罗门教，反映了当时印度社会的种种矛盾和问题。最初的佛教教义并不十分复杂，有宗教精神，但也是一种自我修行的方法。经过长期发展，才变成一个庞大复杂的唯心主义宗教体系。佛教自汉代传入中国，但由于语言翻译的困难，中国人初与佛教见面，并不完全理解它的实质，还以为是与道教、神仙等差不多的东西。佛教本身因为初来异国，立脚未稳，也乐于人们如此模糊地看待，以此作为"外来户"的谋生之道。所以，汉代的佛教只是皇家的御用品，供宫廷、贵族赏玩，以为可以祈福、祈寿、求多子多孙或保护国家安宁。所谓"诵黄老之微言，尚浮屠之仁祠"，把佛与黄老之术相混同。此时，中国饮茶也还不十分普遍，所以汉代尚未见僧人饮茶的记载。而文人已开始饮茶，可见儒士们对茶的认识还是走在佛、道之前。

魏晋时期，佛教经典日增，出现了以"般若"为主的义理思想。"般若"是"先验的智慧"。这一点成为后来佛教茶理中重要的内容，但在当时，"般若"的义理并未与饮茶结合。这时，僧人们已开始饮茶，但与文人、道士一样，不过是作为养生和清思助谈的手段。之所以

宋 李嵩 《罗汉图》

如此，是因为佛教仍未摆脱对中国原生文化的依附状态。两晋之时，清谈之风大起，玄学占上风，佛教便又与玄学攀亲戚、相表里。一些人把佛学与老庄比附教义，甚至把一些名僧与竹林七贤之类相比。那时，和尚们乐与道士及文人名流相交际，文人与道士皆爱喝茶，后期的清谈家也爱饮茶，于是僧人们也开始饮茶。僧人饮茶的最早记载正是在晋朝，见于东晋怀信和尚的《释门自镜录》，文曰："跣足清谈，袒胸谐谑，居不愁寒暑，唤童唤仆，要水要茶。"可见当时的和尚戒律不严，可以如文人道士一般谐谑，"要茶要水"也不过助清谈之兴，与清谈家没多大区别。《晋书》亦载，敦煌人单道开在邺城昭德寺修行，于室内打坐，平时不畏寒暑，昼夜不眠，"日服镇守药数丸，大如梧子，药有松蜜、姜桂、茯苓之合时，复饮茶苏一二升而已"。这条记载说明，寺院打坐已开始用茶，但仍未与般若之理结合，单道开饮茶，第一为不眠，是作为"镇静剂"来用；第二，同时又服饮其他药物，是与道家服饮之术相同的，这也说明直至晋代，佛与道仍常相混杂。

南北朝时，佛教有了很大发展，开始以独立的面目出现。这时，人们才发现，原来外国的佛与中国的神仙、道士不是一回事。于是中国的道教和其他传统文化与佛教展开了争夺地位的大辩论。北朝的少数民族统治者对深沉的儒家文化一时难以领会，而佛教又宣传人间祸福不过是因果报应，你受苦，因为前辈子没行善。这对于统治者来说，是很有用的百姓麻醉剂、帝王统治术，所以不仅北朝，此后历代皇帝都乐于利用，佛教因此发展，并出现不同学派体系。但就饮茶一节，佛教仍未有什么新的创举。《释道该说续名僧传》说："宋释法瑶，姓杨氏，河东人。永嘉中过江，遇沈台真，请真君武康小山寺，年垂悬车，饭所饮茶。永明中敕吴兴，礼至上京，年七十九。"这条记载，是作为僧人饮茶能长寿的例子来说，仍反映了道家服饮养生的观念。不仅南朝饮茶，当时饮茶之风也传到北朝。北魏时王肃自南齐来归，是一名著名茶人。北魏是鲜卑族建立的政权，北方民族食肉喝奶，王肃吃不惯羊肉，自己吃鱼羹，饮茶茗。京师士子见他一杯一斗地不住饮，很奇怪，说明茶饮在北方还不常见。后来魏定都洛阳，鼓励南人"归化"，洛阳有归化里、吴人坊。南人爱饮茶，这种习惯在洛阳城里也逐渐传播开来。归化里一带多寺院，《洛阳伽蓝记》中便多有在寺院饮茶的记载，想必不仅是俗人到寺院里去饮，寺内僧人也必然会饮茶的。但饮茶与佛教思想有何联系仍看不明白。总之，佛教在中国发展的早期既依附于其他思想，在饮茶方面也难以有自己的精神创造。这时，中国茶文化已经萌芽，文人以茶助文思，政治家以茶养廉对抗奢侈之风，帝王开始用于祭祀，而僧人饮茶仍停留在养生、保健、解渴、提神等药用和自然物质功能阶段。

早期促进茶文化思想萌发的是儒士和道家，佛家落后了一步。当南北朝道家故事中把饮茶与羽化登仙的思想开始结合起来时，佛家饮茶并未与自己的思想、教义相联系，即使偶尔有人用茶帮助打坐修行，但并未像后来那样与明心见性、以茶助禅、茶理与禅理密切结合。佛教在后来，尤其在唐代，对推广饮茶虽起了重大作用，但在中国茶文化发展的早期不可估价过高。有人认为中国茶文化最初是由佛教推动起来的，是对历史失于考察。总之，当佛教尚未与中国文化传统完全交融的时候，在茶文化方面也不可能有太多的发明创造。有一则达摩佛祖割眼皮的故事，说明佛与茶的关系。据说达摩是禅宗祖师，来到中国"面壁九年"，昏沉中，一生气把眼皮割下，弃置地上。说来奇怪，眼皮子抛下地竟闪闪发光，冒出一棵树来。弟子们用这小树的叶子煎来饮用，居然使眼皮不再闭，难得打瞌睡，这便是"茶"。即便达摩真的爱饮茶，顶多也是为防止睡魔。说达摩眼皮子产生了茶树也不过是"中国茶树外来说"的古本谎话。佛教刚刚过关入境之时，僧人即便饮茶也并未把两种精神结合起来，而只有当它被认真改造之后，才成为茶文化中一支重要的精禅力量。这并非否认茶与佛，特别是茶与禅的有机结合，而只是说不能把佛对中国茶文化的贡献说得太高、太远。

二、中国化的佛教禅宗的出现使佛学精华与茶文化结合

佛理与茶理真正结合，是禅宗的贡献。

佛教刚入中国还与玄道、神仙相伴，到后来便露出其本来面目。佛有大乘和小乘，所谓小乘，好比一条狭窄的小路，只是一个人可以通过，是个人修行。而大乘，据说不仅自己可得正果，而且可以普度众生。所以，小乘很快便消失了，中国流行的多是大乘。大乘又有许多宗派，有三论宗、净土宗、律宗、法相宗、密宗等，都是自天竺传来，佛教徒简单搬用，不敢有只字怀疑，唯恐得罪了佛，有所报应，甚至被打入地狱。但这些宗派的教义很不合中国人的胃口。比如，三论宗认为不应"怖死"，而应"泣生"，可是中国人那样热爱生命，你让他把死了才看作快乐是很难的。净土宗则认为人类世界便是一块秽土，说只有佛的世界才是极乐。律宗强调各种戒律，不杀生。害虫、害兽任其泛滥吗？不娶妻生子，与中国人多子多福的观点也不相符合。戒律又十分繁琐，连上厕所都有一定仪式。密宗又近乎中国的巫术，文化人难以相信。一般百姓生活在苦难中，说来世可以求得乐土还可以接受，帝王将

明　陈洪绶　《参禅图》

相哪肯舍掉现有的快乐！所以唐太宗自称是老子李耳的后代，下敕规定道教在佛教之上。有僧人说：陛下之李出自鲜卑，与老聃无关。太宗大怒，说你讲观音刀不能伤，先念七天观音，拿你试刀！这和尚无计，只好说陛下就是观音，我念了七天陛下。这才免了一刀，遭到流放。在这种情况下，佛教若不寻求与中国文化传统相结合的办法便无法生存。于是出现了天台宗、华严宗等与中国思想接近的宗派，但均不如禅宗中国化得彻底。

禅宗的出现使佛理与中国茶文化结合才有了可能，所以我们还要首先介绍禅宗的理论，然后再说茶的问题。

禅，梵语作"禅那"，意为坐禅、静虑。南天竺僧达摩，自称为南天竺禅第二十八祖，梁武帝时来中国。当时南朝佛教重义理，达摩在南朝难以立足，便到北方传布禅学，北方禅教逐渐发展起来。禅宗主张以坐禅修行的方法"直指人心，见性成佛，不立文字"。就是说，心里清静，没有烦恼，此心即佛。这种办法实际与道家打坐炼丹接近，也有利于养生；与儒家注重内心修养也接近，有利于净化自己的思想。其次主张逢苦不忧，得乐不喜，无求即乐。这也与道家清静无为的思想接近。禅宗在中国传至第五代弘忍，门徒达五千多人。弘忍想选继承人，门人推崇神秀，神秀作偈语说："身是菩提树，心如明镜台，时时勤拂拭，勿使惹尘埃。"弘忍说："你到了佛门门口，还没入门，再去想来。"有一位舂米的行者慧能出来说："菩提本无树，明镜亦非台，佛性常清静，何处染尘埃？"这从空无的观点看，当然十分彻底，于是慧能成为第六世中国禅宗传人。神秀不让，慧能逃到南方，从此禅宗分为南北两派。慧能对禅宗彻底中国化做出了重要贡献，综合他的观点，一是主张"顿悟"，不要修行那么长时间等来世，你心下清静空无，便是佛，所谓"放下屠刀，立地成佛"，这当然符合中国人的愿望。二是主张"相对论"，他对弟子说，我死后有人问法，汝等皆有回答方法，天对地，日对月，水对火，阴对阳，有对无，大对小，长对短，愚对智……即说话考虑这两方面，不要偏执。这既与道家的阴阳相互转换的思想接近，又与儒家中庸思想能相容纳。不能把这种观点看作诡辩骗人的把戏，从哲学上说，它丰富了矛盾观的内容。第三，认为佛在"心内"，过多的造寺、布施、供养，都不算真功德，你在家里念佛也一样，不必都出家。这对统治者来说，免得寺院过多与朝廷争土地，解决了许多矛盾；对一般人来说，修行也容易；对佛门弟子来说，可以免去那么多戒律，比较接近正常人的生活。所以禅宗发展很快。尤其到唐中期以后，士大夫朋党之争激烈，禅宗给苦闷的士人指出一条寻求解除苦恼的办法，又可以不必举行什么宗教仪式，做个自由自在的佛教信徒，所以士人也推崇起佛教来。而这样一来，佛与茶终于找到了相通之处。

唐代茶文化之所以得到迅猛发展确实与禅宗有很大关系。这是因为禅宗主张圆通，能与其他中国传统文化相协调，从而在茶文化发展中相配合。

1. 推动了饮茶之风在全国流行

唐人封演所著《封氏闻见记》说："南人好饮之，北人初不多饮。开元中，泰山灵岩寺有降魔师大兴禅教。学禅，务于不寐，又不夕食，皆许其饮茶，人自怀挟，到处煮饮。从此转相仿效，遂成风俗，自邹齐沧隶至京邑，城市多开店铺，煎茶卖之，不问道俗，投钱取饮。其茶自江淮而来，舟车相继，所在山积，色额甚多。"有人说，僧人为不睡觉喝茶，不过像喝咖啡提神一般，谈不到对茶文化的贡献。禅理与茶道是否相通姑且不论，要使茶成为社会文化现象首先要有大量的饮茶人，没有这种社会基础，把茶理说得再高明谁能体会？僧人清闲，有时间品茶，禅宗修炼也需要饮茶。唐代佛教发达，僧人行遍天下，比一般人传播茶艺更快。无论如何，这个事实是难以否认的。

2. 对植茶圃、建茶山做出了贡献

据《庐山志》记载，早在晋代，庐山上的"寺观庙宇僧人相继种茶"。庐山东林寺名僧慧远，曾以自种之茶招待陶渊明，吟诗饮茶，叙事谈经，终日不倦。陆羽的师傅积公，也是亲自种茶的。唐代许多名茶出于寺院，如普陀山寺僧人便广植茶树，形成著名的"普陀佛茶"，一直到明代，普陀僧植茶传承不断。明人李日华《紫桃轩杂缀》："普陀老僧贻余小白岩茶一裹，叶有白茸，瀹之无色，徐饮觉凉透心腑。"又如宋代著名产茶盛地建安北苑，自南唐便是佛教胜地，三步一寺，五步一刹，建茶的兴起首先是南唐僧人们的努力，后来才引起朝廷的注意。陆羽、皎然所居之湖州杼山，同样是寺院胜地，又是产茶胜地。唐代寺院经济很发达，有土地，有佃户，寺院又多在深山云雾之间，正是宜于植茶的地方，僧人有饮茶爱好，一院之中百千僧众，都想饮茶，香客施主来临，也想喝杯好茶解除一路劳苦，自己不种茶当然划不来，所以僧院植茶是很顺理成章的事。推动茶文化发展要有物质基础，首先要研究茶的生产制作，在这方面禅僧又做出了重要贡献。

3. 创造了饮茶意境

有人反对"茶禅一味"说，认为僧人们"吃茶去"的口语犹如俗人"吃饭去""喝酒去""旁边待着去"，至多也只能说明僧人有饮茶嗜好，大多是些茶痴、茶迷，谈不到茶与禅的一味或沟通。其实，所谓"茶禅一味"也是说茶道精神与禅学相通、相近，也并非说茶理即禅理。否定"茶禅一味"说还有个重要理由，即禅宗主张"自心是佛"，

外无一物而能建立。既然菩提树也没有，明镜台也不存在，除"心识"之外，天地宇宙一切皆无，添上一个"茶"，不是与禅宗本意相悖吗？我们今人所重视的是宗教外衣后面所反映的思想、观点有无可取之处。禅宗的有无观，与庄子的相对论十分相近，从哲学观点看，禅宗强调自身领悟，即所谓"明心见性"，主张所谓有即无，无即有，不过是劝人心胸豁达些，真靠坐禅把世上的东西和烦恼都变得没有了，那是不可能的。从这点说，茶能使人心静，不乱，不烦，有乐趣，但又有节制，与禅宗变通佛教规戒相适应。所以，僧人们不只饮茶止睡，而且通过饮茶意境的创造，把禅的哲学精神与茶结合起来。在这方面，唐代僧人皎然做出了杰出贡献，我们已在上编有叙，在谈到中国茶艺时也有所介绍。说禅加上了茶就不是真禅，那能有几个真禅僧？本来禅宗就主张圆通的。皎然是和尚，爱作诗，爱饮茶，号称"诗僧"；怀素是僧人，又是大书法家，不都是心外有物吗？范文澜先生早就从宗教的虚伪性方面讥讽过他们并非心无挂碍，同样饥来吃饭，困来即眠。不过，僧人之看待茶，还真与吃饭、睡觉不同。尤其是参与创造中国茶艺、茶道的茶僧，虽然也是嗜好，但在茶中贯彻了精神。皎然出身于没落世族，幼年出家，专心学诗，曾作《诗式》五卷，特别推崇其十世祖谢灵运，中年参谒诸禅师，得"心地法门"。他是把禅学、诗学、儒家思想三位一体来理解的。"一饮涤昏寐，情来朗爽满天地"，既为除昏沉睡意，更为得天地空灵之清爽。"再饮清我神，忽如飞雨洒轻尘。"禅宗认为"迷即佛众生，悟即众生佛"。自己心神清静便是通佛之心了，饮茶为"清我神"，与坐禅的意念是相通的。"三碗便得道，何需苦心破烦恼。"故意去破除烦恼，便不是佛心了，"静心""自悟"是禅宗主旨。皎然把这一精神贯彻到中国茶道中。所谓道者，事物的本质和规律也。得道，即看破本质。道家、佛家都在茶中融进"清静"思想，茶人希望通过饮茶把自己与山水、自然、宇宙融为一体，在饮茶中求得美好的韵律、精神开释，这与禅的思想是一致的。若按印度佛的原义，今生永不得解脱，天堂才是出路，当然饮茶也无济于事，只有干坐着等死罢了。但禅是中国化的佛教，主张"顿悟"，你把事情都看淡些就"大觉大悟"了。在茶中得到精神寄托，也是一种"悟"，所以说饮茶可得道，茶中有道，佛与茶便连接起来。道家从饮茶中找一种空灵虚无的意境，儒士们失意，也想以茶培养自己超脱一点的品质，三家在求"静"，求豁达、明朗、理智方面在茶中一致了。但道人们过于疏散，儒士们终究难摆脱世态炎凉，倒是禅僧们在追求静悟方面执著得多，所以中国"茶道"二字首先由禅僧提出。这样，便把饮茶从技艺提高到精神的高度。有人认为，宋以后《百丈清规》中有了佛教茶仪的具体程式规定，从此才有"茶道"。其实，程式淹没了精神，便谈不上"道"了。

4. 对中国茶道向外传布起了重要作用

　　熟悉中国茶文化发展史的人都知道，第一个从中国学习饮茶，把茶种带到日本的是日本学僧最澄。至于最澄是否把中国茶中之道在唐代便带到日本就不得而知。第一位把中国禅宗茶道带到日本的又是僧人，即荣西和尚。不过，荣西的茶学著作《吃茶养生记》，主要内容是从养生角度出发，是否把禅的精神与茶一同带去，又不大清楚。但自此有了"茶禅一味"的说法，可见还是把茶与禅一同看待。这些问题下面还有专章讨论，不再多说。但起码说明，在向海外传播中国茶文化方面，佛家做出了重要贡献。从这一点说，佛家茶文化是起了带头作用的。

三、《百丈清规》是佛教茶仪与儒家茶礼结合的标志

佛教戒律太严不适合中国人的胃口，但完全去掉戒律也就不能称为佛教了。禅宗主张圆通，但圆通得过了分，到后来有的禅僧主张连坐禅也不必了，这对禅宗本身的存在便构成威胁。所以，到唐末禅宗自己开始整顿。和尚怀海采用大小乘戒律，别创"禅律"，因怀海居百丈山，称《百丈清规》，把僧人的坐卧起居、饮食之规、长幼次序、人员管理等都作了规定。僧人一律进僧堂，连床坐禅，晨参师，暮聚会，听石磬木鱼声行动，饮食用现有物品随宜供应，以示俭朴。德高年长的僧人称长老，长老的随从称侍者，各种管事称寮司，僧徒犯规，焚毁衣钵。整个僧院俨然像一个封建大家庭。宋真宗时，佛教徒杨亿向朝廷呈《百丈清规》，从此佛教清规取得合法地位。宋代大儒家程颢游定林寺，见僧堂威仪济济，惊叹地赞称："三代礼乐尽在其中。"可见此时的佛教完全中国化，儒家能够认可了。以后历代禅僧对禅礼皆有新的发挥、补充。《百丈清规》既然包括了僧人的一切行为规范，茶是禅僧良友，对饮茶的规矩自然也规范得明白。从此佛家茶仪正式出现。

唐宋佛寺常兴办大型茶宴。如余姚径山寺，南宋宁宗开禧年间经常举行茶宴，僧侣多达千人。宋代径山寺茶质量很高，径山寺以佛与茶同时出名，号称江南禅林之冠。茶宴上，要坐谈佛经，也谈茶道，并赋诗。径山茶宴有一定程式，先由主持僧亲自"调茶"，以表对全体佛众的敬意。然后由僧一一献给宾客，称"献茶"。宾客接茶后，打开碗观茶色，闻茶香，再尝味，然后评茶，称颂茶叶好，茶煎得好，主人品德高。这样，把佛家清规、饮茶谈经与佛学哲理、人生观念都融为一体，开辟了茶文化的新途径。

禅门清规把日常饮茶和待客方法也加以规范。元代德辉所修改的《百丈清规》，对出入茶寮的礼仪、"头首"在僧堂点茶的过程，都有详细记载。蒙堂挂出点茶牌，点茶人入寮先行礼讯问合寮僧众。寮主居主位，点茶人于宾位，点茶过程中要焚香，点完茶收盏，寮主"起炉"、相谢。然后请众僧入，点茶人复问讯、献茶。茶喝毕，寮主方与众僧送点茶人出寮……仪式虽然复杂，但合乎中国古代社会礼仪，所以不仅禅院实行，俗人也竞相效仿。到元明之时，出现"家礼""家规"，也效仿禅院礼仪，把家庭敬茶方法也规定进来。

饮茶作为礼仪，早在唐代已在朝廷出现，宋代更加以具体化。但朝廷茶仪民间是难以效仿的，倒是禅院茶礼容易为一般百姓接受。所以，在民间茶礼方面，佛教的影响更大。

历代爱饮茶的僧人都很多。唐代僧人从谂常住赵州观音院，人称"赵州古佛"。此人嗜茶成癖，他的口头禅是"吃茶去"。据说有僧到赵州拜从谂为师，他问人家：新近曾到此地吗？僧人答：曾到。他说："吃茶去！"再问一遍，僧人又说不曾到。他仍说："吃茶去！"其实，这不过是从谂的口头语，犹如说："旁边待着去！"但其他僧人却替师父圆谎，说："这是让你把茶与佛等同起来了。"从此，僧人们却真的把茶中之道与佛经一样认真看待起来。

把"茶禅一味说"看得过于认真，倒容易失去禅学宗旨。禅宗认为世界上的一切事物既可看作有，也可看作无，"一月普现一切水，一切水月一月摄"，事物是互相包含的，要认识的是事物的本质。今人一般把佛学简单地当作唯心主义来批判，世界上的物质本来是客观存在，佛教硬说一切皆空，当然觉得是唯心主义。但如果从相对主义而言，却包含辩证的道理。茶是客观物质，但物质可以变精神，从看得见、闻得到、品得出的色、香、味，到看不见、摸不着的"内心清静"，不正是从"有"到"无"吗？所以，禅把茶礼正式定入《百丈清规》，不过是提醒人们不要把饮茶仅仅看成止渴解睡的工具，而是引导你进入空灵虚境的手段。从这点说，中国的茶道精神确实又从禅宗茶礼中得到最明确的体现。所以，"吃茶去"成为禅林法语便不足为怪了。"吃茶"，在禅人们修行过程中，就含隐着坐禅、谈佛。赵朴初先生1989年为"茶与中国文化展示周"题诗曰：

七碗爱至味，一壶得真趣。
空持百千偈，不如吃茶去。

这首诗说明，既要从茶中体会禅机，但又不可执著过分，如此便反失茶的宗旨、禅的宗旨。

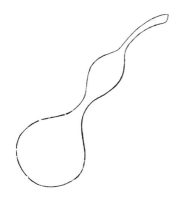

第三编

茶文化
与各族人民生活

　　我们在前两编中，侧重于对上层茶文化的介绍。历史上的文人，常常附属于统治阶级，所谓"正宗茶文化"或"正宗茶人"，常有鄙薄民间文化的偏见。比如，唐宋以来，茶器日精日奢，茶汤益求完美，唐宋茶人金玉其器，金银器盛茶称"富贵汤"，用玉器称"秀碧汤"，用瓷器称"压一汤"，而用瓦器则为"减价汤"了。至于民间饮茶，许多文人更以为粗陋无味。如《红楼梦》里描写大观园里的小尼姑妙玉，自己本是攀扯贵族，寄人篱下，却专摆些臭架子，说什么一杯为品，二杯为饮，三杯便是饮牛饮骡了。刘姥姥进得栊翠庵喝她一杯茶，好好一个官窑杯子要扔，还要人挑水洗地，实在"酸"得太厉害，其实不过是假清白。所以，历代茶书，记民间茶文化甚少，仅有宋代北苑斗茶及个别俗饮茶画涉及民间茶艺。然而，恰恰是历代茶山里的亿万苍生，以自己的血汗浇灌了中国茶文化的基础。有闲阶级若偏要把自己与百姓们隔开，那不如干脆自己种茶、制茶。但他们又没有陆羽那种与民共苦，日行层峦幽谷，夜宿"野人家"的志气。即便接了天上"无根水"，收得梅花瓣上雪，难道那天上雨露、雪花，不是由处处苍生皆在的田野中蒸发的吗？所以，民间茶文化应视为整个中国茶文化体系中必不可少的组成部分。没有这一部分，不能视为完整的"中国茶文化学"。这不仅是由于现代上层茶文化大量失传，民间潜藏着许多古艺精华，而且就茶道精神而言，已变为中华民族文化的重要部分。

不过，民众文化有自己的特点，其雕琢甚少，又散于市农工商、各族各地，整理、认识这部分茶文化，正如沙里淘金、石中认玉，因而必有十分的诚意，百分的努力，才能得来。民间茶文化又不像文人、寺院、宫廷茶文化，有独立形式，而常与日常生活、民间习俗相互渗透、交融，因而更需要以多种手段，从采风、问俗，到用民众文化的特殊视角和特殊方法去工作。近年来，中国茶文化学研究渐露繁荣势头，然而在这个领域里仍是薄弱环节。本人于此，也只是作些入径探幽的尝试。

民间茶艺古道撷英

第十章

　　近代以来，我国古老的茶艺形式大多失传。研究中国茶道者，往往把注意力集中于大量的古代文献，以便从中找出茶文化的发展脉络与踪迹。这些工作当然十分必要，但许多人却往往忽略另一块重要的宝藏——民间茶文化。其实，民间茶文化不仅是现实生活的反映，而且往往以特殊的形式保留了历史文化的精华。这些文化内容，虽不见于经传，但却是一座座无字碑，蕴藏着十分丰富的内容。不过，由于散于民间，又无文人的装点修饰，极容易为人所忽略。所以，就需要有一番调查研究和集萃撷英的工夫。这是一项十分艰巨的工作，需要广大茶人和茶文化研究者长期的努力，非一朝一夕所能完成。这里仅从百花园中摘取数朵清丽的小花，以飨读者。

一、《茶经》诞生地，湖州觅古风

　　浙江湖州，是我国古老的产茶胜地之一，也是茶圣陆羽创作《茶经》的地方，被称作陆羽的"第二故乡"和"中国茶文化发祥地"。我们觅古撷英的工作先从这里开始。

湖州北临太湖，烟波浩渺，水天一色；西南有天目山脉，峰峦起伏，重岭叠翠；山间溪水环绕，河湖密布。湖光、山色、沃土、清流，造成宜于植茶的自然环境。早在唐代，此地便是产茶胜地，最有名者称顾渚紫笋，产于顾渚山。唐代，湖州的长、湖二县相邻之啄木岭金沙泉最宜烹茶。每岁采茶季节，二县官吏前来祭泉，州牧亦来主祭。境内又多古刹，当年陆羽、皎然、颜真卿等正是于此地品茶论茗，山亭聚会，开创了流芳千古的中国茶文化格局。正所谓人杰地灵，集好茶、好水、好景及伟大茶人于一地。因而民间饮茶，相沿成风。苕溪为陆羽结庐著书处，苕溪民间大有陆氏古风。有人统计，处于东苕溪的德清县三合乡的几个村庄，如上杨、下杨、三合几村，仅750户人家，3800口，每年每户平均饮茶可达2.84公斤，人均年饮茶1015碗。也就是说，大人、孩子，每天平均起码3碗左右。

顾渚紫笋

　　湖州人不仅饮茶量大，更重要的是，保存了许多古老的茶艺形式，有一套从程式到精神的完整内容，可以说是典型的"民间茶道"。

　　所谓"民间茶道"，比文人茶道简朴，的确更显生动、清丽。

　　随着时代的前进，湖州人也用泡茶法，但程式十分讲究。大体分延客、列具、煮水、冲泡、点茶、捧茶、品饮、送客、清具等十几道程序。有客来，主人早早备下好茶、佐料、果品及清洗好的茶具及清水、竹片。客人入，主人礼请上坐。这时，吊起专用的烧水罐，这罐，可以看作陆羽"茶釜"的变形。然后以竹箸烧起火来，同样包含着以水助火，以火烧水的自然关系。开水滚沸，主人取出珍藏的小包细嫩茶叶，以三指撮出，一撮撮放入碗中。随手又取来泡茶桌上的佐料，用手抓一把用青豆腌渍烘干的熟烘豆，再以筷子夹其他佐料入碗。这时，便以沸水罐居高临下冲在烘豆中，水要冲到容积七成，然后以筷子搅拌茶汤。这种用力打茶和加佐料的饮茶法，皆为唐人遗风，后代怕夺真香，文人、上层多不取，而在民间却一直流传下来。这时，茶性发挥，烘豆渐软，茶与水、料交融，香气袭人，水汽蒸腾，恰是品饮最好时刻。于是，女主人以恭敬的仪态，娴熟的动作，一碗碗捧至客人面前，口中还要说："吃茶！"接着，捧出干果、瓜子之类，放置桌子中央，大家边饮、边食、边谈。烘豆泡茶是咸茶，一般冲上三开，客人便应将茶与佐料、豆子一起吃掉。再饮，需再原泡原冲。若是年节或客中有儿童，也有在茶中不用豆而加橄榄和糖的甜茶。这时主人捧茶要说一句："您，甜甜！"意为祝福生活的甜美。

　　这套茶艺形式，好像一首清丽的诗，无论器物、水品、料品、茶汤都清香无比，主人的动作还要娴熟、优美，使你在煮茶、敬客、品饮中体会茶的清新、人的美好和彼此的情谊。在湖州民间，有贵客来，没有这种敬茶方式是不能表明待客之礼的。

湖州地区的"打茶会",更能表明这套茶仪的思想内涵。在这里,已婚的婆婆、嫂嫂们,每年要相聚专门品茶数次,苕溪称为"打茶会",大概是陆羽、皎然茶会的遗风吧。但到民间女子中间,便更自然、欢快。欲聚会时,先约某家主持。主人至该日下午已备好清水、竹片、茶具、好茶、佐料、果品。姐妹们满面春风而来,主人热情地一一请大家列坐。然后以上述程序煮水、点茶、捧果、品饮。因是乡里亲人,气氛更和谐欢快。这时,妇女们就边饮边"打"。所谓"打茶",便是以茶为题说些赞颂、吉庆之词,又可以茶叙姐妹友好情谊。茶是什么茶,水是何种水,由茶、由水又赞及人,犹如古代文人品茶作诗、联句一般,只是更质朴地直表心迹。品一口说:"这茶好!"又品一口:"这茶清香,颜色碧绿!"主人谢客:"您真会品茶!"客人又说:"这茶全靠保管好!"有的姊妹便开始由物引到人:"你家茶好,人也好!"接着对主人家的刻苦耐劳、待人和善等都可借茶赞颂,主人自然又有一番回赞与自谦。于是,茶香、水美、人情、厚谊,对客人的热情、对主人的感谢、对姐妹的祝福,都融进这茶中。欢声笑语,半日方休。过几日,又可另于一家相聚。而无论是吃咸茶,说"请吃",还是吃糖茶,说"您,甜甜",都包含和寄寓着对生活的信念与体味。这种茶会,有茶艺程序,有聚会形式,有精神内容,显然绝非饮茶解渴而已。它没有文人茶会的琴棋诗画,但美韵贯彻于姐妹的自然韵律之中;它没有王公贵族的豪华器具,但更多了几分古朴、热情;它没有寺院的诵经声、钟磬声,但欢声笑语比深山古刹更符合自然的人生追求。这种茶会,对茶、器、水以及烹饮技艺都有一定要求,是茶艺形式与精神内容的统一,所以完全可称为"民间茶道"。其内容,以节律和谐,气氛欢快，程序井然，精神质朴、淳厚为特征。

纵观湖州民间茶道，可以看出它与我国古代茶道有许多相通之处：

1. 茶艺形式有一定之规，在优美的操作中先造成品饮的气氛。

2. 保存了我国古代茶中加放佐料的习惯。

3. 茶要"原泡"，不能像北方一大壶冲来冲去，这也是古代茶艺要求。

4. 点茶方法虽也是"泡"，但要又冲，又打（搅），以发茶性，与元明以来民间俗饮相通。

5. 充分表示礼敬，显然不是只为临时解渴，而是一种人际关系调协方式，这与路过家门说"大嫂，行人口渴，讨杯茶吃"显然大不相同。

6. 保存了古老的茶会形式。湖州"打茶会"，可以说是典型的民间茶仪。

7. 在精神内容上，不像古代隐士、道人、僧徒的凄苦，而更突出了中国人热爱生活，喜欢交际，爱好"众乐乐"，而非隐士的"独乐乐"或僧人的苦行，所以欢快的味道相当浓重。茶会中用一个"打"字，多少活泼妙趣便被"打"了出来。

与湖州饮茶古俗相仿的，还要说南浔蚕乡的熏豆茶会。南浔与湖州相邻，同处太湖南岸，地处江浙之交，民间多务桑事蚕。这里同样爱喝豆子茶，而且茶会的内容从妇女中间扩大到整个乡民。每年春季，蚕农们常摇了小舟漂过太湖，去湖中山岛上用山芋、菜蔬购换新鲜茶叶，回来珍藏在小瓮里。秋来豆熟，便开始剥豆、熏豆。老年人爱集体剥豆，剥完你家剥我家，剥好了又加以炮制存放。制好豆再做吃茶的另一种伴食：黑豆腐干。这种豆腐干以三年陈酱、冰糖、素油、茴香等精心炮制。然后再腌些胡萝卜片，整个冬季太湖茶会的料物便齐全了。江南冬季仍绿被四野，河湖荡漾，但农活相对减少，人们便乘这闲暇时候举行茶会。水乡居民星布，谁家搞茶会便操起侬软的吴音甜甜地喊起："喂——今晚到我家喝茶喽！——"于是，有沿田畦而至，有乘小舟而来，点茶方法大体与湖州相近，而茶会内容却更为广泛，可以叙友情，也可借茶会调解日常矛盾或纠纷，有的还伴以说唱等娱乐活动。有时，村与村之间发生纠纷，也以茶会调解。湖光、山色、水居、扁舟，伴着炊烟、茶香、欢声、笑语，一次次的聚会，一次次的和谐与欢乐，把茶协调人际关系的功能发挥得淋漓尽致。一边吃茶，一边嚼豆子，吃黑豆腐干，说着今年蚕宝宝结了多少茧，谁家收成好，看着太湖灯光，听着耳边桨声，生活中的苦恼、劳动的疲累，都随着茶会消弭在太湖烟波之中。

二、"功夫茶"中说功夫

功夫茶，流行于我国东南福建、广东等地。关于功夫茶名称由来众说不一，有的说是因为泡功夫茶用的茶叶制作上特别费功夫；有的说是因为这种茶味极浓极苦，杯又特别小，须花上好长时间一口口品尝，品茶要磨功夫；还有的说，是因为这种品茶方式极为讲究，操作技艺需要有学问，有功夫，此为功力之功。看来，诸说皆有道理，尤以后者为重要。特别是论茶艺、茶道一节，主要是讲沏泡的学问、品饮的功夫。功夫茶在各地方法技艺又有区别，我们且以广东潮州、汕头地区为例来谈，即所谓潮汕式功夫茶。

潮汕功夫茶，是融精神、礼仪、沏泡技艺、巡茶艺术、评品质量为一体的完整茶道形式。潮汕功夫茶一般主客共限四人，这与明清茶人主张的茶客应"素心同调"，不宜过多的思想相近。客人入坐，要按辈分或身份地位从主人右侧起分坐两旁，这很像我国古代宗社、祖庙里以昭穆分两侧列位的方法，贯彻了伦序观念。

客人落座后，主人便开始操作。正宗潮汕功夫茶真乃是中规中矩、谨遵古制，一丝不爽的。无论对茶具、水质、茶叶、冲法、饮法都大有讲究。

茶具，包括冲罐（茶壶）、茶杯和茶池。茶壶，是极小的，只有西红柿般大小，杯是瓷的，杯壁极薄。茶池形状如鼓，瓷制，由一个作为"鼓面"的盘子和一个作为"鼓身"的圆罐组成。盘上有小眼，一则"开茶洗盏"时的头遍茶要从这些小眼中漏下；二来泡上茶之后还要在壶盖上继续以开水冲来冲去以加热保温，这些水也从小眼中流下。真正的"茶池"则是指鼓身，它为盛接剩水、剩茶、剩渣而设。功夫茶的壶是十分讲究的，我国明清之后茶艺返璞归真的思想浓重，犹重紫砂壶。而潮汕式功夫茶茶壶，用一般紫砂陶还不行，要用潮州泥制壶。此地土质松软，以潮州泥所制陶壶更易吸香。谈到此，亦应了解中国不同品类茶叶须用不同器具。如花茶最宜用瓷壶，方能保其茶香不至逸失。绿茶本来清淡，而砂壶最易吸其味，亦不相宜，最好用瓷杯，或以玻璃杯直冲，既保其香，又可观察茶叶形状及色泽。而对于红茶、半发酵茶来说，最宜用砂陶，不仅外在古朴且因易发散，使茶不馊，无"熟汤气"，久而久之，壶本身便会含香遍体。喝功夫茶的茶壶，不是买来就用，而先要以茶水"养壶"，而潮州泥壶含香、养壶最易。一把小壶，买得家来先以"开茶"之水频频倒入其中，待"养"上三月有余，小壶便"香满怀抱"了，这时方正式使用。功夫茶杯子也极小，如核桃、杏子一般。壶娘、壶子皆小巧玲珑，但又不失古朴浑厚。

《清稗类钞》记载了一则有趣的故事，说明这"养壶"的重要。据说，潮州某富翁好茶尤甚。一日，有丐至，倚门而立，不讨饭，却讨茶，说："听说君家茶最精，能见赐一壶否？"富家翁听了觉得可笑，说："你一个穷乞丐，也懂得茶？"乞丐听了说："我原来也是富人，只因终日溺于茶趣，以致穷而为丐。今虽家破，但妻儿均在，只好行乞为生。"富翁听了，以为遇到"茶知己"，果然赏他一杯上好的功夫茶。这丐者品了品滋味说："果然泡的好茶，可惜味不够极醇。原因呢，是壶太新。"说着，从怀中掏出一个旧壶，色虽暗淡，但打开盖子香气清冽。丐者说是他平素常用壶，虽家贫如洗，冻馁街头从不离身。富翁爱之不已，请求以三千金购壶，那乞丐却舍不得，说："只要你一半钱，从此你我共享此壶如何？"富翁欣然允诺，自此相共一壶，至成故交。这是说，未曾泡茶，这养壶先要下功夫。

至于冲泡，则更要一番高超的技巧。标准的功夫茶茶艺，有所谓"十法"，即后火、虾须水（刚开未开之水）、拣茶、装茶、烫杯、热罐（壶）、高冲、低斟、盖沫（以壶盖把浮面杂质抹去）、淋顶。

客人坐好，主人亲自操作，首先以手将铁观音茶放入小小的壶中。功夫茶极浓，茶叶可占容积七分，以浸泡后茶叶涨发，叶至壶顶，方为恰当分量。第一泡的茶，并非饮用，而是直接以茶水冲杯洗盏，称为"开茶"或"洗茶"。主人将初沏之茶浇洗杯子，一开始便造成茶的精神、气韵彻里彻外的气氛。洗过盏，冲入二道水，这时，不仅叶已开涨，而且性味具发，主人便开始行茶。乃将四只小小杯子并围一起，以饱含精茗的小壶巡回穿梭于四杯之间，直至每杯均至七分满。此时二泡之茶水亦应恰好完毕。此种行茶方法称为"关公跑城"。而到最后余津，亦须一点一抬头地点入四杯之中，称为"韩信点兵"。四杯并围，含主客相聚之意；"关公巡城"既有优美的技巧，又含巡回圆满的中国"圆迹哲理"；"韩信点兵"，亦示纤毫精华都雨露均分的大同精神。关公、韩信皆古之豪杰，小中见大，纤美中却又包含雄浑。这套民间茶艺设计真是再巧妙不过了。这时，四支小杯的茶色若都均匀相等，而每杯又呈深浅层次，方显出主人是上等功夫。而假如由一泡至五泡都又呈不同颜色，便是泡茶高手了。这一段是显示泡沏的功夫。

此时，主人将巡点完备的小杯茶，双手依长幼次第奉于客前，先敬首席，然后左右佳宾，最后自己也加入品饮行列。吃这种茶，也讲个"吃"的"功夫"。无论你味觉如何，也不能一饮落肚，而要让茶水巡舌而转，激发起舌上每一个味蕾对茶味的"热情"，充分体味到茶香方能将茶咽下，这才不算失礼。饮完后还要像饮酒一般，向主人"亮杯底"，一则表示真诚领受主人厚谊，二则表示对主人高超技艺的赞美，这才像个功夫茶的真正"吃家"。

这样吃过一巡又一巡，饮过一杯又一杯，主客情义、对茶的体味都融融洽洽，到泡至五六次时，茶便要香发将尽，礼数也差不多了。最后一巡过后，主人会用竹夹将壶中余叶夹出，放在一个小盅内，请客观赏，此举称为"赏茶"，一则让客人看到精美的叶片原形，回到茶叶的自然本质；二则表示叶味已尽，地主之谊倾心敬献，客人走后不会再泡这些茶叶。

这样讲究的功夫茶，不要以为只是有钱人家才做得起。在潮汕地区，常见小作坊、小卖摊在路边泡功夫茶，甚至农民上山挑果子，休息时也端出茶具，就地烧水泡茶。至于农家工余消闲，泡功夫茶更是经常之举。现代的城镇中，招待所、饭店都是现代化，但居然也有在柜台前泡了功夫茶来接待客人的。托人办事，送的礼品是茶；卖茶不论斤两，而事先以一壶大体标准分包，问你"买几泡？"可见功夫茶在潮汕地区普及之广，它实在是地地道道的"民间茶文化"。对水，功夫茶也极为讲究。山村农民，本来并不太富裕，但老潮汕人花钱买山泉水以备泡茶的婆婆、老翁却也不少。古朴的茶具，深厚的情谊，使潮汕人与功夫茶结下了不解之缘。经常在劳苦中度日的平民百姓，一旦喝上这功夫茶，便如舌底生香，风生腋下，千般苦、万般累都飘洒到九天云外了。

潮汕功夫茶的内涵极为丰富。它既有明伦序、尽礼仪的深刻儒家精神；又有优美的茶器及艺茶方式，不愧为高明的茶艺；有精神与物质、形式与内容的完整统一；有小中见大、巧中见拙、虚实盈亏的哲理；有中华儿女对生的圆满、充实和同甘共苦理想精神的追求。谁说中国茶文化繁华已尽、落叶凋零？单讲这功夫茶，便包含了多少内容。

三、茶树王国寻古道

谈起中国茶文化，人们大多以文人、墨客、隐逸、仙道、僧释为"正宗"。这诚然有理。因为正是这一文化阶层将中国饮茶推入文化的巅峰，其特点是技中有艺，艺中含道，物我一体，情景交融，且能将茶道与天地自然、人文艺术、诸般境界交融一体。这样高深的茶艺，在一般人看来，现代社会里简直是可望不可求。但是，假如我们步入滇茶世界、"茶树王国"，便处处可见这种自然、和谐、充满韵味的茶艺芳踪。

中国是茶的故乡，云贵高原又是中国茶的原生故地。云南，既有宜茶的人文环境，又有宜茶的自然环境。大约在二亿五千万年前，云南还处于所谓"劳亚古大陆"的南缘，面临泰提斯海。地势平坦、气候温和、雨量充沛。后经过地质年代二叠纪、三叠纪、白垩纪、第三纪的漫长岁月，许多种被子植物在这里发生、滋长、演化。后来，第四纪以来的几次冰河期，毁灭了世界上许多植物的家园，而唯有我国云南南部和西南部受害最轻。这形成云南益于植物生长的古地理、古气候条件。故云南现有高等植物一万五千多种，占全国一半以上，向有"植物王国"之称。古老的茶树也是云南最多。世界上茶科植物共二十三属，三百八十多种，分布在我国西南的就有二百六十多种，其中又以云南最多，仅腾冲县就发现八属、七十多种。按组分类法，茶组植物世界上有四十个种，我国有三十九个种，云南占三十三个种。所以向有"云南山茶甲天下"之说。野生大茶树是印证茶的原产地的重要根据，云南有四十多个县发现大茶树。勐海县巴达地区有棵大茶树直径一点二一米，树高达三十四米，已活了一千七百多岁，真是茶祖爷了。此树名震海内外，惊动了海峡彼岸的台湾同胞，腾空跨海前来祭拜、访问。大家说，这是来寻祖、找根、结谊、"吃奶"。

确实，云南造就了祖国母亲最好的乳汁——茶。云南不仅茶多、茶好，而且有宜茶的好山、好水和会烹茶、敬茶的各族好儿女。苍山脚下、洱海之滨、滇池之畔，到处都是茶山、茶树、茶花、茶人。中国古代茶人讲究品茶环境，而整个云南就可看作天下最美的"自然茶寮"。四季如春，山水如画，人人都在画中；茶歌、茶舞、茶的神话，天地人间，人人都在茶中。这样的香茗故乡，怎么会没有上好的茶艺、茶道？古代茶人饮茶，爱伴青山流溪，你到了云南，自然立即进入茶的意境。中国的"茶之路"，正是从这里开始，而当茶进入文化领域之后，经过各族人民长期的文化交流，茶文化同样返归茶的故乡，在这里深深扎根。

不要以为这只是一种对自然和社会发展的推论，当我们步入云南一个个村寨、一户户人家，便会发现这完全是美好的现实。

首先，让我们从云南的省会昆明开始。

到了昆明，不可不领略九道茶的风味。九道茶，是昆明书香人家待客的茶仪。昆明号称"花城"，读书人更爱花。饮昆明九道茶，先把你带入一个花的氛围，主人家一般都植有各种名花奇卉，山茶花更是独压群芳，必不可少的。日本茶道讲苦、寂，而中国人，既耐得苦涩、寂寞，更爱好繁花似锦，这更多了些真正的"人文精神"。而室外的鲜花，并不能夺去室内的雅洁。读书人家，尤其是爱茶的文人，总要在壁间挂一些与茶相关的书画。如白居易的"坐酌泠泠水，看煎瑟瑟尘。无由持一碗，寄与爱茶人"。又如据晋人左思《娇女诗》，画上一幅《吹嘘对鼎图》，都是为衬托品饮的意境。中国茶道自陆羽《茶经》始，便主张边饮茶边讲茶事、看茶画，昆明九道茶继承了这种优良传统。肃客入室，九道茶便开始了。所谓"九道茶"，是指茶艺的九道程序，即：评茶、净具、投茶、冲泡、浸茶、匀茶、斟茶、敬茶、品饮。云南姑娘具有天然的清丽、雅洁气质，故这些工作常由少女担任。她们会在父母的示意下首先摆出珍藏的几种好茶，任客评论选择。这也是云南自然条件所决定。若在其他地区，一种好茶尚不易得，哪有挑选批评的余地？客人选好某种茶叶后，少女把蜡染茶巾和各种器具，当着客人的面洗涤，表示器具清洁无污，然后投茶，冲水，打拌均匀以发茶性。待茶香溢出，茶色正好，便以娴熟优美的动作斟入杯中。再以客人年纪、辈分或身份次序一杯杯敬献于你的面前。家主随即说"请茶"，客人便可品饮了。茶过几巡，主人往往讲一些有关茶的故事与传说，以及云南的湖光、山色、景物、风情。一遍九道茶喝过，茶乡的美韵，主人的情谊，便尽在其中了。

白族的三道茶又是一番风味。这里的"三道"，与昆明的"九道"含意不同，不是指程序，而是请你品饮三种不同滋味的茶饮。操作一般也由女儿们进行。第一碗送来，你发现是加糖的甜茶，首先向你表示甜美的祝愿。第二道，却专寻苦叶浓重的纯茶，不加佐料。这时，便可叙家常、谈往事，既有对过去生活的艰苦经历介绍，也可以某些生动的故事使人体味人生历程的艰辛与美好。比如说，从前如何有个美丽的王国，忽然一个暴君如何食人眼睛，破坏了美好的一切，如何又有勇敢的青年请来野猫，咬断暴君的喉咙，重新唤回美好的生活。苦茶使你心明眼亮，辨别世上的伪、恶、丑与真、善、美，也使你想到人生道路的苦辣酸甜，寓事理于茶中，颇有引导意味。最后敬献一道，便是可以咀嚼、回味的米花茶，同时也象征祝你未来吉祥如意。这就是白族三道茶，主要包含的"人生之道"。

至于傣族的竹筒茶、爱伲人的土锅茶、基诺人的凉拌茶、布朗族的青竹茶，以及其他族的烤茶、盐茶、罐罐茶，方法各异，大多保持我国古代自采、自制、自烤、自烹、自吃的传统，突出一个"自然"意境。这些具体烹食方法，将另章介绍。

我们这里讲云茶之艺，主要是从某些既古老、又清新的茶道含意、茶艺意境出发，从这里，我们更多地看到中国茶文化自然清丽、质朴而又优雅的一面。如果偏要归入哪家思潮的话，云茶与文人山野茶趣、道家服饮之法和万物冥合的观念十分接近。不似中原民间茶礼那样古板，而比东南地区的功夫茶又多了些清新的野趣。在云南，茶道精神顺乎自

云 南 的 罐 罐 茶

然，茶艺方式顺乎自然，人与自然，人与茶得到更自然的交融，这里有茶故乡的"原生味道"。茶，本是自然精华的凝聚。但为人所用，特别是为统治阶级所用之后，登堂入室，乃至荐于宗庙，贡献皇家，尽管抬高了身份，节制礼仪、贡献于社会，但毕竟是"人"，经压、被磨，从外形到脾性，均被人过分雕琢拘束。而云茶艺苑，却毕竟是茶的本乡、本土、故里风光。越是在工业社会的现代化生活中，云茶的风味或许更受人青睐，有更多发掘价值。

第十一章

从民俗学角度
看民间饮茶习俗的思想内涵

　　民俗，是一个民族重要的心理表征之一，是民族文化的重要组成部分。表面看，它不像其他文化那样，既有书本记载，又有理论体系，或以某种形式系统出现。如宗教、哲学、文学、艺术、语言文字等等，各有各的明显体系，各有各的表现方法，看得见，听得着，讲得清。民俗则不然。它是在一个国家、一个民族、一个地区，通过人们的长期生活积累，演变发展，世代相袭，通过爷爷、奶奶、爸爸、妈妈口传心授，而自然积淀起来的文化现象。既有传承性，又有变异性，既十分古老，又总是不断打上每个时代前进中新的印记。民俗的区域性特征又十分突出。常言说："十里不同风，百里不同俗。"这既造成它的纷繁多姿，又使人难以把握。所以，经常为人们所忽略。然而，恰恰在民俗中间，最能反映深刻的文化心理。饮茶也是如此。表面看，民间饮茶，既不像儒、道、佛各家有系统的茶文化体系，表现形式也不那么规范。除了个别地区程式讲究、礼仪规范，思想内容十分鲜明外，大多数民众，是把饮茶的精神内容贯彻于生产生活、衣食住行、婚丧嫁娶、人生礼俗、日常交际之中。但正是这些最为常见的现象，更为集中地体现了中国茶文化精神与民众思想的有机结合。文人的茶道精神往往是曲折、含蓄地加以表现。而民间饮茶习俗，却更为质朴、简洁、明朗。表面看，民间茶道精神不像上层茶文化那样深沉、优雅，但却多了些欢快，更多反映了人民对美好生活的积极追求与向往，表现了劳动者优秀的精神与品德。

一、"以茶表敬意"与礼仪之邦

中国号称"礼仪之邦"。所谓礼，不仅是讲长幼伦序，而且有更广阔的含义。对内而言，它表示家庭、乡里、友人、兄弟之间的亲和礼让；对外而言，则表明中华民族和平、友好、亲善、谦虚的美德。子孙要敬父母、祖先，兄弟要亲如手足，夫妻要相敬如宾，对客人更要和敬礼让，即使是外国人，只要你不是来欺压侵略，中国人总是友好地以礼相待。中国人"以茶表敬意"正是这种精神的体现。

"以茶待客"是中国的普遍习俗。有客来，端上一杯芳香的茶，是对客人的极大尊重。各地敬茶的方式和习惯又有很大不同。

北方大户之家，有所谓"敬三道茶"。有客来，延入堂屋，主人出室，先尽宾主之礼。然后命仆人或子女献茶。第一道茶，一般来说，只是表明礼节，讲究的人家，并不真的非要你喝。这是因为，主客刚刚接触，洽谈未深，而茶本身精味未发，或略品一口，或干脆折盏。第二道茶，便要精品细尝。这时，主客谈兴正浓，情谊交流，茶味正好，边啜边谈，茶助谈兴，水通心曲，所以正是以茶交流感情的时刻。待到第三次将水冲下去，再斟上来，客人便可能表示告辞，主人也起身送客了。因为，礼仪已尽，话也谈得差不多了，茶味也淡了。当然，若是密友促膝畅谈，终日方休，一壶两壶，尽情饮来，自然没那么多讲究。所谓"三道茶",不过初交偶遇的基本礼节。至于一些达官贵人,摆些臭架子,客人刚落座,主人便端了茶站起来,不过表示彬彬有礼地请你出去,那实在是官场陋俗,既非"三道茶"的含义,也非待客之道。我国江南一带保持着宋元间民间饮茶附以果料的习俗,有客来,要以最好的茶加其他食品于其中表示各种祝愿与敬意。湖南待客敬生姜豆子芝麻茶。客人新至,必献茶于前,茶汤中除茶叶外,还泡有炒熟的黄豆、芝麻和生姜片。喝干茶水还必须嚼食豆子、芝麻和茶叶。吃这些东西忌用筷子,多以手拍杯口,利用气流将其吸出。湖北阳新一带,乡民平素并不多饮,皆以白水解渴。但有客来则必须捧上一小碗冲的爆米花茶,若加入麦芽糖或金果数枚,敬意尤重。江南一带,春节时有客至家,要献元宝茶。将青果剖开,或以金橘代之,形似元宝状,招待客人,意为祝客新春吉祥,招财进宝。

客人进家要以茶敬客,客人不来,也可以茶敬送亲友表示情谊。宋人孟元老《东京梦华录》载,开封人人情高谊,见外方之人被欺凌必众来救护。或有新来外方人住京,或有京城人迁居新舍,邻里皆来献茶汤,或者请到家中去吃茶,称为"支茶",表示友好和相互关照。后来南宋迁都杭州,又把这种优良传统带到新都。《梦粱录》载:"杭城人皆笃高谊,……或有新搬移来居止之人,则邻人争借动事,遗献茶汤,……朔望,茶水往来,……亦睦邻之道,不可不知。"这种以茶表示和睦、敬意的"送茶"之风,一直流传到现代。浙江杭州一带,每至立夏之日,家家户户煮新茶,配以各色细果,送亲戚朋友,便是宋代遗风。明人田汝成《西湖游览志馀》卷二十载:"立夏之日,人家各烹新茶,配以诸色细果,馈送亲戚比邻,谓之'七家茶'。富室竞侈,果皆雕刻,饰以金箔,而香汤名目,若茉莉、林檎、蔷薇、桂蕊、丁檀、苏杏，盛以哥、汝瓷瓯，仅供一啜而已。"江苏地区则变"送七家茶"为"求七家茶"。据《中华全国风俗志》记载，吴地风俗，立夏之日要用隔年炭烹茶以饮，但茶叶却要从左邻右舍相互求取，也称之为"七家茶"。江苏仪征，新年亲朋来拜年，主人肃请入座，然后献"果子茶"，茶罢方能进酒食。

至于现代，以茶待客，以茶交友，以茶表示深情厚谊的精神，不仅深入每家每户，而且用于机关、团体，乃至国家礼仪。无论机关、工厂，新年常举行茶话会，领导以茶表示对职工一年辛勤的谢意。有职工调出，也开茶话会，叙离别之情。群众团体时而一聚以茶彼此相敬。许多大饭店，客人入座，未点菜，服务小姐先斟上一杯茶表示欢迎。

总之，茶，是礼敬的表示、友谊的象征。亲和力特别强，是中华民族一个突出的特征。要想加强亲和力，首先要有彼此的包容和尊重，又要礼让和节制。中国民间茶礼，突出反映了劳动者这种笃高谊、重友情的优秀品德。从元代的《同胞一气》的茶画，到清人以"束柴三友"为题做茶壶；从宋代汴京邻里"支茶"，到南宋杭城送"七家茶"；从唐人寄茶表示友人深情，到今人以茶待客和茶话会，茶都是礼让、友谊、亲和的象征。

二、汉民族的婚俗与茶礼

除以茶表示礼敬之外，茶礼最广泛用于民间的，莫过于婚俗。恋爱、婚姻是人生大事，重视血缘亲情和子孙繁衍的中国人对婚姻看得比西方人更为重要。茶作为文化现象反映在婚俗之中，是因为它是纯洁、坚定和多子多福的象征。中国人向来认为茶性最洁，所以把它作为男女爱情冰清玉洁的表征。中国古人认为茶只能直播，移栽则不能成活（今人已发明移栽技术，又当别论），所以茶又称为"不迁"，表示爱情的坚定不移。茶多籽，中国人向来主张多子多福，茶又成了祈求子孙繁盛，家庭幸福的象征。于是，无论汉族与边疆，茶用于婚俗的便多种多样了。而汉族婚俗中，茶又与古代的婚姻制度相结合，成为人生礼仪的重要组成部分。

汉民族订婚，男方要向女家纳彩礼，而在南方则称为"下茶礼"。江南婚俗中有"三茶礼"。所谓"三茶礼"有两种解释。一种是从订婚到结婚的三道礼节，即订婚时"下茶礼"；结婚时"定茶礼"；同房时"合茶礼"。另一种解释，则是指结婚礼仪中的三道茶仪式，即第一道白果，第二道莲子、枣儿，第三道才真的是茶。不论哪种形式，皆取情坚不移之意。

茶用于婚礼，大约自宋代开始，当时求婚要向女家送茶，称作"敲门"。媒人又称"提茶瓶人"。结婚前一日，女家要先到男家去挂帐、铺房，并送"茶酒利市"。明代汤显祖的《牡丹亭》中亦有："我女已亡故三年，不说到纳彩下茶，便是指腹裁襟，一些没有。"清代孔尚任《桃花扇》亦云："花花彩轿门前挤，不少欠分毫茶礼。"《红楼梦》中亦载，凤姐对黛玉说："你吃了我家的茶，为什么不给我家做媳妇！"可见，茶作为婚姻的表征由来已久。江苏旧时婚俗，茶在许多场合都是必备之物。男方对女家"下定"，又称"传红"。先由媒人用泥金全红送去女方年庚"八字"，男方则要送茶果金银。其中，茶叶要有数十瓶甚至上百瓶。迎亲之日，新郎舆马而来，至岳家门口却要等待开门。待进得门来，又要走一重门，作一个揖，直到堂屋，才得见老岳公及左右大宾，然后饮茶三次，才能到岳母房中歇息，等待新娘上轿，此谓"开门茶"。

湖南、江西皆为产茶胜地，茶在婚礼中也有十分突出的地位。浏阳等地，有"喝茶定终身"之说。青年男女经介绍如愿见面交谈，由媒人约定日期，引男子到女家见面。若女方同意，便会端茶给男子喝。男子认为可以，喝茶后即在杯中放上"茶钱"；若不中意，亦要喝茶表示礼敬，然后将杯倒置桌上。付"茶钱"，两元、四元、百元不定，但一定要双数。喝过茶，这婚姻便有成功的希望了。湖南沅江等地，则用"鸡蛋茶"来表示对婚事的意见。无论女方去男家，或男方去女家，都要请茶、吃鸡蛋。女方去男家，男方如中意，拿出三个以上的蛋，不中意只拿两个出来。女方看是三个以上便高高兴兴地吃了，说明双方皆有诚意。男子若去女家，女方看中了，也要请吃茶吃蛋，看不上，只供清茶，不供茶蛋。

湖南邵阳、隆回、桂阳、郴州、临武等地，订婚也行"下茶"礼，而且别具一格。旧时经媒人说合两家同意后，男方向女家"下茶"，除送其他礼物外，必须有"盐茶盘"。即用灯芯染色组成"鸾凤和鸣""喜鹊含梅"等图案，又以茶与盐堆满盘中空隙，此为"正茶"。女家接受，便表示婚姻关系确定，自此不能反悔。

湖南各地婚礼中多有献茶之礼。婚仪之后，客人落座，新娘新郎要抬着茶盘，摆几只茶杯，盛满香茶，向长辈行拜见礼。长辈喝了茶，则摸出红包拜见钱放于茶盘之上。有些地方，新婚夫妇要喝"合枕茶"，犹如北方的"交杯酒"。新娘入洞房，新郎捧茶至前，双手递上一杯清茶，请新娘先喝一口，自己再喝一口，便表示完成了人生大礼。

闹洞房，是我国各地普遍的习俗。湖南各地闹洞房却是以茶作题，别开生面。有"合合茶""吃抬茶""闹茶"等名目。"合合茶",早在《中华风俗志》中即有记载,至今在不少地方流行。至时,让新人同坐一凳,相互将左腿置对方右腿上,新郎以左手搭新娘之肩,新娘则以右手搭新郎之肩。空下的两只手,以拇指与食指共同合为正方形,由他人取茶杯放置其中,斟满茶,闹洞房的人们再上去伸口品尝。"抬茶"则是令新人共抬茶盘,上置盛满茶的杯子,闹房人或坐或立,新人抬盘依次请吃。闹房人要先说些赞语再吃茶,赞得出才能吃,赞不出便让下一位。有些地方,对长辈,不仅要献抬茶,还要献茶蛋,长辈吃了抬茶、茶蛋就要给红包钱。

浙江湖州一带,与湘赣婚俗茶礼有许多相似之处,女方接受男家聘礼叫"吃茶"或"受茶";结婚仪式中,谒见长辈要"献茶",以表儿女的敬意。长辈送些见面礼,称为"茶包"。北方女孩子出嫁三天要回娘家,叫作"回门"。浙江一些地方却是在第三天由父母去看女儿,称为"望招"。至时,父母要带上半斤左右的烘豆、橙皮芝麻和谷雨前茶,前往亲家去冲泡。两家亲家翁、亲家婆,边饮边谈,称为"亲家婆茶"。

生儿育女是婚姻的继续,也离不开茶。浙江湖州地区,孩儿满月要剃头,须用茶汤来洗,称为"茶浴开石",意为长命富贵,早开智慧。

总之,茶是清洁的象征,象征爱情的纯贞;茶是吉祥的象征,用茶祝福新人未来生活美满。茶是亲密、友爱的象征,我国人民把茶礼用于夫妻礼敬、儿女尊长、居家和睦、亲家情谊、多子多福等多种美好的祝愿。

我国民间,还有不少以茶象征爱情的美好传说与故事。安徽的黄山毛峰是我国著名的佳茗。毛峰中的"屯绿",又被誉为"绿色的金子"。上等屯绿,又称"茶宝""茶女红"。这"茶宝"中,便有一个美丽的爱情故事。据说，从前黄山脚下有一个孤女名唤萝香，不仅采得一手好茶，唱得一手好歌，而且生得如茶一般娇嫩，花一般美丽。于是达官贵胄、秀才书生、财主家少爷、富商子弟皆来求婚。萝香不胜其扰，告知父老乡亲：她用自采的"茶宝"以订婚姻。三月八日，乡民群集黄山脚下，富家子弟趋之若鹜，穷家儿郎亦不甘落后。萝香于门前设案，每个求婚者面前放下一只杯子，冲下香茗，并称："萝香今日择婚，望神灵保佑。我萝香精气已郁结于茶，谁的茶杯中现出萝香身影便是我的丈夫。"这番话引得求婚者皆观注于杯中茶汤，但皆不见姑娘身影。唯有砍柴郎石勇杯上，香气缭绕，一片翠绿的叶子在汤面上展开，一会又变成一棵茶树，只见萝香于树下采茶，水中人、水外人，水中茶、山间茶，宛然一体，难辨内外。就这样，萝香嫁给了砍柴郎。此信传至官府，县官强夺萝香"茶宝"献于朝廷。谁知"茶宝"虽清香袭人却不现人影。县官又捕石勇拷打至死，萝香取来黄山泉水，以黄山泉、绿茶宝救活了石勇。原来，这"茶宝"只有得黄山神泉之水方有现奇观、救回生的奇效。这则故事编得十分巧妙，它既反映了我国人民以茶象征爱情坚贞的思想，又把水茶一体、茗藏万象的茶道哲理蕴藏其中，不愧为中国民间茶道思想的精华。

三、少数民族婚俗中的茶

我国少数民族的婚姻，向来比汉族要自由得多。如果说汉族的婚俗茶礼中除了表示爱情的坚贞和美好的祝愿等积极思想之外，还烙上了所谓三媒六证、三从四德等封建观念的印记；边疆民族中的"茶"则更多了些纯贞、美好、活泼的内容与精神。尤其是西南少数民族，生活在茶的故乡，婚姻又相当自由，茶主要不是"媒证"，而是"媒介"。

云、贵、川、湘的少数民族，把茶引入婚俗是相当普遍的。尤其在云南，青年男女从恋爱到结婚，总是离不开茶。

云南大理白族，生活在苍山下、洱海边，这里是茶的故乡，婚俗中渗透的"茶精神"尤为突出。白族居家饮用的是烤茶，年轻的姑娘都有一手烤茶的好本领。堂屋里铁铸的三脚架上煨水，旁边的小砂罐里以火烤茶，茶叶发出醉人的香味，冲入沸水，滋滋几声，罐口冒出绣球花一般的沫花。新婚的媳妇能否一进门便给公婆敬献一杯这种美妙的烤茶，也是评价新人的标志之一。白族婚礼中，也有"闹房"习俗，参加闹房的大都是新郎的同辈或晚辈年轻人。对参加闹房的人，新郎新娘不是敬烤茶，而要敬三道茶。这种三道茶与敬客又不同，不是先敬糖茶，而是先敬苦茶，第二道才是加了红糖、果仁的甜茶，第三道则是用了揉碎的牛乳扇和红糖的乳茶。这三道茶称为"一苦、二甜、三回味"，充满了人生哲理。

云南勐海县的茶树王，已闻名海内外。当地有种风俗，新娘要爬上大茶树，爬得越高，采的茶越多才算吉利。你若问新郎这是什么意思，他会红了脸："啊哟哟，不好意思说啰。"你再三追问，他才会告诉你："采了茶树王的茶叶，是托茶树王的福哟！我们的情感要像茶树王一样长久，生命像茶树王一样旺盛，还保佑我们的儿孙像茶树王的叶子一样多！"倘若客人正遇上新娘采来茶树王的叶，这对年轻夫妇会当场把茶揉制、烘烤，给你熬好清香的"土锅茶"，表示对客人的礼敬与欢迎。

澜沧江畔的拉祜族，婚姻是自由的。青年男女要先经过探察、对歌、抢包头、幽会、定情等一系列有趣的恋爱过程才结婚。心心相印的青年男女私定终身后，才告知父母。男方请媒人去女家求婚，媒人带去一双蜡烛、烟、茶等物，别的礼物可以不带，茶却是必须要带的。拉祜族认为，没有茶的婚姻，不能算数。婚礼中，拜堂以后新郎新娘还要去抬水，敬献父母、媒人，有茶有水才算美好婚姻。

居住在广西西北部的毛南族，结婚仪式中茶也占有重要地位。迎亲日，男方迎亲人在女家吃过午饭，正午时娘家人开始"叠被"。新娘的母亲端来个大铜盆，盛满了红蛋、糯米、谷穗、蜜橘、瓜子、铜钱等物，还必须有茶。姑嫂、婶娘们把被子叠成方形，放到一个叫作"岗"的木架上，两头一边放铜盆，一边放锡茶壶。四周挂满由新娘亲手做的布鞋。毛南族盛行"兄终弟继""弟终兄继"的"转房婚"，这种换婚仪式称为"换茶"。

阿昌族，媒人说亲要带茶、烟草、糖各两包。婚后第三天，女家才来送嫁妆和"大饭盒"。这时，男家先敬酒一杯说："请骑大白马。"然后再敬茶一杯，说："请骑大红马回去！"

四川阿坝地区的羌族婚俗中，茶礼运用极有趣味性。茶为当地特产，结婚送礼、请茶自然是不可少的。更有趣的是，"吃茶"要随迎亲队伍一路而行。迎亲日，每过一村寨先放礼炮三声，寨中人便要出来看热闹，送亲、迎亲队伍也要暂停。男女双方亲戚，事先都有所准备，拿出用玉米、青稞、麦子、黄豆制成的糖和茶水来招待送亲、迎亲的人。茶饮罢、糖吃过，方能继续前进。村村吃一遍茶，寨寨吃一遍茶，即便走上八个、十个村庄，停队吃茶村村不能少，沿途茶吃够了，对新人的祝福、双方的友情，都从一路饮茶中得到充分体现，新娘才能娶到家。

比较而言，西北民族婚姻中的茶礼，除表示坚贞、礼敬之外，则更表示财富的多少。这是因为，茶在西北民族中，既是生活中必需的物质但又十分难得。居住在青海的撒拉族，订婚时，男方要择吉日请媒人向女方送"订婚茶"。一般为耳坠一对，茯茶一封，这叫"系定"。甘肃积石山下的保安族订婚，是由男方的父亲、叔伯或舅舅偕同媒人亲送茯茶两封、耳环一对、衣服几件去"系定"。甘肃的裕固族把茶看得更重，新中国成立前，一块茯茶要用两只羊才换得来，娶一个妻子，男方一般要拿一马、一牛、十几只羊、二十块布、两块茯茶。西北地区，回族较多，回民提亲，称为"说茶"。男家父母看女家的未来儿媳，女家也要"相女婿"，如果相中了，媒人在到女家回话时，首先要带来茯茶，女方同意便收下。正式订婚，称为"订茶""吃喜茶"。女家要把男家送来的茯茶分成小块，送亲友邻里。

藏族婚俗中，茶也是很重要的。藏族男女恋爱自由，仪表和人品为主要标准，不重家境和聘礼。青年男女私定终身，要唱定情歌，歌中也是将茶比喻爱情：

> 两个袋里的糌粑合起来吃好吗？
> 两个锅坐的茶水合起来熬好吗？
> 金手镯和银戒指可以交换吗？
> 长腰带和短腰带可以交换吗？

可见，藏族人民把茶看得和金手镯、银腰带一样重要。至于婚礼中的酥油茶，自然更不可少。

满族是由女真族演变而来。早在金代，女真族婚俗中就有以茶入礼的习惯。当时，居住在黑龙江地区的生女真，还保留着母系制度的残余，男子向女家求婚亦称"下茶礼"。待到迎亲时，女家要合族罗坐炕上，男家则全体向女家跪拜。拜罢了，才坐下来共同吃茶、吃蜜饯。到清代，满族继承女真遗俗，订婚也称"下茶礼"。而实际上，吃茶的内容已减少了。

我国这样多的民族，婚俗中的茶礼竟运用得如此普遍，从中原到边疆，从西南到西北、东北，到处都把茶放在婚俗的重要位置上，足见茶象征坚定、纯洁、亲爱、吉祥的思想多么深入人心。

四、丧俗、祭俗与茶仪

丧葬与祭祀用茶为祭品由来已久。《茶经》引《异苑》，说剡县陈务之妻年少，与二子寡居，好饮茶茗。因宅中有古墓，常以茗祭鬼神。其子欲掘墓，母苦谏方罢。至夜梦鬼来相谢云：吾居此三百余年，卿二子欲毁墓，赖卿相护，并常赐佳茗，吾当报汝恩！次日，于庭院中得钱十万。这大约是民间以茶为祭的最早记载。

考古学的发现，也证明了以茶为随葬品的礼俗。著名的湖南长沙马王堆汉墓中有茶叶一箱。这是贵族以茶为随葬品的证明，比《茶经》所记南齐世祖皇帝遗诏以茶为祭品及《异苑》陈务妻祭鬼记载还要早。河北宣化辽墓中有辽代壁画，画面上还描绘了点茶、饮茶的生动场面。河南白沙宋墓浮雕壁画中，有仕女捧茶图，又有墓主人品茶的景象。在中国人看来，死亡是现实生命的结束，但又总盼望死后能继续生时的生活。一方面说人死又会轮回托生，而同时又自相矛盾地创造一种想象中的地下生活，活着爱喝茶，死了也要把茶带到地下去饮。

不过，在民间丧葬礼俗用茶，又加上了许多附会出来的迷信故事。中国各地都有人死后会被阴间鬼役"灌迷魂汤"的传说。有的说让新死的人喝迷魂汤，是为让他忘却人间的旧事；有的说是为把鬼魂导入迷津去让恶鬼欺辱或服役。总之，中国人希望人是理智、清醒的，所以喝迷魂汤总是坏事。而茶能使人清醒，所以许多产茶之地把茶作为丧俗、葬礼的重要内容。《中华全国风俗志》载，浙江一些地方认为："人死后，须食孟婆汤以迷其心，故临死时口衔银锭之外，并用甘露叶做成一菱附入，手中又放茶叶一包。以为死去有此两物，似可不食孟婆汤。并有杜撰佛经曰：'手中自有甘露叶，口渴还有水红菱。'此两句于放置时家属喃喃念耳。"安徽等地也有这种习俗。同书记载寿春葬俗说："凡人死后，俗以为必须过孟婆亭、吃迷魂汤。故成殓时以茶叶一包，加以土灰，置之死者手中，以为死者有此物即可不吃迷魂汤矣。"此法不仅用于死人，有时也用于生人。江苏有些地方，小儿偶尔有疾，旧时迷信，说是"丢了魂"，须行招魂之仪。至时一人持小儿衣物，以秤杆挑着，一人提灯笼，沿途呼叫，一人呼，一人应，同时又要于途中洒米与茶叶。这种仪式称为"叫魂"。其中洒茶叶的含义，大概也是怕走失的孩子魂灵会被鬼灌了"迷魂汤"。

北方茶少，葬礼中用茶者不多见，但在祭祀中用茶饮也是较普遍的。不仅祭鬼、祭祖先，祭祀神灵也用茶。不过，说来颇为好笑。中国人是泛神论，山有山神，水有水神，城市有城隍，农村有土地爷，树有神，谷有神，花有神，虫也有"虫娘娘"。一家之中，最重要的有两种神，一是门神，那是历史上的英雄人物变的，保佑一家安宁；另一位便是灶王爷。据说，腊月二十三是灶王爷上天日，中国各地至此日普遍流行"祭灶"。中国人对神是又敬、又不敬。比如对这灶王爷便颇有些不恭，甚至有戏谑之意。腊月二十三家家办"灶糖"，北方又叫"糖瓜"，据说是为让灶王粘住嘴，免得到天上胡说八道，"打小报告"。东北辽阳地区又在灶糖之外加上了茶水一项。其日，先以高粱秆扎成狗马，作为灶神夫妇上天的坐骑，天黑后取茶杯两个，一盛水，一盛草料，有的说这杯茶是饮灶马的，有的说是给灶王爷润口的。既让灶王润口，又不让人家多说话，"上天言好事，下地保平安"，这灶王也实在难当。看来还是人力量大，神不过被人捉弄而已。

表面看，这些习俗尽是些愚昧、迷信而已，但剥去迷信的外衣，却包含着中国人的人生哲理。中国人主张，活要活得明白，死要死得清楚。活着，正视生活，反对醉生梦死，糊糊涂涂过日子。死了，仍要争取自己掌握自己的道路，反对被鬼神随意摆布。西方人表面看来比中国人自主、自由，但这些观念后面有很大的神学背景，一到上帝那里，便不可能自由。活着"今朝有酒今朝醉"，死去，任凭被上帝打进地狱。中国人却更热爱现实的人生。印度佛教认为人生在世上便是来受苦，只有死后才能进天堂，中国人不接受，所以把印度佛教屡加改造，出现禅宗的"顿悟"观。所以，民间葬俗用茶、祭祀用茶，都含有清醒、理智的人生观念。我国自唐宋以来，便流传着一个"茶酒争功"的故事。这在敦煌变文中已有发现，称作《茶酒论》。其中说，一天茶与酒争执起来，各夸各的功劳，吵得不可开交，最后水出来和解，说二位不论谁无我皆不能有功，还是和解了吧，由此罢论。其中，茶谓酒曰："我之茗草，万木之心，或如碧玉，或似黄金。名僧大德，幽隐禅林，饮之话语，能去昏沉。供养弥勒，奉献观音，千劫万劫，诸佛相钦。"这是说坐禅念佛也不可昏寐失性。而对酒，则认为"酒能破家散宅，广作邪淫"，或者"为酒丧其身"。可见，在中国茶民俗中所反映的思想是相当深刻的。《茶酒论》实际是把茶放在酒之上，但并不认为两者个性全不可调和，最后水出来说话，还是希望他们二位"长做兄弟，须得始终"。这正是中华民族宽容大度的表现。总的来说，中国人主张节制、清醒，活着清醒，死去也要明明白白。但生活总不是一帆风顺的，忧闷难解时酒便成了"借酒消愁"的"解忧君"；但中国人更重视远大的目标，不希望一时困难便糊糊涂涂地去喝"迷魂汤"，而要清清醒醒地对待人生，也清清醒醒地对待死亡。

五、饮茶与"家礼"

饮茶，不仅是敬客，居家生活也要以茶表示相敬相爱，以茶明礼仪伦序。早在宋元时期，对长辈敬茶便成为家礼的重要组成部分。中国人重视血缘、家族关系，主张敬老抚幼，长幼有序。向长辈敬茶是敬尊长、明伦序的重要内容。我国旧时，大户人家的儿女清晨要向父母请早安，常有长兄、长姊代表儿女们向父母敬一杯新沏的香茶。南方这种规矩更普遍。新妇过门，第三天便开始早早起床，向公公、婆婆请安，请安时也首先捧上一杯新沏的香茶。新妇敬茶有三种含意：一是表明孝敬翁姑，不失为妇之道；二是表明早睡早起，今后是一个勤俭持家的能手；三是显示是个巧手好媳妇。在茶乡，不会烹茶、敬茶的媳妇，会被认为是既拙笨又不明事理。

茶乡稍微富有的人家，每种人喝什么茶，有一定之规。江西大家庭里，有包壶、藤壶、小杯盖碗茶之分。包壶，是一个特大锡壶，用棉花包起来，放在一个大木桶中，木桶留一小缺口，伸出壶嘴，稍一倾斜即倒了出来。这种茶是供下人、长工、轿夫喝的。藤壶是略小的瓷壶，放于藤制盛器中，有点像明代的"苦节行省"。倒茶时提出瓷壶，斟在杯中。这是一般家人和一般来客喝的。而一家之主，喜庆节日，贵客临门，却要新茶原泡的盖碗茶。这其中，虽然多了些"等级观念"，但以茶明长幼的含意却十分明确。

这些汉族家庭的茶礼，也影响到少数民族。大理白族地区，几乎家家都有两种爱好：一是种花，二是烤茶、品茶。逢年过节，全家人一边赏花，一边品茶已是白族家庭的普遍习俗。有条件的人家，有专门饮茶的小花园；没条件的，也要在庭院中、台阶上，栽些花木，摆几件盆景，花伴茗饮是白族家庭茶会的突出特点。闲暇时或请宾客来家赏花、烤茶；过年过节，则是家人赏花、品茗，从茗饮中享受阖家亲睦、天伦之乐的时刻。教孩子懂礼貌，首先要他学会给家长敬茶，给来客端茶。新媳过门，第一个考验便要看她在第二天拂晓，是否人勤手巧，孝敬公婆，能抢在公婆起床前把两杯香喷喷的茶送到公婆床前。若不能做到这点，便认为是人懒手笨，没有家教。总之，"奉茶明礼敬尊长"，是中国家庭茶礼的主要精神。封建时代，家庭茶礼中也包含有男尊女卑等消极成分，但总的说来，中国家庭茶礼是提倡尊老爱幼，长幼有序，和敬亲睦，勤俭持家，以清茶淡饭而倡导俭朴的治家之风。像现代青年夫妇，让"小皇帝""小公主"饮可乐、雪碧，自己只喝白开水，这在中国传统的家礼中是不可以的。

我国儿女远行，父母常赐一杯水酒，以壮行色。而出行的儿女，则要向父母回敬一杯香茶，有的还要敬妻子、兄弟、姐妹，并说一些祝家庭平安，不必挂念的话。抗战时期，我国北方流行一首战士出征前的敬茶歌：

　　第一杯茶呀，敬我的妈呀，儿去参军保国家呀。妈在家中莫心焦啊，儿行千里不忘妈呀！

　　第二杯茶呀，敬我的妹呀，哥去参军你陪嫂睡呀。待到哥哥返家时啊，红花头绳谢妹妹呀！

　　第三杯茶呀，敬我的妻呀，丈夫参军你在家里呀。少擦胭脂少戴花呀，少在门前打哈哈呀！爹妈妹妹你照料啊，多做军鞋送前线啊。待到胜利回家转啊，立功奖状送我妻啊！

　　香茶敬给妈与妻呀，我到前线去杀敌呀。三杯香茶敬亲人哪，男儿不忘家乡水啊！待到打走日本鬼呀，香茶美酒阖家会呀！

　　这首敬茶歌，有对亲人的嘱托，有对胜利的信心和期望，有男儿报国的雄心壮志，既有慷慨悲壮，却又不乏家庭的道德伦序与儿女之情。中华儿女向来有家国一体的远大理想和责任心，一杯茶，既是表敬意、明伦理、叙亲情，又以茶励志；既清醒地面对残酷现实，又充满生活信心和必胜的信念，确实不愧为民间茶道精神的佳作，也可以说是家庭茶礼精华的集中表现。

第十二章

区域文化与茶馆文明

　　"人，是社会的动物"，人们都这么说。因此，就大多数人的本性而言，是喜欢集体、乐于群体活动的。生产如此，生活如此，一般文化活动如此，茶文化同样如此。有人喜欢离群索居，或者因为社会生活过于紧张，或者是对人世间勾心斗角、尔虞我诈的厌恶，都是迫不得已。文人、隐士、道家、佛教的茶文化，都有隐幽、沉寂的倾向。三五友人，坐于古刹、清溪、幽谷、茶寮之间，或者干脆自己独以芳茗为伴，以便在清寂中独立地思考。而民间茶文化的特点，则是倾向于集体与欢快。乡间，是以血缘、村社、亲戚构成以茶交际、欢愉的集体氛围。到了城市，血缘和家族关系淡化了，人们重新以职业、行当或经常性社会活动进行交往，构成新的人际关系和人际环境，茶文化便又以新的形式来出现。于是，出现了新的茶文化内容——市民茶文化。市民茶文化最典型的表现，便是遍布于中国各地大小城镇的茶馆、茶楼、茶肆、茶坊。所以，又可称为"茶馆文化"。有人认为，以饮食构成的集体活动场所，在东方有酒楼、饭馆，在西方有饭店、酒吧、咖啡厅，茶馆也不过是这种集体饮食环境中的一种，谈不到多少"文化"。其实，这是太不了解茶馆文化了。早期的茶馆，或许确实仅为行人与过往商贾歇脚、解渴的地方。但自宋以后，茶馆的功能远远超过了"饮食"本身的意义。尤其值得注意的是，近代以来中国茶文化在不少领域确实出现衰落趋势，唯有代表市民茶文化的茶馆文化，不仅没有衰亡，反而日益兴旺、独树一帜。这或许因为，它与现代生活的节奏更能适应，因此，我们对它便更应予以重视。

中华文明，并非只有一个古老源头，而是多源流长期交流、融合的结果。这一点已为考古界、文化人类学界、史学界等大多数学者所认可。所以，近年来对区域文化的研究越来越受到重视。共性之中包含着个性，没有个性也就谈不到共性。茶文化同样如此。我们不仅要从全国茶文化发展历程进行研究，而且要从区域文化角度研究其特殊性。表面看来，各地茶馆大同小异，实际上所显示的文化内涵却区别不小。

若论整个中国茶文化，长江流域要超过黄河流域。但市民茶馆文化，却是从黄河中下游发源。这是因为，在中国古代史上，黄河文明毕竟起了排头兵的作用，中原城镇发育早，而且充分。所以，我们的茶馆文化研究，先从黄河中游开始，再沿长江向外走，最后回到古老的都城北京。

一、唐宋城市经济的繁荣与市民茶文化的兴起

唐宋之间，我国城市经济有了很大发展。就我国城市起源来说，大多兼有经济中心和政治、军事中心的两重性。而在早期，军事、政治原因比重更大。但到封建社会中期以后，城市的经济功能大为加强，自唐宋以后，首都逐渐东移，也正是经济中心向江淮转移，东部城市经济繁

荣的结果。城市经济的繁荣，带来一个很大的市民阶层。他们既不是经常调动岗位的文人官吏与士卒兵丁，也不是完全老死乡里的农民，而是活跃在各城镇的商人、工匠、挑夫、贩夫，以及为城镇上层服务的各色人员。这些人，较之乡民见识广，而比上层社会更重人情、友谊。生活在城市中，毗邻而居，街市相见，却又不似乡间以血缘、族亲为纽带。活跃的市民阶层需要彼此沟通，茶文化一出现，沟通人际关系便是其重要功能之一。于是，茶馆文化便应运而生了。

茶馆，古代名称各异，至今也不统一，但大体都是指市镇集体饮茶场所，所谓茶肆、茶坊、茶楼、茶园、茶室，内涵大体相仿。

茶肆、茶坊从唐代便开始萌芽，宋代便形成高潮。《封氏闻见记》说："茶，……南人好饮之，北人初不多饮。"但自从泰山灵岩寺降魔禅师在北方大兴禅教，僧人兴起以茶助禅之风，北方一下子便被"茶风"熏染了。僧人云游四方，沿途客店投其所好，设茶饮以待。僧人一饮，过路商客也要饮，不久，便成为沿途邑镇店舍的必备之物，"自邹、齐、沧、棣渐至京邑，城市多开店铺，煎茶卖之，不问道俗，投钱取饮。其茶自江淮而来，舟车相继，所在山积，色额甚多"。这是唐代茶肆情况，当时大约是与旅舍、饭店结合的，并未完全独立。

宋代茶肆、茶坊便独立经营了。我们在第一编中曾谈到，宋代茶文化发展的重要贡献之一是市民茶文化的兴起，并介绍了汴京开封茶肆、茶坊的兴旺情景。其实，宋代不只开封茶肆兴旺，各大小城镇几乎都有茶肆。

《水浒传》是明人所著，但《水浒传》故事，自宋以来便在民间广为流传，其反映宋人经济、生活的内容有很大真实性，仅在这本书中，就有许多地方谈到市镇的茶肆、茶坊。即便不完全是宋代茶肆风格，夹杂了元、明以后的情况，对研究宋、元、明茶馆也有很大价值。第三回，写史进来到渭州，进城便到了一个小小的茶坊。拣副座位坐了，茶博士问："客官，吃甚茶？"史进道："吃个泡茶。"鲁达进来，茶博士说这人知王教头去处，史进忙道："客官，请坐拜茶。"可见茶坊已是会客相见之地。鲁智深对史进一见投缘，要约他去吃酒，便走出茶坊，并对茶博士说："茶钱洒家自还你。"说明茶肆、酒店是分开的，而且茶坊可以赊账，足见有许多常客。鲁达打死"镇关西"，逃到雁门，被送上五台山当了和尚，赵员外送他上山，智真长老先请赵员外"方丈吃茶"，这时寺院茶礼已兴且不去说，证明由宋至明，北方饮茶已十分普遍。

第十八回，写晁盖等智劫生辰纲后泄露消息，州府派观察何涛去郓城县捉人，正好退了早衙，何涛等便到县对门一家茶坊中吃茶等待。刚吃了个泡茶，宋江便走来，茶博士指点，何涛请宋江来茶坊坐了说话，先道："且请押司到茶坊里面吃茶说话。"宋江知道要拿晁盖，大吃一惊，把何涛安顿在茶坊中，飞身上马去东溪村给晁盖送信，然后回县城在住处拴了马，方又来至茶坊见何涛。可见这郓城县前的茶坊是个可以久坐的场合。

第二十回说，宋江以阎婆惜为外室，张三要勾搭婆惜，"那婆娘留住吃茶，成了此事"。并云"自古道：风流茶说合，酒是色媒人"，足见茶作为男女情感媒介，在市民生活中已十分习惯，并成为民谚。至于阳谷县武大邻居王婆茶坊情景，书中描写更为具体，前编已述，不再重复。

第三十三回，写宋江到了清风寨，见那镇上亦有"几座小勾栏，并茶坊酒肆"。这是小镇的茶坊。第四十四回，写戴宗等来到蓟州也就是幽燕之地了。宋代之蓟州，其实不归宋，而属辽，即今天津蓟县。小说家不分南北、时限，把历史与现实合为一体原是常有。只说从这蓟州见到石秀、杨雄，又引出一些中等州城的茶事。那潘巧云要为前夫做功德，请来色胆包天的和尚裴如海，石秀照料家人"点出茶来"。潘巧云有意于和尚，又叫丫鬟捧茶，"那妇人拿起一盏茶来，把帕子去茶钟口边抹一抹，双手递与和尚"。这中间虽是写居家以茶待客，也包含"自古风流茶说合"的含意。做佛事中间，潘巧云又为僧人们送些茶食、果品、煎点。这是说蓟州的市民饮茶风尚。其实，辽人记事、宋人笔记早有记载，北宋时期幽燕城市饮茶风尚一如宋朝。不仅幽燕，宋人北上草原，在中京地区亦见有奚人效仿中原设饭店茶肆于沿途。宋代辽宋贸易，茶为大宗。而早在此前，五代初军阀刘仁恭禁江南茶来幽燕贩卖，以北京西山之树叶充茶已见史册，证明市民饮茶风习在北宋普及幽燕已是毫无问题。

回头再说《水浒传》。第七十二回写宋江等元宵节到汴京城里观灯，听说徽宗天子与名妓李师师有来往，想走个"后门"，以为将来招安之计。到李师师家门口，不敢贸然而入，便先到对门一个茶坊中来，边吃茶边向茶博士打听消息。燕青先去李师师家买通了虔婆，李师师听说便道："请过寒舍拜茶。"宋江等入座，奶子捧茶，李师师亲手换盏，茶罢，"收了盏托"。茶托自唐代已有，只是官宦人家才用，李师师虽是妓家，但与皇帝老儿搅在一起，自然饮茶气派不同常人。这是京师妓家茶规。此风一直延续到后代，妓院请客有时皆称"请茶""拜茶""打茶围"。

第一百一十回写宋江等被招安后得胜来东京"献俘"，朝廷却不许进城，燕青、李逵进城，又入丰丘门内一个小茶肆中来听消息。对席有

宋 佚名 《白莲社图卷》（局部）

个老者想与他们说闲话，"便请会茶"。这是讲不相识的茶客凑到一起聊天叫"会茶"。

纵观《水浒传》前半部，东自齐鲁大小城镇，西到晋、陕渭水之滨，北到幽蓟、河北诸地，南到黄河中游，无处不设茶肆、茶坊。有专为公人候时、办事的衙门前茶坊，有小镇闲坐的茶坊，也有王婆专门说媒拉纤的茶坊。茶坊中有普通泡茶，有加佐料的姜茶、薄荷茶，有梅汤，有合和汤……看来，其他饮料也与茶一起卖。茶坊的帘子称"水帘"，有专门烧茶的"茶局子"，烧水用炭火，茶局子里有茶锅、风炉。至于开封的京都胜地、高级妓院，吃茶更成风气，气派也更非一般城镇可比。茶坊中，有闲来无事"会茶"聊天的，有打发时光等待上班办公的，有偶尔相聚专找茶坊说话的，吏、卒、工、商各色人等，皆以茶馆为聚会之地。可见，唐人《封氏闻见记》所说不假，只不过到宋以后茶馆、茶坊便从饭馆、旅舍独立出来。北方茶肆尚如此发达，长江流域自不必说。尤其是南宋以后，北方城市茶肆之风皆为南人学习。从此，茶肆、茶坊成为市民茶文化中的突出代表。唐宋茶馆内容除饮茶外，就社会功能讲还只是市民交往场所。虽然据《东京梦华录》等文献记载，开封茶馆已有曲艺活动，也有与饮食结合的，但在一般城镇并不十分普遍。南宋杭州茶肆则更多与书画艺术结合，但对一般城镇来说，茶馆还只是起市民消闲聚会的作用。

由明清到近代，茶馆文化有了长足进步。尤其是近代以来，在中国上层茶文化衰落的情况下，茶馆文化能够继续繁荣，一枝独秀，并与区域文化相交织、结合，形成斑斓多彩的局面。所以，我们便应结合区域文化一一研究了。

二、巴蜀文化与四川茶馆

巴山蜀水之间，是我国古老的原始文明地区之一。早在距今约六千年以前，这里便分布着新石器文化。考古界认为，巴蜀文明既受到北方先进文化的影响，又具有自己的特点。在新石器时代，川东地区三峡之地与大溪文化有着直接关系；川北则属于马家窑文化范畴。这是一个既有长江文明特征，又很早受到黄河文明影响的地区。而在它的西南，云贵高原上，也是重要的古文明发源地。但到后来，黄河文明很明显地走在各地区的前列，巴蜀文明又自然地与秦岭以北的黄土文化相交融。就茶叶从原生地传播来看，首先是由云贵高原沿江流入川，然后再沿长江东出三峡。所以，四川是茶由它的故乡原生之地向外行进的第一站。而正是在这里，茶与中原黄土文化相遇了。周初，武王伐纣，巴蜀两个小的邦国前来相助，便以茶作为献给周的贡品，中原知茶，其实主要是从这时开始。待到周王室结束，秦王朝统一全国时，巴蜀已与中原连为一气，成为中央统辖下的郡属，它比云贵、岭南甚至长江下游接受中原文明早，但又比黄河流域用茶的历史早，这造成茶文化在此地发展的优越条件。所以，中国历史上最早的茶人，几乎都是蜀人，而且都是大文化人。如写《僮约》的王褒是四川人，他首次记载了我国买茶、饮茶的情况。大文学家司马相如也是茶的知音，扬雄同样懂茶。所以晋人张载写《登成都楼赋》，想到前辈饮茶先生们时说："借问扬子舍，想见长卿庐"，"芳茶冠六情，溢味播九区"。可见，在两汉之时，川人饮茶的经验远远走在各地之前。但是，在中唐以后，中国的经济中心明显向长江中下游转移，而唐代，正是茶文化形成的时期。这样一来，荆楚、吴越反而后来居上，成为真正的中国茶艺、茶道的发源地，四川茶文化反而因全国经济、文化中心的东移而相对落后了。

但是，巴蜀毕竟是我国最古老的产茶胜地之一。在茶乡不可能无茶事。川民一直保留了喜好饮茶的习惯。茶事最突出的表现便是川茶馆。有谚语说四川"头上晴天少，眼前茶馆多"，且不论这谚语本身是对自然环境的描绘，还是对旧中国政治的讽刺揭露，四川茶馆多确是真的。而四川茶馆又以成都最有名，所以又有"四川茶馆甲天下，成都茶馆甲四川"的说法。成都的茶馆有大有小，大的多达几百个座位，小的也有三五张桌子。川茶馆讲究从待客态度、铺面格调、茶具、茶汤、操作技艺等方面配套服务。正宗川茶馆应是紫铜茶壶、锡杯托、景瓷盖碗、圆沱茶、好幺师（茶博士）样样皆精。

不过，四川茶馆之所以十分引人注目，还不仅仅是因为数量多，服务技巧娴熟，态度和气、周到，更是由于它的"社会功能"。

四川，山水秀丽，物产丰富，但四周环山，中间是一块盆地。巴山蜀水使四川多出文化人。特别是汉魏时期，长江下游尚未充分开发，四川与当时的政治中心长安接近，又是秦汉时期重要的经济区，故古代文化相当发达。司马迁《史记·货殖列传》中多记川蜀之事，其中有蜀之卓氏，于临邛鼓铸，"富至僮千人，田池射猎之乐，拟于人君"。还有位"巴寡妇清"，一个寡妇挣了好大家业。而到三国时期，诸葛亮帮助刘备入川建蜀国，对开发巴蜀文化起了重大作用，并给川民留下了关心国事的好传统。但四川天然闭塞，川民想了解全国形势实在不易，这样，近代四川茶馆便首先突出了"传播信息"的作用。川人进茶馆，不仅为饮茶，而首先是为获得精神上的满足，自己的新闻告诉别人，又从他人那里获得更多的新闻与信息。川茶馆的第一功能是"摆龙门阵"，一个大茶馆便是个小社会。重庆、成都，以及其他四川大小城镇茶馆都很多。许多重庆人，过去一起床便进茶馆，有的洗脸都在茶馆里。然后是品茶、吃早点，接下去便摆开了龙门阵。四川茶馆陈设并不十分讲究，但潇洒舒适。茶馆有桌凳，有的还设一排竹躺椅。你可以坐着品，也可以躺着品。有人说四川饮茶谈不到茶艺。这不能绝对化，四川茶馆里的行茶师傅便都有一手绝活。客人进门，在竹椅上一躺，伙计便大声喊着打招呼，然后冲上茶来。若是集体饮茶，你便会看到一场如"杂技小品"一般的冲茶表演。茶博士瞬间托一大堆茶碗来陈列桌上，茶碗都是有盖的。这时，茶师傅左手揭盖，右手提壶，一手翻，一手冲，左右配合，纹丝不乱，而速度又快得惊人，甚至数十只杯，转眼间翻盖冲水即毕，桌上可以滴水不漏。这种行茶方法，既体现了我国茶文化中"精华均匀"的传统，又表现出一种优美韵律和高超的技艺。川人爱饮沱茶，这是一种紧压茶，味浓烈，清香久，且对持久品饮以伴长谈最相宜。沱茶经泡，一盅茶可以喝半天，有的人清晨喝到中午，临走还吩咐"幺师"："把茶碗给我搁好，吃罢饭晌午我还来。"四川人口才好，脑子快，能言善辩，不论老友新知，一进茶馆皆是谈友，大事小事都能说个天方地圆，如云如雾。所以，"信息交流站"是四川茶馆的第一项重要作用。

四川茶馆又是旧社会"袍哥们"谈公事的地方，"舵把子"关照过的朋友，每个茶馆都会关照。一架滑竿抬来客人，只要在当门口桌子上一坐，茶馆老板便认为是"袍哥大爷"，上前问声好，恭恭敬敬献上茶来。茶罢，还不收茶钱，说："某大爷打了招呼，你哥子也是茶抬上的朋友，哪有收钱的道理？"可见，四川茶馆的又一功能，是"民间会社联谊站"。

四川茶馆还有一项极特殊的功能，有人叫它"民间法院"。乡民们有了纠纷，逢"场"时可以到茶馆里去"讲理"，由当地有势力的保长、乡绅或袍哥大爷来"断案"。至于公道不公道，自有天知道。但它却说明，川人看待茶馆，起码是有茶的"公平""廉洁"内容。四川茶馆的"政治""社会"功能似乎比其他地区更为突出。

要说四川茶馆完全俗陋少文也不全面，不少茶馆是文人活动场所。据说，有些四川作家写作专到茶馆里"闹中取静"，没有茶馆便没有灵感。又如台湾女作家琼瑶笔下《几度夕阳红》中的重庆沙坪坝茶馆，便是文化人经常聚会的地方。在那里，学生们可以吟诗、作画、谈心，成立什么"南北社"，比一般茶馆多了些风雅气氛。四川不仅大中城市茶馆多，小的镇邑也总有茶馆，甚至在乡间场上也占有重要地位。碰上赶场天，茶桌子一直摆到街沿上。在那里，你可以观赏到川剧、四川清音、说唱，还有木偶戏。这是民间文化活动场所。

四川茶馆有一项重大作用常为人们所忽视，即"经济交易所"。在四川，民间主要生意买卖都是在茶馆进行的。成都有专门用来进行交易的茶馆，在那里一般都设有雅座，有茶，有点心，还可以临时叫菜设宴，谈生意十分方便。旧时买官鬻爵，也是在茶馆里讲价钱。至于乡间茶馆，更是生意人经常聚会的地方。

总之，四川茶馆是多功能的，集政治、经济、文化功能为一体，大有为社会"拾遗补缺"的作用。虽然少了些儒雅，但茶的文化社会功能却得到充分体现，这是四川茶馆文化一大特点。

三、吴越文化与杭州茶室

要想了解江南的茶文化风格，首先要认识古老的吴越文化。

在长期的传统观念中，黄河流域一直被认为是中华文明的发祥地，而其他地区则是步黄河文明的后尘而来。不仅封建时代的历史文献这样说，早期的考古学者也这样看。但到了20世纪60、70年代，大量的考古发现打破了这种传统观念。有人提出，中国如此之大，到处都发现新石器时代遗址，很难说哪里是源头，哪里不是源头，因而认为中华文明是多源头互相渗透、交融、凝聚的结果。

首先发难的便是浙江。20世纪50年代末，浙江嘉兴马家浜发现新石器遗址，开始对长江下游是龙山文化南下的传统说法提出疑问；而当1973年，浙江余姚发现河姆渡遗址后，更把这一新的理论推进了一大步，或者说使其得到了确认。这里出土的大量黑陶和生产、生活器具以及干栏式房屋建筑，有力地证明了在距今七千年到五千年前不同阶段的社会面貌，说明长江下游的新石器时代可能与同期的黄河仰韶文化同步发展。这种观点很快得到考古界不少学者的支持，认为长江流域原始文化是中华民族古文化重要来源之一。当然，夏、商、周几代，中原黄河文明是走在了前列。而长江下游，长期被称为东夷之地。然而，或许正因为其距全国政治中心的偏僻、遥远，这一地区更多保留了自己独立的文化特征，构成古老吴越文化的独特风貌。周代，吴越虽与中央保持隶属关系，但经济文化自成体系。越王勾践用范蠡、计然，十年而国富，卧薪尝胆而国强。不过，较之中原，吴越直到汉代仍落后不少。司马迁在《史记·货殖列传》中说"楚越之地，地广人稀，饭稻羹鱼，或火耕而水耨，果隋蠃蛤，不待贾而足"，"是故江淮以南，无冻饿之人，亦无千金之家"，陶朱公是极少的。现代人看沿海地区比内地既开放，又富足，古代远不是那么回事。但自三国以后，吴越经济不断发展；隋唐以后，长江中下游经济则压倒黄河流域。直至现代，江南仍是我国最富庶的地区之一。吴越地区的这种历史轨迹造成它自己的区域文化特征：既接受黄河文化的影响，但更多表现了本地区特点；早期的落后与中、晚期的先进形成鲜明对照；一方面是富庶的经济生活，同时又保留更多古风古俗。吴越、闽粤，都有这种特点。上海有最现代的工业，但至今总爱"阿拉"长、"阿拉"短，不愿说普通话；苏州话委婉动听，苏州评弹的清扬低回，细腻婉转更独具风格；闽南语没有多少其他地区的中国人能懂；广东是现今最开放的地区，但唯独语言不肯开放，甚至以讲粤语为荣耀。这使他们的文化总在古老与革新两种潮流的巧妙结合中独放异彩。

吴越茶文化正反映了这一突出特点。这个地区，也是我国产茶胜地。浙江绿茶在中国绿茶中占举足轻重的地位。除了这个基本条件外，还有几个重要因素使该地区成为中国茶文化的真正发源地。

第一，吴越地区山水秀丽，风景如画，不仅有产茶的自然条件，而且有品茶的自然艺术环境。在这里，经常是集名茶、名水、名山为一地。中国茶文化向来主张契合自然，吴越地区的太湖南北、钱塘江畔，本身就是一个天然大"茶寮"。

第二，我国东南地区向来是佛、道胜地，而且，正因为这里的人民有尊古风、重乡情的特点，佛教在此地不可能如青、藏和其他西部地区接受其"原味"多，不论何种文化，到这里总是要经过一番改造，接近本地"土风"。所以，青藏密宗为多，保持了印度佛教原色；北方律宗为多，已被中国文化改造了不少；而在吴越地区，主要是完全被改革的禅宗占主要地位。然而也正是禅宗与中国"原种"文化的道家、儒家思想更为贴近。于是，儒、道、佛三家在这一产茶胜地集结，共同创造了江南的茶文化体系。

第三，自隋唐以后，长江下游经济发达，南宋建都临安，又使这一地区文化得到突飞猛进的发展。"山性使人塞，水性使人通。"江南水域使这一地区总是带来清新的文化气息。但是，自成体系的文化格局，又使它新风之中好融古俗。近代以来，中国古老的茶文化受到严重冲击，但在这些地区（不仅吴越，也包括闽粤），却悄悄地把中国茶文化的精髓保留下来。至今浙江茶事最为兴盛，便有力地证明了我们的判断。从陆羽、皎然饮茶集团，到湖州民间"打茶会"，从杭州现代化的中国茶叶研究所到兼古通今的茶叶博物馆，从西子湖畔一座座茶室，到集茶肆、茶会、茶学研究为一体的"茶人之家"，都证明了这一点。

杭州的茶馆同样说明了上述观点。

　　杭州茶馆文化，起于南宋。金人灭北宋，南宋建都于杭州，把中原儒学、宫廷文化都带到这里，使这座美丽的城市茶肆大兴。《梦粱录》载："杭城茶肆，……插四时花，挂名人画，装点店面，四时卖奇茶异汤，冬月添七宝擂茶、馓子、葱茶，或卖盐豉汤，暑天添卖雪泡梅花酒。"说明早在南宋，杭州茶肆便有与书画结合的特殊风格，并有各种民间俗饮方法。擂茶，是以茶与芝麻、米花等物捣碎而成，是一种既开胃又健身强体的饮料。盐豉汤，可能即指今浙江流行的盐豆茶。至于茶中加葱与姜也是宋代民间普遍流行的吃茶法。

　　当代的杭州茶馆，可能不如四川成都数量多，整个吴越地区，大概也不像整个四川大城小镇茶馆栉比林立。这是因为，浙人饮茶大部分是在自己家里。但是，若比茶馆的文化气氛，杭州却大胜一筹。

　　杭州茶室有几大特点：

　　第一，是讲名茶配名水，品茗临佳境，能得茶艺真趣。

　　表面看，杭州茶室既没有功夫茶的成套器具，也没有四川茶馆座椅壶碗配套及"幺师"的行茶绝技，但贵在一个"真"字。杭州人喝茶，主要讲西湖龙井，真正的绝品龙井并不在龙井村，而在狮峰，一般人自是难得。但稍好一点的特级、一级龙井，也大可品尝了。龙井茶属典型绿茶类，它最好地保持了茶的本色。一杯茶沏出来，清澈无比，叶芽形状美丽而不失真。味亦清淡甜美，确有如饮甘露之感。西湖龙井所以能保持这种特点，与水有很大关系。虎跑为天下名泉，其他地区水质稍逊，但较内地江河之水也美得多。到杭州，游西湖，上灵隐，虎跑水加上等龙井，那是极大享受。妙就妙在无论茶与水，都不失真味。对茶中色、香、味的体验，不需雕琢粉饰。人们常说："欲把西湖比西子，淡妆浓抹总相宜。"西湖茶室也如此，不论在亭台楼榭之中，或是山间幽谷之处，或繁或简，总透着自然的灵气。

第二，西湖茶室，多了些"仙气""佛气"与"儒雅"之风。

在杭州，各种茶室一般皆典雅、古朴，像京津那种杂以说唱、曲艺的茶室不多；更没有上海澡堂子与茶结合的"孵茶馆"，也很少像广州、香港，名曰"吃茶"，实际吃点心、肉粥的风气。杭州茶馆所以叫"茶室"，是别有意境的，一个"室"字，既可以是文人的书室，又可以是佛道的净室。可是配以杭扇、竹雕、济公小像等卖工艺品的小卖部，也可以卖茶兼冲西湖藕粉，但总离不开雅洁、清幽的意境。

沿湖而行，苏堤、白堤，茶室中体会到的是湖天一气，人茶交融。到了虎跑，淙淙的泉水，清幽的茶室，大虎、二虎"跑来佳泉"的民间故事，使你领略到一种道家的神仙味道。而假如你到灵隐，古刹钟声，袅袅香烟，虔诚的佛门弟子，汩汩的泉水流淌，再到茶室饮上一杯龙井，不是佛教徒，也便好像从茶中触动了禅机。至于西泠印社之侧，茶人之家的内外，书画诗文，更构成自然的儒雅风格。所以，你到杭州茶室，体会茶的"文化味道"，不能仅从烹茶、调茶程式、方法来领会，而要从那种历史氛围中去感受。面对葛洪、济颠、白娘子的遗迹，你不是仙，那茶中也自然沾上了"仙气"。所以，在杭州茶室饮茶，不伴以对吴越历史文化的了解，你难以成为真正的西湖茶人。

第三，整个杭城山水是构成西湖茶室文化的自然氛围。笔者1989年到杭城，用了整整两天，步寻茶室。到得云栖，参天的竹林，篁间石径，山间云雾，和路旁卖鲜茶的大嫂，自然使你明白，为什么茶人喜欢伴以竹林松风。那种幽隐的韵律，你在其他城市茶馆，绝难体味。来到龙井村，进入龙井寺，面对起伏的茶山，看着穿红着绿的采茶姑娘隐现在茶树丛中，自然会产生九天玄女"下凡会茶"的联想。而到得满觉陇，桂子飘香，乳石滴泉，才又领略皎然诗中以茶伴花的意境。所以，整个杭城，构成一个"大茶寮"，不必刻意雕琢。茶与人，与天地、山水、云雾、竹石、花木自然契合一体；人文与自然，茶文化与整个吴越文化相交融了。这便是杭州茶室表面无特色，内中最有特色，西湖茶室使人终生难忘的原因，这又应了"大象无形"的哲理。

杭州茶室可作为"吴越茶馆文化"的代表。其他江浙市镇，除上海外，其茶馆文化大体相仿。湖州茶馆在接受杭州茶肆风格外又多了些民间情趣。据民国《湖州月刊》记载，1932年湖州尚有茶馆、茶肆六十四家，兼听书、交易、评理。如府庙的金贵园、启园、顺元楼；南门的同春楼、清和楼；北门的岳阳楼、九江楼；还有天韵楼、玉壶春、状元楼、荟芳楼、一升天、升风阁等。单从名称看，便可体会湖嘉地区的茶肆茶楼，虽处闹市，但仍保持与自然、儒雅相结合的韵味。此地茶馆也有兼理民事纠纷的功能。民间发生纠纷，在两厢情愿的前提下可以相约到茶馆当众去讲理、调解。不过，在茶的氛围中，明明是矛盾、纠纷，申辩也变成轻言细语，当众裁判，输者出"茶钿"，称为"吃品茶"。纷争用茶一协调，是非分明了，但又和气不伤感情，"中庸原则""无为而有为"，在这里被融进茶理之中。中国人运用文化之巧妙，外国人是很难理解的。至于苏州茶馆，则加上些幽雅的评弹、曲艺。像北京老茶馆中可以红火热闹的"跳加官"，吴越之地则少见。

总之，仙气、佛气、儒雅特色与契合自然，是吴越茶馆文化的主要特征。

四、天津茶社、上海孵茶馆与广东茶楼

我们把这南北相距遥远的地区茶馆文化一起谈，当然不是说他们是古老的共同文化区域，而是从近现代城市茶馆文化的特点来看，有着相类之处，即都是调节现代城市生活的产物。但茶馆的风格又各有异趣。

天津是金元以后由于运河与海漕的需要而形成的，近代以来是北方的重要工商都会。其地虽近京师，也学习了北京茶馆文化的一些内容，但主要特点还是服务于工商和一般市民的需要。天津茶馆也叫茶楼、茶社，除正式茶馆外，集体饮茶之地在旧中国还有澡堂、妓院、饭庄、茶摊。

天津的正式茶楼类似北京的大茶馆，经常是卖茶兼有小吃、清唱、评书、大鼓。每客一壶一杯，联袂而至者可以一壶几杯。茶客三教九流，边饮、边吃、边欣赏节目。有的借茶楼来"找活"，漆工、瓦工、木匠，一坐半天，等待主顾。茶楼也常是古玩交易之地。"三德轩"茶楼，早晨是工匠喝茶找事做的时间，中午则添唱、评书、大鼓。"东来轩"茶楼，早茶多是厨师，晚茶则是演员与票友联谊清唱，如著名京剧演员侯喜瑞等便是东来轩的常客。还有些茶楼是不同阶层的人消闲、看报、交流信息或棋友们下棋的场所。总之，天津的茶楼不像北京那样分类细致，也不像四川、杭州地方风味独特，大多是适于各方客商的综合性活动场所。

天津的饭庄，旧时客人到来要先上高档茶，一则表示迎客礼仪，二则也为提神开胃，吃罢茶方正式上菜，而酒饭之后则又要上茶，以便消食醒酒，同时给客人稍坐休息的机会，不能饭一罢便驱客。这也是一种好传统。总之，天津茶馆主要是发挥社会和经济功能。天津人用茶量很大，老天津卫讲究一日三茶，但若论文化气氛则不突出，这是一般北方市民茶馆的共同特点。

上海也是个近代工商城市，但茶馆里文化气氛便稍浓重了些。旧时，上海公园里有茶室，经常高朋满座。多有贵家公子小姐来学"文明气派"，附庸风雅，也有些真正的文化人来茶室聚会，较之北京的清茶馆虽书香气息不够，但在上海滩算是儒雅之举了。最具上海地方特点的茶馆要算老城隍庙一带。如"老得意楼"，楼下吃茶，多挑夫贩夫，门口有烧饼摊，基本是劳动者歇息、解渴、解饿的；二楼吃茶兼听评书，便增加了文化气息；三楼供玩鸟者聚会，增加了些市中野趣。最幽雅的上海茶室是在与城隍庙比邻的豫园。这座传统的南方私人园林，虽不及苏州，却也千曲百折，幽雅动人，内中几处茶室，临池伴竹，红肥绿瘦却也十分雅致。上海人称上茶馆叫"孵茶馆"，一个"孵"字，道出了老上海身处闹市，无法消遣，到茶馆暂借清闲的心境。这说明，越是现代化城市对茶馆的需求愈甚。然而茶价低廉，经营者利薄难为，久而久之，茶馆越来越少。到现代，咖啡厅、冷饮店更是兴旺，而老茶人却越来越没了去处，这也是现代化带来的新问题。

同是现代城市，广州茶馆的"富贵气派"便更多了，广州称茶馆为茶楼，吃早点叫吃早茶，广州茶楼是茶中有饭，饭中有茶。广东人说"停日请你去饮茶"，那便是请你吃饭。旧时广东茶馆饮食并不贵，老茶客一般是一盅两件：一杯茶，两个叉烧包或烧卖、虾饺之类，花费还有限。现今不同了，广东改革步子迈得大，有钱人多了，茶楼也更气派了。你上茶楼入座，服务小姐先上一壶酽茶，然后食品车推过来，各种广东小吃琳琅满目，什么脆皮鲮鱼饺、鲜酥、莲蓉堆、煎酿禾花雀、马蹄糕、荔枝奶冻、豉汁排骨、凤爪、鸡翅等，不一而足。如今深圳、香

港的茶楼气派更大，但文化气息却总使人觉得被"吃没了"。

倒是广东乡间的小茶馆，傍河而建，小巧玲珑，半依岸，半临水，或是水榭式，或是竹茶居，树皮编墙，八面临风。虽然也讲"一盅两件"（一盅是粗梗大叶茶，两件是蒸烧麦等小吃），但饮茶的意境却比在广州、香港更贴近"文化"。那质朴的韵味，虽不比西湖茶室的儒雅，但多了许多水乡情趣。早茶，在河上茶居看朝日晨雾；午茶，看过往船只扬帆摇橹；晚茶，看玉兔东升，水浸月色。乡民们终日的劳累便在这三茶之中消融、化解了。所以，广东水乡称坐茶馆为"叹茶"。叹，可以是叹息，也可以是感叹，在"叹茶"中体会茶的味道，也体会人生的苦辣酸甜。比较之下，这比大城市的茶楼、茶肆更富有自然和人生的哲理。

第十三章　北京人与茶文化

　　北京是我国封建社会中后期的古代都城，至今仍是中华人民共和国的首都。首都，常被人们称为"首善之地"，加之北京历史特别悠久，人们常说它是集各种优秀文化传统的大成之所。但谈到茶文化，人们对北京却大多是贬多褒少。有人认为，北京既非产茶胜地，北方人又少儒雅之风，饮茶向来不大讲究。北京人爱喝的"茉莉花茶""香片""高碎"，在"正宗"茶人看来，不过是茶中俗品，即使饮龙井，也要加香花，称为"龙睛鱼""花红龙井"，既夺茶的真香，又多了些"俗媚之气"。至于民间家居饮茶或市间茶棚，碗不厌其大，水又要全沸噗噗有声，皆属被耻笑之类。于是便有人认为"北京谈不到茶文化"。这些批评并非全无道理，但若由此认定北京根本没有茶文化，或北京人根本不懂茶文化，便大错特错了。每个地区都有自己的长短，若仅就饮茶技艺本身而言，北京人饮茶既无闽粤功夫茶的精巧，也无杭州西湖茶室的优雅清丽，更无云南茶艺的多彩多姿和边疆风味。再讲饮茶的历史和传承关系，北京人也确实晚得多，北京人饮茶，是向"南人"学来的。

　　然而，北京确实有茶文化，特别是就饮茶的文化含意和社会功用而言，甚至比其他地区更为突出。老北京的达官贵人饮茶家礼且不说，单就民间茶馆而言，其文化内涵、社会效应便绝非一般城镇所能比拟。至于宫廷茶文化，更达到十分高深的地步，甚至直接与朝廷的文事、教化、礼仪相结合。北京是都城，是人文荟萃之地；北京文化的吸收力很强，一切优秀文化传到北京，都不是简单抄袭，而往往被加工提炼，很快打上"京味"的印记。如果把北京说成全国茶文化最优秀的地区当然不妥，但它确有自己独特的风格。单就高深的茶艺、茶道而言，即使南方产茶胜地，也不是处处都有、人人皆知。若从集萃撷英的角度说，北京却大有值得称道之处。特别是宫廷茶文化与市民茶文化，北京有自己独特的优势与创造。至于在文人中间，更不乏茶的知音。首都，在文化上向来是十分敏感的地区。辽、金、元、明、清几代，北京在茶文化的吸收、发展方面，表现出鲜明的特征。因此，绝不可因其不处产茶之地而加以忽视。

一、紫禁城里话茶事

北京是辽金元明清五代帝都。辽朝以幽州为燕京，幽燕是契丹人与南朝进行茶叶贸易的榷场。有辽一代，辽与后晋、后汉、后周、北宋的茶叶贸易均在幽州以南的雄、霸诸州进行。特别是入宋以后，辽宋贸易中茶叶、茶具向为大宗。契丹是一个很爱好学习的民族，特别是自辽朝中期圣宗皇帝之后，处处以南朝为榜样，公开提出"学唐比宋"的口号，宋朝有的，辽朝样样注意学习。《辽史·礼志》所记朝廷茶仪、茶礼比《宋史》中一点不少。燕京虽为陪都，但却是辽朝诸京中文化、经济最发达的地方，这些茶仪、茶礼自然在这里举行。金承辽制，定都燕京并改名"中都"，中都的朝廷茶礼亦如辽朝。我国自唐以来，便以茶与边疆民族贸易，但北方民族用茶数量虽大，却多出于饮食生活需要。幽燕为中原的"边塞之地"，虽因贸易交流有饮茶之好，但多受北方民族影响，并无多少文化内容。而自辽金之后，由于朝廷提倡，饮茶活动一下子被引入国家的礼仪规范，使幽燕人对茶的认识提高到一个新的高度。所以，到蒙古人建元朝定鼎大都之后，这个从"马上得天下"的民族尽管不大擅长饮茶品茗的儒雅之事，但民间仍须向朝廷贡献团茶。而在大都民间，饮茶与文化艺术、民间伦理结合更成为极鲜明的特征。这一点，从元杂剧中可以得到明显的反映，从赵孟頫等的俗饮图中也可看出清晰的轨迹。不过，就总体情况而言，辽、金、元几代的宫廷茶文化无论规模与内容，自然都难以与北宋、南宋相比。所以，若谈北京宫廷茶文化，当然是以明清为代表。

明清宫中帝后嫔妃日常用茶之精美自不待言，从文化角度看则主要应从朝仪、朝礼入手，以发掘其更高深的含意。谈到这里，就不能不说紫禁城里的文华殿、重华宫与乾清宫。因为，这三处所在恰是宫廷茶事的代表之地。

进入故宫，过午门之后迎面可见太和门。太和门东侧有一座独立的院落，其中主要有三重建筑：最前的主殿称文华殿，中间是主敬殿，最后面是文渊阁。清代，这里是皇帝祭祀先师孔子、与群臣举行经筵和存放《四库全书》的地方，是紫禁城里的"文化区"。茶，正是在这里体现出它典型的文化含意，被用于皇帝的经筵。

其实，早在明代，文华殿的经筵即形成制度，并将赐茶作为重要礼仪，与讲经论史相结合。明朝每月三次由皇帝与大臣在文华殿共同讲经论史。至时，讲官进讲，先书，次经，再史。讲罢经史，一个重要内容便是皇帝于文华殿向讲官及群臣"赐茶"。在这里，赐茶并不是仅作为讲书润喉之物出现，而是作为宣扬教化的象征物来使用。

清代，承继了文华殿经筵制度，而且礼仪更加隆重。有关史料记载，乾隆朝曾举行四十九次大型经筵，每次规模都十分可观。清代经筵不像明代那样频繁，常选春秋仲月举行，但礼仪更为隆重，赐茶的礼仪也被放到更典型的意义之中。每次，先由翰林院列出讲官名单及宣讲篇目，皇帝钦定。至时先在传心殿祭皇师、帝师、至圣先师，然后设御案、讲案，南北相向。翰林官捧讲章，并按左书、右经的序列陈于御案，满汉讲官及各部官员分立左右，又以孔子之后衍圣公立东班首位。皇帝到来，诸官行礼，首先由满汉官员四人进讲四书，然后由皇帝亲自阐发四书之意，与会官员全部跪听。再讲五经，同样又按例一遍。宣讲完毕，皇帝给予讲官及与会官员的最高礼遇：一是赐座，二是赐茶。在这样庄严的气氛中饮茶自然既无林泉野趣，也没有茶寮的风雅，但却把饮茶的含义提高到空前的庄重意义上。诚如敦煌本《茶酒论》所说，在这里，茶的功用是为"阐化儒因"，强调"素紫天子""君臣交接"的君臣父子的儒家观念。明清之时，朝廷礼仪中"赐茶"之仪远不如宋辽金几代比重为大，但唯在四书、五经讲筵之时，却是一定要赐茶的。不仅在宫内，皇帝到孔庙和国子监举行"视学礼"，也要对百官赐茶。这说明，赐茶与皇帝一般赐酒、赐物不同，它是阐发儒理，宣扬伦理、教化的象征。

紫禁城中另一处大的茶事活动场所，便是重华宫。重华宫在西六宫之北一个院落中，清代这里几乎每年都有一次大型"茶宴"。

茶宴起于唐，宋代朝廷开始举行大型茶宴，由皇帝"赐茶"。蔡京

曾作《延福宫曲宴记》说："宣和二年十二月癸巳，召宰执亲王等曲宴于延福宫"，"上命近侍取茶具，亲手注汤击沸，少顷乳浮盏面，如疏星淡月，顾诸臣曰：'此自布茶。'饮毕皆顿首谢"。宋徽宗赵佶确实是个懂茶的人，他在茶宴上亲自注汤、击茶，一则为表现自己的茶学知识，二则为向臣工表示其"同甘共苦"之意。这个风流皇帝虽然不会治国，但此举确为文雅之举，包含很深的寓意。从此，皇帝赐茶成为一种很高的礼遇。但一般皇帝其实并不真正懂茶，所以亲自主持茶宴者也不多。

到清朝，又出了个极爱茶的皇帝，这就是乾隆。乾隆嗜茶如命，据说他在晚年准备隐退，有的大臣说"国不可一日无君"，乾隆却笑着说："君不可一日无茶。"且不论这传说的可靠与否，乾隆好茶却是真的。重华宫原是乾隆登基前的住所，后来登基，升之为宫。乾隆既好饮茶，又爱作诗附庸风雅，于是效法古代文士，把文人茶会搬到了宫廷，这便是在重华宫年年举行的清宫茶宴。茶宴在每年正月初二至初十选吉日举行，主要内容一是作诗，二是饮茶。最初人无定数，大抵为内廷当值词臣。以后以时事命题作诗，非长篇不能赅赡。后定为七十二韵，直接在宫内参加赋诗茶宴者仅十八人，分八排，每人作四句。题目是乾隆亲自指定，会前即预知。但"御定元韵"却要临时发下，憋一憋这些御用词臣。诗成，先后进览，不待汇呈。乾隆随即赐茶并颁赏珍物，得赐者亲捧而出，以为荣耀。重华宫内的十八人取"学士登瀛"之意，宫外还有许多人和诗，但不得入宴。向来茶宴皆是内直词臣的专利，只有开四库馆时，总纂陆锡熊、纪昀，总校陆费墀，虽非内臣，每宴必与会，算是对他们的特殊恩典。乾隆以后，历代皇帝也有在重华宫举行茶宴的，但远不如乾隆时之盛。据《养吉斋丛录》载，清代自乾隆始，在重华宫举行的茶宴便有六十余次。这种茶宴诗会的作品自然都是些歌功颂德、阿谀奉承之词。况且，深宫之中，侍卫森严，皇帝老儿又亲自坐镇，真正发挥"茶宴"的作用，像文人于山野之间，将茶与诗、人与自然、内心世界与客观意境交融一体，那是根本不可能的。但通过茶宴，茶与文化界的关系进一步得到肯定。上行下效，对推动茶与艺术的结合还是起了重大作用。

若论宫廷茶宴的隆重和规模巨大，还算不上重华宫。清代最大的茶宴还要数乾清宫。

乾清宫坐落于北京故宫后三宫最南，同前三殿一起处于故宫主体建筑中轴线上。宽九间，进深五间，整个宫内共四十五间，其后还有暖阁，前面可以办公，暖阁可以居住，明代是皇帝寝宫。清代稍有改变，皇帝临朝听政，召对臣工，引见庶僚，内廷典礼，接见外国使臣，读书学习，批改奏章，都可以在此进行。每逢喜庆节日，还举行内朝贺仪。而康乾两朝，还在此举行了规模巨大的"千叟宴"，从而把宫廷茶宴推向茶文化史上最高最大的规模。康熙帝颇有作为，曾内平三藩之乱，外御罗刹之扰，亲征噶尔丹，击败了沙俄勾结蒙古叛部进行侵略的阴谋，并奖励农耕，兴修水利，使大清王朝出现一派繁荣景象。康熙五十二年，适逢康熙皇帝六十大寿，各地官员为逢迎皇帝，鼓励一些老人进京贺寿。于是，康熙帝决定举行"千叟宴"。不过，这首次千叟宴并未在故宫内，而是在畅春园举行。当时，有六十五岁以上的退休文武大臣、官员及士庶一千八百余人来京参加宴会，耗银万两，服务人员则多达万余。千叟宴的一项重要内容便是饮茶。大宴开始，第一步叫"就位进茶"。乐队奏丹陛清乐，膳茶房官员向皇帝父子先进红奶茶各一杯，王公大臣行礼。皇帝饮毕，再分赐王公大臣共饮。饭后，所用茶具皆赐饮者。被赐茶的王公大臣接茶后原地行一叩礼，以谢赏茶之恩。这道仪式过后，方能进酒、进肴。我国自唐以来，向有"茶在酒上"之说，这从千叟宴上得到体现。九年之后，康熙又举行一次千叟宴，这一次是在故宫内的乾清宫内外举行，六十五岁以上老人又多达一千余人。另外两次则是在乾隆朝。乾隆五十年正月的千叟宴多达三千人与会，最高龄者为一百零四岁。为参加这次活动，许多人提前多日便来到北京。嘉庆元年，再次举行千叟宴，预定入宴者竟达五千人。乾清宫内外摆布不下，又将宁寿宫、皇极殿也辟为宴席。殿内左右为一品大臣，殿檐下左右为二品和外国使者，丹墀角路上为三品，丹墀下左右为四品、五品和蒙古台吉席。其余在宁寿宫门外两旁。此宴共设席八百桌，桌分东西，每路六排，最少每排二十二席，最多每排一百席。这样多的人参与宴会，并不都赐茶，但茶膳房官员向皇帝"进茶"却代表了五千人的意思。被赏茶者得茶具，被赏酒者得酒具，也只有皇家才有这种能力。这大约是我国历史上，也是世界各国集体茶会的冠军之作了。

纵观清代宫廷茶事，可以得出这样几点印象：

1. 清代将茶仪用于尊孔、视学、经筵，与儒家思想进一步明确挂钩，作为一种明君臣伦理的思想教化手段。

2. 与宫廷诗会、文事结合，表示弘扬文明之意。如乾隆帝重华宫联句，与《四库全书》修纂活动结合，与视察国子监结合，都有这种含意。

3. 用于祝寿、庆典、贺仪。这样，便在传统的"明伦序""表敬意""利交际"之外又延伸到祝福、喜庆的意思。中国历史上的茶文化思想，向来是文人、道士、佛家重清苦、隐幽，而朝廷、民间重欢快、喜庆，清代宫廷茶宴把后一种推向高潮。

4．清代千叟宴的"进茶"与"赐茶"均用红奶茶，清代宫廷日常生活中也爱用奶茶。《养吉斋丛录》说："旧俗尚奶茶。每日供御用乳牛，及各主位应用乳牛，皆有定数。取乳交尚茶房。又清茶房春秋二季造乳饼。"由此可知，清宫饮茶原有清茶与乳茶两类。奶茶本是北方民族习惯，清宫用奶茶本来是从饮食保健角度出发，而在千叟宴中却用于进茶的礼仪，使传统的茶文化增加了北方民族色彩。它从一个角度表明中国茶文化与民族融合的进程同步而行，茶作为文化观念已得到各民族的认同，而不仅是汉民族所独有。

5．纵观清代宫廷茶文化活动，最兴盛的时期是在乾隆朝，最好茶的皇帝是乾隆帝。自乾隆八年至乾隆六十年，五十二年间，除因皇太后丧事之外，四十八个年头皆有茶宴。之所以如此，除乾隆本人特别爱茶之外，也是因为这一时期经济上正处于康乾盛世，文化上也正是满文化与汉文化大融合及文事大兴的时期。这与整个中国茶文化的发展规律也是相符的。一般说，茶文化的发展兴盛有三个必备条件：一是经济繁荣，二是文事兴盛，三是和平安宁。清代乾隆朝茶事特多，再次证明了这个规律。

二、北京茶馆文化

每个地区的文化都有自己的区域特征，就茶馆文化而言，全国每个城市也是各有千秋。如果说四川茶馆以综合效用见长，苏杭茶室以幽雅著称，广东茶楼主要是与"食"相结合，北京的茶馆则是集各地之大成。它以种类繁多，功用齐全，文化内涵丰富、深邃，为重要特点。

北京历史上的茶馆是很多的，就形式而言，有什么大茶馆、清茶馆、书茶馆、贰浑铺、红炉馆、野茶馆等，至于茶摊、茶棚更不计其数。北京向来是文人多，闲人多。三教九流，五行八作，士民众庶，于本业之外总要有适当的交往地点与场所。茶馆较正式厅堂馆所活动方便，较饭店酒楼用费低廉，较家中会友自由，无家无室的京客也可以找个暂时休歇之地。这种特殊的人口结构造成对茶馆的极大需要。所以，老北京的茶馆遍及京城内外，各种茶馆又有不同的形式与功用。这里，重点从文化、社会功用角度介绍几种。

1. 书茶馆里的评书与市民文学

在我国文学史上，明清小说占有一个光辉的地位。然而，中国的古代小说与西方的古典小说不同。中国最优秀的古代小说，特别是长篇名著，大多数并不是完全由作家的书斋里诞生，而是来自民间艺人的"话本"，是从城市里的茶肆、饭馆，从说唱艺人的口头文学转变而来。如《三国演义》《水浒传》等名著，都经历了这样一个过程。所以，中国的古代小说比其他文学形式在民众中植根更深，也更有生命力。在这个问题上，宋元以来的茶馆文化做出了特殊的贡献。北京的书茶馆便是最好的说明。

老北京有许多书茶馆，在这种茶馆里，饮茶只是媒介，听评书是主要内容。评书一般分"白天"与"晚灯"两班。"白天"一般由下午三点至六七时，"晚灯"由下午七八时直至深夜十一二时。也有在下午三时前加说一两个小时的，叫作"说早儿"，是专为不大知名的角色提供的演习机会。这些书茶馆，开书以前卖清茶，也可为过往行人提供偶饮一两杯歇息解渴的机会。开书以后，饮茶便与听书结合，不再单独接待一般茶客。茶客们边听书，边品饮，以茶提神助兴，听书才是主要目

的。茶客中，既有失意的官员，在职的政客、职员，商店的经理、账房先生，纳福的老太太，也有一般劳苦大众。听书客交费不称茶钱，而叫"书钱"，正说明书是主题，茶是佐兴。旧北京的书茶馆多集中于东华门和地安门外。东华门最著名者称东悦轩，地安门的称同和轩。

有人说天桥的"书茶馆"最兴旺，其实，天桥茶馆主要是曲艺，介于书茶馆与大茶馆之间，并非典型的书茶馆。著名的书茶馆布置讲究，有藤椅藤桌的，有木椅木桌的，有的墙上还挂些字画，首先造成听书的气氛。茶馆预先请下先生，一部大书可以说上两三个月。收入三七开，茶馆三成，先生七成。先生也算文化人了，茶馆老板是十分敬重的。评书的内容，有说史的"长枪袍带书"，如《三国演义》《两汉演义》《隋唐演义》之类；有"公案书"，如《包公案》《彭公案》等；有"神怪书"，如《西游记》《济公传》《封神演义》之类。也有说《聊斋》的，《聊斋》虽然也是神怪故事，但多优雅的爱情篇章，很不好说，过俗失作品原意，过雅听客不易明白，须雅俗共赏。有的艺人却说得很好，把鬼狐故事说成人间世态炎凉，听客们在饮茶中遨游于人间地下与天上，似乎与茶的气氛更容易一致。

天桥一带的书茶馆，主要是曲艺，什么梅花大鼓、京韵大鼓、北板大鼓、唐山大鼓、梨花大鼓，种类很多。曲艺虽也说书讲故事，但大多为片段，除了选取大部评书的段子外，还有些应时应景新编的故事，如《老妈上京》《辞活》《红梅阁》等。

书茶馆，直接把茶与文学相联系，给人以历史知识，又达到消闲、娱乐的目的，于老人最宜。记得新中国成立初，鼓楼还有这类书茶馆，我的外祖母常由一位拉三轮的老邻居由黄化门带到鼓楼，老人家一听书便是一下午，傍晚拉车的大伯便把她捎回来，家中请老伯进几顿晚餐，算是对他的报答。如今北京老年人问题越来越多，倘若能兴起这种书茶馆，老人们也可以有一个去处了。

2. "清茶馆""棋茶馆"与北京人的游艺活动

书茶馆里市民文化的味道虽浓，但毕竟单调一些。为适于各种人清雅的娱乐，北京还有许多清茶馆。这些地方确实是专卖清茶的，饮茶的主题较为突出，一般是方桌木椅，陈设雅洁简练。清茶馆皆用盖碗茶，春、夏、秋三季还在门外或内院高搭凉棚，前棚坐散客，室内是常客，院内有雅座。茶馆门前或棚架檐头挂有木板招牌，刻有"毛尖""雨前""雀舌""大方"等名目，表明卖的是上好名茶。每日清晨五时许便挑火开门营业。到这种茶馆来的多是悠闲老人，有清末的遗老遗少，破落子弟，也有一般市民。北京的老人有早起锻炼的习惯，称为"遛早儿"。朝日未出即提了鸟笼子走出家门，或是城外苇塘之边，或是护城河两岸，挂上鸟笼子，打打拳，伸伸手脚，人与鸟都呼吸够了新鲜空气，便回得城来，进了茶馆。把鸟笼顺手挂于棚竿，要上壶好茶，边饮茶，边歇息，边听那鸟的叫声。鸟笼里的百灵、画眉、黄雀、红靛、蓝靛等便开始叫了起来。这些鸟儿经过训练，不仅发出本音，而且会模仿喜鹊、山鹊、老鹰、布谷、大雁、家猫的叫声，可有十几套叫法。于是老茶客们开始论茶经、鸟道，谈家常，论时事。在茶与自然的契合上，北京的老茶客有自己独特的创造。清茶馆的老板为招揽顾客，还帮助知名的养鸟人组织"串套"，即进行"茶鸟会"。老板要向老人发出花笺红封的请帖，又于街头"张黄条"，至时养鸟者皆来参与"闻鸣"。老人们以茶会为怡乐，茶馆也利市百倍。而到冬天，茶客们除取暖聊天外，又养蝴蝶、斗蛐蛐，用茶的热气熏得蛐蛐鸣叫，蝴蝶展翅，于万物萧疏之时祈望着新的生机，给老人们的暮年生活增添了不少情趣。这也算北京的一绝。中午以后，清茶馆里的老人们早已回家休息，于是又换了一批新茶客，主要是商人、牙行、小贩。他们可以在这里谈生意。

北京还有专供茶客下棋的"棋茶馆"，设备虽简陋，却朴洁无华，以圆木或方木半埋于地下，上绘棋盘，或以木板搭成棋案，两侧放长凳。每日下午可聚茶客数十人，边饮茶，边对弈。北京人，即使是贫苦人也颇有些风雅之好，这棋茶馆中以茶助弈兴，便是一例。喝着并不高贵的"花茶""高末"，把棋盘暂作人生搏击的"战场"，生活的痛苦会暂时忘却。茶在这时，被称为"忘忧君"是名副其实了。

3. 与园林、郊游结合的"野茶馆"和季节性茶棚

北京人爱好郊游，春天去"踏青"，夏季去观荷，秋季看红叶，冬天观西山晴雪。还有些老人爱郊外的瓜棚豆架、葡萄园、养鱼池。于是，在这些地区便出现了"野茶馆"。这些茶馆多设在风景秀丽之地，如朝阳门外的麦子店，四面芦草，环境幽僻，附近多池塘。许多养鱼把式常到这里捞鱼虫。每当夕阳西下，老翁们扛着鱼竿行于阡陌之间，便渐渐向这茶馆走来。又如六铺炕的茶馆，处于一片瓜棚豆架之间，茶客们到这里，看着那黄瓜花、茄子花，黄花粉蝶，一派田园风光，大有陆放翁与野老闲话桑麻的乐趣，在这种地方饮茶，人也便感到返璞归真了。朝阳门外还有个葡萄园茶社，西临清流，东、南皆菱坑、荷塘，北有葡萄百架，并有老树参天，短篱环绕。于是，文人们看中了这块地方，常来此处进行棋会、谜会、诗会。

老北京的好水十分难得，城内多苦水，只有西北部山泉才甜美，所以清代宫廷用水皆取于玉泉山。因此，一旦发现好泉水，自然成了野茶馆的最佳场所。安定门外有所谓"上龙"与"下龙"，便是既为风景好，又因水质好而兴起的茶馆。上下龙其实不过相距百步。清代此地

有兴隆寺，寺北积水成泊，大数十亩。庙内又有三百年树龄的"文王树"，花开时香布满院。寺外有一口好水井，甘甜清澈。这是一个集文物、风景、好水于一处的饮茶佳地。于是茶老板在井侧搭下天棚，卖茶兼卖酒，还卖馒头。小小一座土房建于土坡之上，可临窗小饮，看着那寺里的老树，池中的菱苇，井边的老树，西山的落日；听着那古刹钟声，乡间的鸡鸣、犬吠；喝上一杯"上龙"井水沏出的清茶，人间的苦辣酸甜便尽在其中了。至于高粱桥畔、白石桥头，则因清代游船所经过而兴起。这些野茶馆，使终日生活在嚣闹中的城里人获得一时的清静，对于调节北京人的生活大有裨益，又使饮茶活动增添了不少自然情趣，虽不如杭州西湖茶馆的幽雅，却更多了些质朴，与中国茶道思想的本色似乎更为接近。

同类茶馆，还有公园里的季节性茶棚。这种茶棚以北海小西天最著名，茶棚临水而设，举杯可啜茗，伸手可采莲。饥时又有杏仁茶、豌豆黄、苏造肉可吃，能坐上半日也算福气。

4. 与社交、饮食相结合的"大茶馆"

老北京的大茶馆是一种多种功能的饮茶场所。在大茶馆里，既可以饮茶，又可品尝其他饮食，可以供生意人聚会、文人交往，又可为其他三教九流，各色人等提供服务。从老舍先生的名剧《茶馆》，我们可以看到老北京大茶馆的模型，而今天的前门"老舍茶馆"也使我们看到大茶馆继往开来的局面。正因为大茶馆功能多，服务周到全面，所以曾经十分"走红"。

北京的大茶馆以地安门外的天汇轩最为著名，其次是东安门外的汇丰轩。

老北京的大茶馆布置十分讲究。大茶馆入门为"头柜"，负责外卖和条桌账目。过了条桌即"二柜",管"腰栓账目"。最后称"后柜",管理后堂及雅座。三层柜台各有界地,接待不同来客。有的后堂与腰栓相连,有的中隔一院。

大茶馆茶具讲究,一律都用盖碗。一则卫生,二则保温。北京人讲礼仪,喝茶要不露口,碗盖打开,首先用于拨茶,饮时则用于遮口。在这种茶馆里饮茶,可以终日长饮,中午回家吃饭,下午回来还可接着喝,堂倌儿会把您的茶具、茶座妥为照应。

北京的大茶馆,以其附设服务项目而分,又有红炉馆、窝窝馆、搬壶馆等类别。

红炉馆是因设有烤饽饽的"红炉"而得名,专做满汉点心,北京人称之为饽饽。但比一般饽饽馆做的要小巧玲珑。什么大八件、小八件,样样俱全。边品茶,可以边品尝糕点。

窝窝馆专做小点心,更合民间日用,北京的艾窝窝、蜂糕、排叉、盆糕、烧饼等,皆随茶供应。

搬壶馆放一把大铜壶为标志,介乎红炉馆与窝窝馆之间,雅俗共赏。

还有一种大茶馆叫作"贰浑",是既卖清茶,又卖酒饭的铺子。所以取名"贰浑",是因为既可由店馆出原料,也可由顾客"带料加工"名为"炒来菜"。如西长安街曾有座贰浑馆叫"龙海轩",是教育界聚会之所。清末保定新型学堂骤起,学界常有京保之争。每有纠纷,京派人物便到茶馆来聚,饮上几道茶,又添几道菜,开一个校长联席会来商议对策。所以有人称京派叫"龙海派"。

大茶馆集饮茶、饮食、社会交往、娱乐于一身,所以较其他种类茶馆不仅规模大,而且影响也长远。这便是时至今日"老舍茶馆"一兴便受到各界欢迎的原因。在这里，茶，确实仅仅是一种媒介，茶人之意不在茶，茶的社会功能超过了它的物质功能本身。

三、从北京的茶园、茶社看传统文化向现代文明的演进

在中国饮食文化中，向有茶酒地位高下之争。无论对酒的感情如何，在理性上，中国大多数人是把茶放在酒之上的。这既与中国人沉静、文雅的性格有关，也符合长期农业社会和田园生活的要求。然而，时代在前进。近代以来，中国社会剧变，打破以往的封闭与静谧。人们虽仍保持温雅的性格，但更增加了开发的一面。北京的市民茶文化也随着时代的前进表现出新的特征。这从清末民初的北京茶园、茶社便看得十分清楚。

早在清代，北京人就有把戏院称作茶园的习惯。老的戏院，戏台多置于观众之中，座位多是长条桌凳，竖向舞台放置，观众可以一边品茶，一边听戏。看戏虽然要侧身扭躯，多了些劳苦，但边品茶，边听戏，却少了些紧张，多了些闲情逸致。这与老戏的内容有关。旧戏不像现代戏情节那样紧张多变，戏迷们与其说"看戏"，不如说"听戏""品味儿"。端一盅茶，眯上眼睛，随着乐器节拍，听着"名角儿"的唱腔，一板一眼都在心中琢磨。这时，茶的沉静、悠远的特点，更容易与剧场的气氛协调。所以，清末不少卖清茶的地方改成了与戏剧相结合的"茶戏园"。

如前门外的广和楼，原是一查姓盐务巨商的私人花园，邻近前门闹市，姓查的好热闹，便把花园改成了茶园。最初只卖清茶，后来加盖了

小型戏台，说评书，演杂耍、八角鼓、莲花落。光绪年间，广和茶园重新修建，扩展戏台和座位，能坐八九百人，曾邀请北京许多名伶在此献艺。民国巨变，提倡男女平等，正是在北京的茶园里，北京妇女首次走向社交场所。广和茶园里，民国八年加夜戏，楼上专卖女座。民国二十年后方男女合座。现在的广和剧场即其旧址。再如阜成茶园、天乐茶园、平乐茶园、春仙茶园、景泰茶园……都是这种性质。

景泰茶园地处东四牌楼隆福寺街东口。它不仅具有一般茶园的特点，卖茶兼演戏，而且对饮茶本身也十分讲究。茶园专沏所谓"铁叶大方"和"三熏香片"，很受茶客欢迎。园内还代卖茶蛋、炸豆腐、落花生、瓜子等小吃。一个小小的戏台，坐南朝北，全场可容三百人。

所以，北京的戏场可以说大多由茶园转化而来。茶是北京戏剧由宫廷和达官贵人的斋院中走向社会的一个媒介。特别是在民国以后，茶园受到广大市民的普遍欢迎，又是通向近代文明的窗口。因此有的茶戏园直接起名为"文明茶园"。

票房与茶社也是北京茶文化中的一枝独秀。

北京人不仅爱看戏，还爱自己演戏。三五好友，约来聚会，置办行头，各领角色，配上鼓乐管弦，便是一场小戏。专门进行这种活动的场所叫票房，参加这种活动的朋友叫票友。票友们是一些业余艺术家。

票房里的一种重要活动便是茶会。豪门大家有喜庆之事，可约票友去清唱。至时票房有专人挑了担子去布置。这挑子，一头是特制的大铜茶壶，装满沏好的茶水；另一头才是"行头"道具。大茶壶，表示自带茶水，不扰事主茶饭，纯粹"玩票"，更不接受任何报酬。茶的"养廉"德行又被应用到业余艺术家们的自我要求之中。此后，北京又出现不少专门为票友提供活动场所的"清唱茶楼"和"茶社"。许多机关、团体也建起了票房。如电车公司、邮政局、京汉铁路、故宫博物院、交通大学、辅仁大学、中国大学等，都有票房。几杯清茶，把许多艺术爱好者聚在一起，发清声，探艺海，既活跃了北京人的生活，又培养了不少人才。茶对北京文化诚有大功者也！

以后，茶社的活动内容进一步扩展，不仅是京剧票友的活动场所，而成为各种特殊爱好者的聚会之地。如东顺和茶社，位于地安门外义溜河沿。茶社主人是程砚秋三哥程丽秋的岳父。所以，不仅一般票友来此，程砚秋先生也常来这里品茶听唱。该社临近什刹海，楼西为燕京八景之一的银锭观山。碧水清波，绿柳夹岸，茶社小楼掩映其中。楼西又有集香居酒楼，茶酒比邻为友，引来不少文化人。如围棋国手崔云趾、汪云峰、金友贤等，曾在这里组织棋会。有时还在茶社举行灯谜会。茶与各种文化活动通过茶社结合起来。

边疆民族茶文化

　　中华民族是一个多民族大家庭，中华文明是各族人民长期共同创造的。茶文化也同样如此。我国云贵高原本来就是茶的原产地，历史上关于神农尝百草的记载尚属传说，若根据正式文献和可考的历史来讲，我国使用茶则应从武王伐纣，巴蜀小国向武王进贡开始。周初巴蜀尚被称为"蛮夷之地"，即华族以外的少数民族。而巴蜀之茶又是由云贵原产地北传而来，云贵用茶自然又会早些。按以往的传统观点，认为中原地区既是中华人类的发源地又是中华文明的源头。所以，不论南方与北方，出现红陶便认为是仰韶文化的支流；出现黑陶便认为是龙山文化的分支。在这种传统观点的支配下，许多边疆地区与边疆民族的独立创造便被一笔勾销了。在四川等地流传着诸葛亮在这一带发现茶树、使用茶的记载，把大茶树称为"孔明树"。这自然说明诸葛亮对开发西南地区和民族文化交流上做出过重大贡献，所以受到各族人民的共同尊敬与热爱。但就茶而言，却并非由于孔明的入川才被发现与使用。就茶上升为文化现象而言，中原地区确实做出了杰出的贡献，但边疆民族同样有自己特殊的创造。现代考古学已经证明，我国有多处人类发源地。20世纪20年代，还只是发现了"北京猿人"的遗址。新石器时代考古也是以黄河中下游为中心。而近一二十年的考古发现，早已突破了中华文明黄河唯一中心说。云南元谋人距今已有一百七十万年的历史。1988年，四川巫山县龙坪村又发现了距今二百万年的古人类化石。此外许多地方也有古人类遗址发现。而新石器的遗址，目前已发现七千余处。其中经过正式发掘的也有上百处。这就是说，我国周边地区不仅有中华人类的发源地，而且人类文明得到延续发展。夏、商、周之后中原华族文明确实起到排头兵的作用，但并不能否认周边民族在与中原并肩前进的历程。中原王朝创造了以儒家思想为主导的茶文化，其他民族也有自己的茶文化。边疆民族茶文化接受过汉民族和中原地区的影响，而汉族茶文化，未必没有接受过边疆民族的文化思想。我们在谈民间茶道古风时便列举了许多云南少数民族的事例，其他边疆民族同样在饮茶过程中贯彻着自己的民族精神。正是由于南北东西中，各族人民的共同努力，才构成中华茶文化光辉的整体。因此，不仅是在物种发源的角度和采风问俗的角度上应对周边民族加以重视，而且就中国茶文化的总体结构而言，也不可对少数民族茶文化稍加忽视。我们在以上有关章节中已涉及边疆民族，但这还不够，我们还应对边疆各民族茶文化有个总体认识。

一、云贵巴蜀茶故乡，古风宝地问茗俗

云贵巴蜀之地是我国西南少数民族聚居之地，这里不仅是茶的原始产地，而且有丰富的茶文化宝藏。特别是在近代中原传统茶文化走向衰落的情况下，这个地区由于民风古朴，受外来文化冲击较少，遗留下许多茶道古风。这些文化风习有汉族的某些影响，但更多的是边疆人民的独立创造。有关资料表明西南地区不仅是茶的原产地，就创造茶的社会文化现象来说，并不一定比汉族地区晚。所以，这一地区是一块亟待发掘的茶文化宝地。

云贵高原既然是茶的故乡，这一地区用茶的历史当然应当比中原要早。许多材料证明，西南各民族知茶、用茶、种茶的历史相当久远，其悠久的程度甚至伴随着这一地区最古老的文明史而来。云南基诺族关于"尧白种茶分天地"的故事便证明了这一点。汉民族有女娲抟土造人的传说，基诺族同样有一个女祖先，是一位叫尧白的女子。这反映了人类社会从母系制开始的历史足迹。基诺人传说，在很古很古的时候，尧白不仅创造了天地，而且分天下土地给各族人民。基诺人不喜纷争，不来参加分天地的大会，尧白虽然很生气，但又担心日后基诺人生计困难。于是她站在一个山头上，抓了一把植物种子撒下去，从此基诺族居住的龙帕寨土地上便有了茶树，基诺人便开始种茶和用茶，他们居住的高山成为云南六大茶山之一。传说固难当作信史，但汉族的历史同样是由传说开篇。尧白分天地，反映了这一地区氏族部落间的斗争，尧白种茶的故事，把该地区种茶的历史推演到人类文明的原始阶段。

从茶的应用和制作来看，西南民族也应早于中原。茶史研究者大都认为，人类用茶有一个从药用、食用到饮用的过程。基诺族至今以茶为菜，流行所谓"凉拌茶"。当你来到基诺人的村寨里，基诺人会立即采来新鲜的茶叶，揉软、搓细，放在大碗中，再加上黄果汁、酸笋、酸蚂蚁、白生、大蒜、辣椒、盐巴，做成一碗边寨风味的"凉拌茶"请你品尝。这与现代大饭店里的"龙井虾仁"不可同日而语，而应看作茶为菜用的遗风。

以茶的制作方法来说，最初也应是从边疆民族中传入中原地区的。

周初的巴蜀小国向武王所进茶叶如何制造不得而知。仅从唐代陆羽详细记载茶的制法来看，中原早期的制茶方法有烤制散茶（或称炙茶）和紧压穿孔便于保存的饼茶。《茶经》谈到茶农生产的饼茶，也谈到文人墨客临时饮茶在山林间采茶、烤炙的情形。炙茶之法，须将茶之至嫩者蒸罢热捣，使叶子柔软而芽笋形状犹存，然后烤炙，以纸囊贮存。至于大量运输、贮存，则以模型压制的圆形穿孔饼茶为便。唐代长江流域流行的这些制茶方法当有其源流，陆羽只不过叙其客观情况而已，并不能证明制茶之法源于中原。从茶叶的流布情形看，很可能是先由西南民族地区兴起而后才流入中原的。我们这样说，并非完全是理论上的推定。至今云南地区流行的一些原始制茶方法便是佐证。

在彝族、白族、佤族、拉祜族等不少民族中，流行"吃烤茶"的习惯。烤炙方法有罐烤、铁板烤、竹筒烤等多种，如拉祜族，是用陶罐放在火塘上，加入茶叶进行抖烤。待茶色焦黄时即冲入开水，烧出的茶香气足，味道浓。佤族人称烤茶为"烧茶"，是先把茶放在薄铁板上烤，然后用开水冲泡。白族烤茶方法与拉祜族大体相仿，只是在茶中又加入糖、米花等佐料，而且加上许多文化意义，有所谓先甜、后苦、三回味等礼数。这就是有名的白族"三道茶"。云南四季如春，当地人民现采、现烤、现吃更符合生活实际。所以，在唐代文人眼中为风雅之举的炙茶之法，在茶的故乡可能早就是普遍的生活习俗。文化，特别是物质文化，华丽的外表加到一定程度便会返璞归真。从云南烤茶风俗中，我们似乎更多看到茶的原始生产制作方法。

同样，云南地区一些少数民族流行的"竹筒茶"也很值得注意，它可能是由散烤到紧压的过渡形态，如傣族的竹筒茶便是一个例子。当你登上傣族的竹楼，身着筒裙、腰束银带的少女会立即来欢迎，傣族波淘

（老大爹）就要用竹筒茶招待你。姑娘将茶装入新砍回的香竹筒，老波淘又把它放在火塘上用三角架烘烤。用这种方法烤茶，不是使其焦，而是起到软化、蒸青的作用。约六七分钟后，以木棒将茶冲压一次，又填入新茶，这样边烤、边冲、边填，直至竹筒内压紧、塞满为止。待烤干后，剖竹取茶，圆柱形的竹筒烤茶便制成了。掰下少许烤干的茶叶放入一只只碗中，冲入沸水，一杯既有竹的清香，又有茶叶芬芳的茶汤就敬献到客人面前。从这套操作技艺中，我们既看到唐代炙茶的遗风，又可看到"紧压茶"的原始形态。唐代长江流域已流行制穿孔的饼茶，为圆形，这或许是由边疆民族的竹筒烤茶演变而来。只不过边疆人民用了更自然而原始的工具——竹筒，而中原地区则以模型压制。

从以上几例，我们可以看到茶为菜用、烤制、紧压等制作方法的原始形式。茶从云贵高原发源，然后沿江入蜀，又顺长江走出三峡而至两湖等地，其产地的原始初民想必有一套制作方法。有边民的酸蚂蚁凉拌茶，也就有了中原以茶为菜；有边民的罐烤、铁板烤、竹筒烤，才有了陆羽的炙茶之法和今人的烤青法；有了竹筒烤压的圆柱形茶，才有唐代穿茶、宋元团茶和今人的砖茶、沱茶。从对云南少数民族饮茶习俗的考察中，我们惊奇地发现，那里简直是一个活的中华茶史博物馆。云南的古人类发现，已经引起海内外的震动，而其他考古发现又证明，那些古人类出现以后，并未停止前进的脚步。当那些古人类一步步迈进文明的门槛后，同样又做出了许多杰出的创造与贡献。封建社会里长期宣传大汉族主义，鄙薄少数民族的创造，是统治阶级的偏见。云南各民族饮茶的历史进一步证明"各族人民共同创造了中华文明"这一重要观点。

或许有人说："用茶之法、制茶之法可能来自西南少数民族，而茶的礼仪、文化则是汉民族的创造。"汉民族在这方面固然做出了杰出贡献，并加以规范化，但若以为边疆民族饮茶"不知礼""没文化"就又错了。我们在介绍饮茶与婚俗时，曾列举了许多云南少数民族的生动事例，其实，不仅是婚俗，在以茶待客、以茶交友等方面，边疆民族更重礼数。人们常说，茶用于祭祀表明从物质现象到社会文化的飞升。而这一现象，并不一定只是中原汉民族的创造。有关材料证明，西南边疆民族，不仅把茶与他们的始祖开天辟地联系起来，而且很早就把茶作为最圣洁的东西用于祭祀活动。

在云南南糯山，居住着哈尼族。云南茶学界的人士，把哈尼族的诺博（茶叶）文化称为云南茶文化的摇篮。我觉得，把这里称为整个中国茶文化的发源地也并不过分。在云南许多古老的茶区都有孔明教种茶树的传说，正确的说法或许应为"孔明发现、促进云南人种茶"。若从孔明入滇南征计算，云南种茶起码有近两千年的历史了。而根据基诺人的传说，当地种茶则应从母系制社会，即更早的年代开始。云南许多民族对茶有独立的称谓，如布朗族称茶为"腊"，傣族也称"腊"，今勐腊县即因有古六大茶山而得名。这说明云南各民族对茶的认识并非由汉族而来，恰恰相反，在不知汉族有"茶"的称呼之前便有自己的习惯称谓，后来又长期阻隔，所以才保持了自己的独立名称而未被同化。哈尼族的"诺博"，也是同样原因而来。但"诺博"的含意，并不是某种植物，而是一种理念，代表虔诚的祭祀和奉献、祝愿。哈尼人无论祭天神、地神、山神、家神祖宗，其主要内容都是"诺"。而"博"，则含有发展、发达、吉祥等意。"诺博"，便是奉献吉祥之物。茶叶被取了这样一个名字，在某种意义上说，比汉族的"茶"字，社会文化含意还要蕴涵得深广。从对哈尼族各种礼俗的考察也确实表明，茶绝不是被当作一般物质生活用品来看待。南糯山哈尼族办许多重要事情都离不开米、蛋、茶。米是基本生活需要，蛋代表繁衍、生息，而茶是表示奉献。盖新房，要把米、茶、蛋先献祖先诸神，新开土地、砍榅木，也要如此。吊丧、婚嫁、招魂、庆典，同样是这三件东西。在这里，茶是与祖先、鬼神交通的媒介。南糯山长期以来是以森林农田混合经济为特点，茶在农林生产中占有突出地位，对茶的崇拜包含着对原始经济的崇拜。到清雍正年间，西双版纳的"六大茶山"，"周八百里，每年入山作茶者数十万人"，"人民衣食，仰给茶山"。在这种情况下，茶被尊崇是理所当然的。

至于以茶敬客，更是西南各少数民族的普遍礼俗，他们甚至比汉民族更重用茶。侗族以"油茶"待客。油茶是用茶叶、糯米、玉米为原料加油而成，不仅制作方法十分讲究，而且饮用礼仪认真，在举火、献茶、饮用方面都有规矩。居住在鄂西地区的土家族，流行"敬鸡蛋茶"，茶油中打上荷包蛋，蛋的数量少不过三，多不过四，才算对客人的最高敬意。因为，土家人认为，吃一个为独吞，吃两个为骂人，吃五个是"销五谷"，吃六个是"赏禄"，吃七个、八个、九个则是"七死、八亡、九埋"。故以三四个蛋敬客既无居高"赏禄"之嫌，又最吉祥合礼。爱伲人的"土锅茶"有甘苦共享之意。可见，并非边疆民族"不知礼"，"没有茶文化"，而是各有各的礼仪，各有不同的文化风采。

二、历史悠久、内容丰富的藏族茶文化

【文成公主与藏民饮茶的历史】藏族饮茶的历史可追溯到唐代，

即7世纪中叶，至今已有一千三百多年。谈到藏民饮茶不能不使人想起汉藏友谊的使者文成公主。公元633年，西藏赞普松赞干布平定藏北战乱，为加强与中原政权的联系，派使臣到长安，请求与唐王朝联姻。后唐太宗决定把宗室之女文成公主嫁给松赞干布。文成公主入藏时携带了大量工匠和物资，据说仅作物种子即达三千八百种，同时引入冶金、纺织、缫丝、造纸、酿酒等技艺并从此将饮茶习俗带入西藏。唐代正是中原茶文化成形的时期，大量唐人入藏不仅带入饮茶之法，而且带入茶的礼仪和文化内容。唐代部分地区称茶为槚，至今藏语的"茶"字仍沿用"槚"，正说明藏民饮茶确实是自唐代开始的。唐朝人李肇曾作《唐国史补》，其中记载："常鲁公使西番，烹茶帐中，赞普问曰：此为何物？鲁公曰：涤烦疗渴，所谓茶也。赞普曰：我此亦有。遂命出之，以指曰：此寿州者，此舒州者，此顾渚者，此蕲门者，此昌明者。"这说明经过文成公主进藏后近二百多年的发展，藏族王室对中原茶的了解已经很多。西藏山南地区一直流传着一首《公主带来龙纹杯》的民歌，歌词中说："龙纹茶杯呀，是公主带来西藏，看见了杯子就想起公主慈祥的模样。"这说明，文成公主不仅带去了茶叶，而且带去了茶具。唐代流行饼茶，宋朝进一步改进为精制的龙团凤饼。而藏族人民却把龙团凤饼传入西藏的功绩记在文成公主的身上，他们说是文成公主把龙团凤饼带去，并教会他们碾茶、煮茶。每当藏民向客敬茶时，便会向你介绍，公主如何教会了吐蕃妇女熬奶茶、做酥油茶。不论这些民歌与传说是否有夸张成分，文成公主把中原茶艺传入西藏是肯定的。

此后，五代十国的前蜀、后蜀及宋王朝都与藏民进行茶马交易，使中原饮茶之俗进一步向西藏流传。历史上的藏民大部分以游牧为生，多食乳酪，又少蔬菜，茶易化解乳肉，补充无蔬菜之缺憾。高原空气干燥，饮茶不仅能生津止渴，还能防止多种当地常见病，故官民皆乐于用。所以，藏民不仅把茶看作一般饮料，更视为神圣之物，认为"一日无茶则滞，三日无茶则病"。

【藏族寺院茶文化】在中原茶文化的发展中，佛教曾起过重要作用，藏族地区由于笃信佛教，更重视佛事中的茶事。人们往往把茶与神的功能联系在一起，藏民向寺庙求"神物"时，有药品，有"神水"，还要有茶。拉萨大昭寺至今珍藏着上百年的陈年茶砖，按理说早已是无用之物，僧人们却视为护寺之宝。可见，藏民看待茶，甚至比汉族还要神圣。茶既然被看作佛赐的神物，至洁至圣的东西，其礼仪态度自然更为庄严。曾有一位到过西藏的西方传教士，在他的书中这样描绘藏族寺院茶文化："西藏饮茶法，足以惊人。当时系品质优良之茶砖，五块值银一两。茶壶皆为银质。在喇嘛之漆台上，所放之茶壶及茶碗，皆用绿玉制成者，衬黄金色之茶托，甚为华丽。尤其以宗教及文学中心之喀温巴穆大喇嘛庙中为最。此庙聚集四方之学生及甚多之巡礼者，开大茶会。笃诚信仰之巡礼者，用茶款待全体喇嘛。事虽简单，然而为非常之大举动，费用浩大。四千喇嘛，各饮两杯，须费银五十六两。行礼仪式亦足惊人。无数排列之喇嘛，披庄严之法衣而静坐，年轻人端出热气腾腾之茶釜，施主拜伏在地，就分施给大众，施主大唱赞美歌。如巡礼富裕者，茶中加添面粉之点心，或牛酪等物。"

以上材料起码说明几点：

1. 茶在藏族寺庙中被加上某种神秘的色彩，其思想、精神含意甚至更大于物质意义。在中原寺院或道家茶道中，虽然也结合佛事、道教活动，但主要是以其助修炼打坐，防止瞌睡；而在藏族寺院里，则全被看作与神水、宝器相当的圣物，其圣洁的象征又被提高了一步。

2. 藏族寺院的茶艺是十分讲究的，单就茶具一节，虽不能与中原王室相比，而绝不亚于一般汉族富家大室。茶汤以大釜来盛，与寺院施舍活动结合，既吸收了中原茶道中雨露均施的思想，又包含了佛教观念。

3. 藏族寺院茶仪规模巨大，礼仪庄严，非中原地区唐初僧人自相怀挟，到处煎煮而能比拟。这种大规模茶宴可能是接受宋代大型寺院茶宴的影响，也可能是藏族人民自己的创造。茶宴上要行佛教之礼，唱赞美歌，有主持人，礼仪性质远超过应用。中原禅宗茶宴用茶主要是强调以茶调心清思，发挥人自身的作用而明心见性。而藏族寺院用茶则直接看作彼岸神灵赐予的灵物，更具有客观唯心论的特点。这也正是被改造过的汉化佛教与青藏地区更接近佛教原生形态的喇嘛教之间的重大分野。

【酥油茶、奶茶待客与藏民的节日习俗】在藏族上层人物中，也有喝"毛尖""芽细"者，但一般百姓无论平民或普通喇嘛僧，主要是饮康砖、茯砖、金尖和方包茶。烹调方法，无论农牧区均饮酥油茶、清茶，牧区还流行奶茶。

酥油茶是藏族人民主要佐餐饮料。一般藏民清晨先要喝几碗酥油茶才去工作或劳动，由早至晚要饮五六次。酥油茶不仅日常用，也是藏民主要待客之礼。每当有贵客到来，先要精制醇美的酥油茶。其做法是，首先将砖茶捣碎，放入壶中熬煮，浸出浓郁的茶汤，趁热倒入一米多高的木桶内，放入酥油和盐巴，用木棒上下捣动，这时，茶与水及酥油盐巴便融为一体。捣好后再入壶加热，便成为清香可口的酥油茶了。有尊贵客来，常先敬哈达，然后便请坐，献酥油茶。饮这种茶，十分重礼仪，主人要边喝边添，总使客人碗中油茶丰盈。客人则千万不要一饮而尽，而要留下半碗等待主人添茶。如果主人把你的碗添满，你已不能再喝，便不要再动，直至辞别时再端碗一气饮下，表示对主人的答谢和满意。

有些藏民也用奶茶待客。牧民格外好客，无论熟友新客，只要进了帐篷，主客相揖后主妇便会立即捧来奶茶相敬。接着，又摆下人参果米饭和包子等许多食品，盘上还要盖上哈达以示尊重。最尊贵的客人来，还要上手抓羊肉和大烩菜。

藏族人民把来客敬茶视为最高礼仪。1956年中央人民政府派代表去祝贺西藏自治区筹委会成立，在隆重的仪式中，西藏地方政府官员代表达赖喇嘛和班禅额尔德尼便向中央代表团献酥油茶，以表达藏民对中央的崇高敬意。

茶在藏族人民心中是友谊、礼敬、纯洁、吉祥的表现。所以，饮酥油茶、青稞酒是藏民节日活动的重要内容。藏历七月的"沐浴节"、甘肃藏民的"香浪节"、预祝丰收的"望果节"、甘南牧民的"跑马节"、四川草地的"藏民节"等，在欢快的歌舞中，总要饮青稞酒，喝酥油茶。青海塔尔寺还有专以茶为主题的"酥油茶灯会"。

在滇西北的中甸地区藏民中，还有一种特殊的茶会——中甸对歌茶会。农闲时，青年男女有意在山野小路上流连，未婚的男女相逢，双方各推一人为代表，以抢头巾或帽子为由相互追逐离开人群，去商议对歌茶会的时间地点。至时，客人一到，主人便高歌道："高贵的客人哟，我们不怕说脸皮厚，请你们光临，在我们的寒村哟，与我一道吃茶。你们能答应，便是我们的光彩啦！"这时，被邀的客人要客气地答唱："啧啧！高贵的人们哟，给我们这样的荣誉，我们受不了，还是另请姑娘吧！"这样，便引来对歌的话头，一碗茶接着一支歌，直到对方答不出，比出个胜负。

藏族人民把茶用于人生的各种礼俗，无论生育、结婚、丧礼、宗教仪式都极重茶。生下儿女首先要熬茶，茶汁新鲜表示儿女英俊。婚宴上要大量熬茶，茶汁鲜艳示意婚姻美满。丧礼中也要熬茶，但茶汁要求暗淡，表示哀悼。茶被视为美好、洁净之物，藏族妇女拜见喇嘛时脸上要涂上糖或奶茶，否则要遭罚。

总之，茶在藏族人民中，不仅是生活之必需，而且具有十分丰富的文化内涵，我们称之为"藏族茶文化"并不是生拉硬扯，而是有名副其实的内容。

三、高山草原话奶茶

茶从云贵发源以后逐渐向外传布，其饮用方式大体沿着两种轨迹行进：一种是由药用开始，逐渐发展为清饮文化体系。如我国中原地区以儒家为主体的各种茶文化流派（包括道家及佛教禅宗茶文化），朝鲜、日本、东南亚儒家文化圈中的各个国家，大体都属清饮茶文化系统。另一种是从食用发展而来，构成调饮茶文化系统。如我国江南民间茶中添加佐料；西北地区的酥油茶、奶茶及西欧一些国家红茶加糖的饮用方法，都属于调饮茶文化系统。所以，有人提出西北地区草原文化可称"奶茶文化"，是有一定道理的。就饮食文化的类别而言，"奶茶文化"反映了我国西北地区以牧猎为主体、以乳肉为主要食物的生活方式与山林、农耕文化的结合。从某种意义上说，茶进入草原牧区对牧猎民族的生活起了划时代的作用。人们常说，靠山吃山，靠水吃水。人类的生存离不开其客观自然环境。西北的高山和草原，养育了无数的牛羊驼马，以乳肉为主给人以充分的热量，但却少了许多维生素。草原很少菜蔬，茶进入游牧民族生活，补充了人的基本需要。所以茶自唐代流入边疆以后，便成为西北人民时刻不可缺少的东西。正因为如此，自唐以降，历代王朝才可能通过茶来控制西北民族，茶马互市成为番汉交流沟通的重要渠道。清代以二郎山为界，限制茶的种植，藏民过二郎山者不得携带茶种，欲带出便要煮熟。而西北边民因此一项便必须寄于中原政府之麾下。且不谈这项政策所反映的政治意义，仅从饮食生活来讲便说明西北人民对茶急需到何种程度。

茶既然处于这样至高无上的地位，所以西北宗教界方把它看作宝物，与神明相联系。不过，西藏大昭寺中的镇寺之宝——康砖，以及藏族寺院中的大型茶宴，这种以清茶为供的文化思想，还只是贵族和宗教上层人物所为。从青藏到甘肃、新疆、内蒙古，广大牧民还是遵循了调饮茶文化系统，把茶与奶相结合，同时使用，因而奶茶便成为西北各民族最珍贵的东西。

在新疆维吾尔自治区，砖茶的消费量，每人每年平均是一市斤，而牧区和半农半牧区，每人每年则达五斤四两左右。维吾尔族牧民用茶的特点，是连茶叶一起吃下去。在新疆的许多民族中，一日三餐离不开馕和奶茶，有客来没这两件东西不算待客之礼。在新疆伊斯兰教的肉孜节和古尔邦节的节日庆典中，人们把茶叶作为礼品互相赠送，象征高尚的情操、真诚的祝愿和纯洁的友谊。伊斯兰教和回族在饮食中最讲究清洁和精美，所以，茶对回族来说，除生活需要之外也是洁净的象征。

在蒙古草原上，更是到处飘着奶茶的芳香。蒙古牧民长期过着毡车毛幕，逐水草而居的生活，不论迁徙如何频繁，都忘不了熬奶茶。笔者曾有幸在蒙古草原的西部领略蒙古奶茶的风味。那是在夏末时节，草原已泛出微黄，只有高山脚下避风处还水草青青。在辽代上京故地巴林左旗的东北，是辽朝盛世圣宗等皇帝的墓葬。墓区之南，一片起伏的山岗上散布着"出场"的蒙古族牧民和个别汉族牧民（他们也许是被汉化了的契丹后裔吧）的帐幕。我们的考察小队分别进入四五座蒙古包。如今牧民已有定居点，值钱的物品自然都放在定居点里，所以帐幕中陈设比较简单，北部高起地面尺余，形成自然的床炕，铺着毛毡，叠着花被。沿帐放些简单的用品。但在帐的正中突出地位却垒有一灶，上面放了一把大壶，里面盛满奶茶。这奶茶是事先煮好的，须先将砖茶捣碎，加水煮好，滤去渣滓，然后加入适量奶，继续煮，据说边煮还要用一把大勺频频舀起和冲入。这种操作，大有陆羽烹茶"育华""投华""救沸"的风格。客人到来，主人逊入，客人按身份次第坐于主人两旁，同来的蒙古族向导则坐于下首陪客位置，妇女在次下位操作。我们面前的毡褥上立即摆下小几，上面放有几个碗，分别盛有炒米、奶豆腐和盐与糖，然后女主人将一碗碗褐色的奶茶便端到我们面前。这奶茶的吃法与藏族酥油茶大体相仿，你不能一口饮下，而总要留一些让主人不断添加。一气饮完是最后的礼节，开头便一饮而尽不给主人留下频频敬客的余地，是不恭的。牧民饮奶茶一般是加盐，为表示对客的特别敬重，待客时则同时放下白糖与盐巴，任你选择添加，品尝咸甜的不同滋味。炒米类似内地的稷子，当地称糜子米。抓一把直接放到口中，半天嚼不烂，主人说了一番话，向导翻译说，可把炒米放在奶茶中一起饮用。奶豆腐不知如何制成，外形如特大肥皂一般，一大块一大块的，晾在帐幕上，吃上一小块，半日不觉饥饿。而待客则切作小方块，可蘸白糖食之。偶尔为之，这奶豆腐的味道实不习惯，但奶茶的芳香可解你味觉之苦，吃着这几样东西，我才进一步理解，为什么牧民们把茶视为生命。奶茶、奶豆腐、炒米都很不好消化，当地草木葱茏，却未见一点菜蔬。据说，奶豆腐到北京卖八九元一斤，而此地一小袋青椒可换取好几斤。既然菜蔬缺乏，茶便是帮助消化和增加维生素的唯一来源了。年轻的向导说："不仅牧民们每天三餐要喝奶茶，我这种'办公的人'，每天没有三次奶茶，第二天便觉头晕无力。"牧民饮奶茶，早、午便是正餐，晚上牛羊归栏，慢慢地品，才算喝奶茶。而炒米并不经常吃，是备远行或待客。奶豆腐是奶中精品，大饭店可做"拔丝奶豆腐"，当然也很珍贵。所以，奶茶便成为每日三餐主要食品了。主人尽到了情谊，客人说完所有祝福话，这最后一碗奶茶便可饮尽了。于是，客人施礼相谢，主人出帐送行，这"奶茶敬客"之礼才算完毕。走出帐幕，望着那蓝天、白云、牛羊、茂草，对草原上的"奶茶文化"又有了一层新的认识。

在蒙古草原上，奶茶不仅用于日常生活和待客，与其他民族一样，在重大节日里，同样被放在十分尊贵的意义上。如请喇嘛诵经，事毕要献哈达，并赠砖茶数片。每年秋季的甘珠尔庙会或盟、旗召开的那达慕大会，都要行奶茶之礼，会上交易自然更以砖茶为大宗。

西北地区其他少数民族，同样爱饮奶茶。茶在西北民族中也常用于婚礼，订婚彩礼，旧时是少不得砖茶的。

值得注意的是，由于西北民族多信佛教，而佛教与茶向有不解之缘，所以奶茶也是敬佛、敬神之物。中原儒家文人以茶自省，获得现实的精神力量；而西北各族以茶敬神与佛，从彼岸世界寻求未来的解脱。茶对精神世界的意义，为中华各族人民所共同注意，这在世界饮食文化史上也是十分罕见的现象。

四、满族对茶文化的贡献

满族起源于古代肃慎族系统，东汉称挹娄，魏晋称勿吉，隋唐称靺鞨，五代及辽称女真。此后女真灭辽建金王朝，清代的满族即女真后裔。女真人饮茶历史悠久，早在辽金之时便有用茶的习惯。宋人所作《松漠纪闻》曾记载辽末、金初的女真风俗，当时的女真族还大量残留母系制度遗风，男女相爱可自由相携而去，然后才回女家拜门，执妇婿之礼，谓之"纳彩"。女婿登门之时，女方无论大小皆坐于炕上，任凭女婿来拜，谓之"男下女"。但女方要盛情招待，食品中茶是必备物，另有酒、乳酪与蜜饯等。所以，女真人称节日食品和待客食品为"茶食"，这说明茶在女真人生活中的地位。

金承辽制，辽代契丹人多效宋人礼制，朝廷礼仪无论节日盛宴、帝后生辰，以及契丹人的原始礼仪拜天、拜日仪式中处处皆见"赐茶"之礼。女真人建金朝，据有淮河以北土地，部分产茶区亦入金境。南宋与金的贸易中茶亦为大宗，金朝的皇帝中也不乏著名茶人，如海陵王便会点茶之术。以此而论，茶在金代不应地位下降，而应上升才对。但在《金史·礼志》中，只有接待外国使节的"曲宴仪""朝辞仪"等礼仪中才有"茶饼入""茶罢""汤酒茶罢"等项，或称"果茶罢"。其余礼仪多不见茶。这是否说明金代女真人茶礼减少呢？究其原因，可能有二：一是金代女真人常把茶与糕点、果品、汤药结合在一起，作为饮宴中的"茶食"出现，故不单列一项。二是金代女真人确实不像契丹牧猎民族那样非茶不可。居住在森林中的民族较草原民族所需茶要少，维生素有大量果品等补充。所以金代与南宋贸易中开始茶的贸易额很大，而在大臣中确有认为"茶，饮食之余，非必用之物"而要求禁茶的。泰和六年（1206年）以前，金朝购茶岁费不下百万，这种巨大的支出迫使金朝下令禁茶，规定七品以上官员方能喝茶。但实际上是禁止不了的，金代北方城镇茶肆仍处处可见。朝廷接待来使，也不可少了礼数，所以仍行赐茶之仪。

满族兴起以后，北方各民族饮茶已蔚成风尚，茶又重新被女真的后代们所崇尚，加之康乾之后历代皇帝好茶成癖，满族饮茶之风亦大盛。满族对茶文化可以说做出了杰出的贡献。其贡献主要有三：

第一，是把清饮系统茶文化与调饮系统茶文化有机结合起来，把奶茶文化上升到与清饮几乎并驾齐驱的地位。清宫内帝后爱食奶制品，奶茶是重要饮料。康熙帝开始兴起的千叟宴上，第一步是"就位进茶"，膳茶房官员向皇帝父子所敬的首先是"红奶茶各一杯"，皇帝、太子饮毕，向大臣们赐的才是清茶。这证明，满族皇帝首先承继的是北方民族大量的奶茶嗜好，把奶茶入朝仪，与清饮并举，便肯定了调饮茶文化体系的重要地位。满族"旧俗尚奶茶，每供御用乳牛，及各主位应用乳牛，皆有定数，取乳交尚茶房，又清茶房春秋二季造乳饼"（《养吉斋丛录》）。乳与茶结合，是草原牧猎民族习俗，满族早期是森林采集、牧猎结合的民族，部分承袭了西北民族的习惯。而茶与食结合，做"茶饼""茶药"，饮茶配以食点，又是女真旧俗。由此看来，清代满族茶文化来源有三：一是继承辽金以来西北民族饮奶茶的风尚；二是沿袭女真人茶与果品、点心结合的"茶食""茶药""茶汤"之俗；三是承继汉族清饮之风。乾隆皇帝宫内日常生活和千叟宴上饮奶茶，但在茶宴、日常吟诗作画时皆好清茶，又成为儒家茶道的知己。所以，满族把中原、西北、东北各民族茶俗交融为一体。中国"正统"茶人多尚儒家清饮而鄙薄调饮、乳茶。但是，调饮系茶文化不仅在中国，在世界上的地位也是不容忽视的。据王郁风先生统计，"清饮系统"在世界上匡计人口在十三亿至十五亿，年销量在四十万吨到四十五万吨。而"调饮系统"在我国约有一亿人口，而在世界各国却达三十八亿至四十亿人口，可见，是轻视不得的。满族把奶茶放进宫廷与朝仪，大大提高了调饮文化地位。至今北京典型大茶馆多与饮食结合，便是清饮与调饮糅合交融的产物。而茶中加花香，虽属清饮系统，但与传统茶道也是相悖的。如果不属于偏见，就应该注意调饮系统是巨大需要这一事实。从这一点说，满族对茶文化是有创造性贡献的。

第二，清代宫廷爱饮花茶，因而使介于红、绿茶之间的花茶——半发酵茶得以迅速发展。在传统茶艺中虽轻视花薰，但民间却极爱好。半发酵茶对善变的中国茶艺进一步起了推动作用。清代八旗子弟以茶与花结合创出许多名堂，当时虽属有闲阶层无聊之举，但无疑丰富了中国茶艺的内容。

第三，在茶具上，清宫流行盖碗茶。这是由于满族地处北方寒冷地带，保温是饮茶的必需。盖碗茶既保温，又清洁；散茶冲泡，用盖拨叶；相对品饮，遮口礼敬，有多种功用，是茶具艺术中一大创举。

至于满族民间，家居闲坐，来客敬茶，更是寻常之举。总之，满族在各族茶文化的交融荟萃方面起了巨大作用，在茶艺、茶礼方面也有许多重要发展。

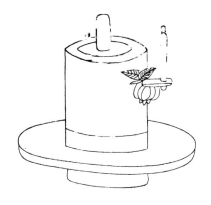

第四编

茶与相关文化

有人说，酒的性格如火，鲜明、热情、外向，但稍稍恣纵就易凶狠、暴烈，不够和平含蓄。而茶的性格如水，清幽、儒雅、隽永。又如高山云雾，又如七月巧云，又如清池碧波，可以抱山襄堤，内涵和容量那样大，你不可能一眼看到底，而总能品出各种滋味，不断生发各种新的意境。所以，酒虽然与文化结缘的不少，产生出酒诗、酒令、酒礼，还有不少文人成为酒仙，激发出热情的诗章，透着热情、豪放。但文人不会饮酒的还是多数，偶去酒楼、酒肆，但总觉多了些世俗的浓艳。且不说酒楼歌舞多俗媚，即便是杨贵妃醉酒，虽比街头醉汉的姿态要美，却总有些矫揉造作的成分。茶却不然，它特有的幽雅品格，使之常与各种文化结缘，与各种文化人结缘。著名诗人几乎都有茶诗，著名画家又有茶画，著名书法家有茶帖，中国大文人到后来很少有不与茶结缘的。不仅如此，民间艺术家也处处与茶结合，创造了茶歌、茶舞、茶谚、茶会、茶故事。这些与茶相关的艺术，无论是苍山洱海的茶歌，还是采茶姑娘翩翩起舞，都透着无限的清丽、质朴。如果从广义上的"文化"而言，茶与其他学科及社会生活搭界更多。为了饮茶，人们创造了各式茶建筑。为了财富，人们进行了大规模茶的贸易，由此又产生出茶榷、茶法，以及与边疆民族的"茶马互市"，成为中原政权控制边疆民族的一项大政策，从而使茶进入民族关系和政治领域。茶走向世界，又成为进行国际文化交流的重要媒介。茶本身的物质功能和茶艺、茶道等特殊文化现象，使它派生出其他相关文化。它们是中国茶道精神的外延，也是整个中国茶文化体系的组成部分，所以不能不予以充分的注意。没有这些相关文化的衬托，茶艺、茶道本身不可能发扬光大，也不容易在广大民众中得到广泛传播。卢仝一首七碗茶诗，引发了儒、道、佛各家的思考；宋人刘松年一幅《斗茶图》，使元、明、清几代画家效仿；今人的采茶扑蝶舞，使全国多少人向往茶区的绿水青山和茶乡风情；中国历史上有一条丝绸之路，把中国灿烂的文化传向世界。而今，由于各种原因，丝绸之路相对不那么繁盛了，而茶却继续走向四大洋、五大洲。茶本身是根、是干，茶艺、茶道是花、是朵，茶的相关文化则是枝、是叶。这样，才共同组成中国茶文化这棵繁茂的大树。

第十五章

茶与诗

一、从酒领诗阵到茶为诗魂——从汉至唐茶酒地位的变化

在中国，向有茶酒争功之说，虽经水来调解，欲其同登榜首，平分秋色，不要再打架，但实际上在中国人心中，尤其在文人的心中，茶的地位还是在酒之上。酒能激发情感，爱饮酒的诗人不少，但不饮酒的诗人也很多。而越到后来，诗人与茶结缘的越多，拒茶的诗人便很少了。纵观茶与酒在诗人中的地位，有一个酒领诗阵，茶酒并坐，到茶占鳌头的过程。

茶的故乡虽在中国，但传到中原和广泛使用并不早。所以，早期的文人常以酒助兴。屈原《九歌·东皇太一》就有"蕙肴蒸兮兰藉，奠桂酒兮椒浆"的句子。是说要用蕙草包裹祭肉，用桂、椒泡的美酒献给天神。到汉代，虽然开始出现饮茶，但与文人为伴的大多还是酒。曹操《短歌行》曰："对酒当歌，人生几何？譬如朝露，去日苦多。"是有感人生短暂，劝人及时行乐的。此歌又云："慨当以慷，忧思难忘。何以解忧，唯有杜康。"这是以酒解忧的名句，从此杜康的故事编出来了，杜康酒至今知名世界。这诗虽然悲壮，但总让人感到透着不少无

奈。所以，酒，有时是恣纵放任，有时又总与愁相伴，很难使人产生平静安适。曹操的《短歌行》，给人的第一印象是人生无常的苦闷，虽然壮心不已，但多烈士之悲心。曹丕也有酒诗，他无曹操的雄才大略，追慕汉文帝的无为政治，所以诗的题材倾向闾里小事，有不少男女恋情和离别的诗。《秋胡行》说"朝与佳人期，日夕殊不来。嘉肴不尝，旨酒停杯"，可见又是用愁与酒相伴。但快乐起来又多奢侈放纵了："排金铺，坐玉堂，风尘不起，天气清凉。奏桓瑟，舞赵倡。女娥长歌，声协宫商。感心动耳，荡气回肠。酌桂酒，脍鲤鲂。与佳人期为乐康。前奉玉卮，为我行觞。"乐虽乐矣，但到最后，仍感"岁月逝，忽若飞"，因而"使我心悲"（《大墙上蒿行》）。曹植才气很大，但却因"任性而行，饮酒不节"，竟把当太子的机会都丢了。曹操因此动摇了对他的信任，曹丕又对其多有猜忌，使他一生提心吊胆。曹植从十三岁到二十九岁，生活在邺城安逸生活中，终日流连诗酒生活。他早期的诗作，几乎处处是歌舞燕乐。"置酒高堂上，亲交从我游。中厨办丰膳，烹羊宰肥牛。"（《箜篌引》）行乐要饮酒，受兄皇帝、侄皇帝压迫还得要酒。有感"日苦短"，"乃置玉樽办东厨"；有感"广情故"，又要"阖门置酒，和乐欣欣"。出门异乡，别易会难，还要"各尽杯觞"。酒，助曹植横溢之才华，也给他带来莫大苦难。三曹酒诗有乐，但更多道出一个"苦"字。

两晋社会多动乱，文人愤世嫉俗，但又无以匡扶，常高谈阔论，于是出现清谈家。早期清谈家如刘伶、阮籍大多为酒徒。酒徒的诗常常是天上地下，玄想联翩，与现实却无干碍。虽有神话和绮丽的想象，但酒的浑沉使这些诗人出现反现实主义的趋势，虽得建安之风骨外形，却远无三曹旷世的气概。

　　值得注意的是，恰恰在这时，茶加入了文人行列，也从此走上诗坛。晋代左思、刘琨、陶渊明，是对抗反现实主义的"玄言诗"派而产生的优秀作家，而正是由左思写出了我国第一首以茶为主题的《娇女诗》。这首诗，写的是民间小事，写两个小女儿吹嘘对鼎，烹茶自吃的妙趣。题材虽不重大，却充满了生活气息，不是酒人的癫狂或呻吟，而是从娇女饮茶中透出对生活的热爱，透出一派活泼的生机。从整个中国诗坛而言，虽不算什么名篇巨制，但开了个好头。茶一开始入诗，就涤去酒的癫狂昏昧。

　　唐代前期，诗人主要仍以酒助兴。李白斗酒诗百篇，足以说明酒在一定情况下对诗人有好大的功用，但天下诗人都像李白那么大酒量的怕是不多。而且，从文学家的角度说，李白无疑非常伟大，而从政治家的角度讲，李白未免太任性了些。郭沫若先生有意扬李抑杜，说杜甫官瘾特别大，实在不大客观。李白也有茶诗，但很少，常为人称道者即《玉泉仙人掌》，诗中写了仙人掌茶滋润肌骨和清雅无浊的品格，但更多的奥妙尚未发掘。可见李白饮茶还是偶尔为之。杜甫专以茶为题的诗虽少见，但显然比李白饮茶要多，所以诗中茗饮之句比李白多了不少。

　　唐代诗人广与茶结缘还是在陆羽、皎然等饮茶集团出现之后。《茶经》创造了一套完整的茶艺，皎然总结了一套茶道思想，颜真卿组织了文人茶会，皇甫曾、皇甫冉、刘长卿、刘禹锡等把茶艺、茶道精神通过诗歌加以渲染。尤其到卢仝写下《走笔谢孟谏议寄新茶》诗之后，把茶提神醒脑，激发文思，净化灵魂，与天地宇宙交融、凝聚万象的功能描绘得淋漓尽致。从此，文人对茶的认识被提升到一种出神入化的高度。

　　如果说上述唐代诗人对茶有偏爱，尚不能代表整个中唐诗坛情况，白居易对茶酒的态度可能更有典型意义。

把茶大量移入诗坛，使茶酒在诗坛中并驾齐驱的是白居易。从白诗中，我们恰好看到茶在文人中地位逐渐上升、转化的过程。

白居易与许多唐代早、中期诗人一样，原是十分喜欢饮酒的。有人统计，白居易存诗二千八百首，涉及酒的九百首；而以茶为主题的有八首，叙及茶事、茶趣的有五十多首，二者共六十多首。可见，白居易是爱酒不嫌茶。《唐才子传》说他"茶铛酒勺不相离"，这正反映了他对茶酒兼好的情况。在白氏诗中，茶酒并不争高下，而常像姐妹一般出现在一首诗中："春风小槛三升酒，寒食深炉一碗茶。"（《自题新昌居止》）又说："举头中酒后，引手索茶时。"（《和杨同州寒食坑会》）前者讲在不同环境中有时饮酒，有时饮茶；后者是把茶作为解酒之用。白居易为何好茶，有人说因朝廷曾下禁酒令，长安酒贵；有人说因中唐后贡茶兴起，白居易多染时尚。这些说法都有道理，但作为一个大诗人，白居易从茶中体会的还不仅是物质功用，而是有艺术家特别的体味。白居易终生、终日与茶相伴，早饮茶、午饮茶、夜饮茶，酒后索茶，有时睡下还要索茶。他不仅爱饮茶，而且善别茶之好坏，朋友们称他为"别茶人"。从艺术角度说，白居易发现了茶的哪些妙趣呢？

第一，白居易是以茶激发文思。

卢仝曾说："三碗搜枯肠，唯有文字五千卷。"这是浪漫主义的夸张。白居易是典型现实主义诗人，对茶与激发诗兴的作用他说得更实在："起尝一碗茗，行读一行书"；"夜茶一两杓，秋吟三数声"；"或饮茶一盏，或吟诗一章"……这些是说茶助文思，茶助诗兴，以茶醒脑的。反过来，吟着诗，饮茶也更有味道。

第二，是以茶加强修养。

白居易生逢乱世，但并不是一味地苦闷和呻吟，而常能既有忧愤，又有理智。这一点饮酒是不能解决的。而饮茶却能有助于保持一份清醒的头脑。白居易把自己的诗分为讽喻、闲适、伤感、杂律四类。他的茶诗一是与闲适相伴，二是与伤感为侣。白居易常以茶宣泄沉郁，正如卢仝所说，以茶可浇开胸中的块垒。但白居易毕竟是个胸怀报国之心，关怀人民疾苦的伟大诗人，他并不过分感伤于个人得失，在困难时有中国文人自磨自砺，能屈能伸的毅力。茶是清醒头脑，自我修养，清清醒醒看世界的"清醒朋友"。他在《何处堪避暑》中写道："游罢睡一觉，觉来茶一瓯"，"从心到百骸，无一不自由"，"虽被世间笑，终无身外忧"。以茶陶冶性情，于忧愤苦恼中寻求自拔之道，这是他爱茶的又一用意。所以，白居易不仅饮茶，而且亲自开辟茶园，亲自种茶。他在《草堂纪》中就记载，草堂边有"飞泉植茗"。在《香炉峰下新置草堂》也记载："药圃茶园是产业，野鹿林鹤是交游。"饮茶、植茶是为回归自然情趣。

第三，是为以茶交友。

唐代名茶尚不易得，官员、文士常相互以茶为赠品或邀友人饮茶，表示友谊。白居易的妻舅杨慕巢、杨虞卿、杨汉公兄弟均曾从不同地区给白居易寄好茶。白居易得茶后常邀好友共同品饮，也常应友人之约去品茶。从他的诗中可看出，白居易的茶友很多。尤其与李绅交谊甚深，他在自己的草堂中"趁暖泥茶灶"，还说："应须置两榻，一榻待公垂。"公垂即指李绅，看来偶然喝一杯还不过瘾，二人要对榻而居，长饮几日。白居易还常赴文人茶宴，如湖州茶山境会亭茶宴，是庆祝贡焙完成的官方茶宴；又如，太湖舟中茶宴，则是文人湖中雅会。从白诗看出，中唐以后，文人以茶叙友情已是寻常之举。

第四，以茶沟通儒、道、释，从中寻求哲理。

白居易晚年好与释道交往，自称"香山居士"。居士是不出家的佛门信徒，白居易还曾受"八关斋"的戒律仪式。茶在我国历史上，是沟通儒道佛各家的媒介。儒家以茶修德，道家以茶修心，佛家以茶修性，都是通过茶净化思想，纯洁心灵。从这里也可以看到唐以后三教合流的趋势。

我们之所以不厌其烦地介绍白居易饮茶的历史，是为了证明，到中唐时期，正是从酒居上峰到茶占鳌头的一个转折点。所以，到唐末，茶在文人中便占了绝对优势。这从敦煌本《茶酒论》完全可以得到证明。在敦煌曾发现许多变文写本，所谓"变文"，大多是一些以世俗生活为题材的佛教故事，虽然通俗，但不乏哲理。敦煌学家们曾整理出一本《敦煌变文集》，其中就完整地记载了一则茶与酒争功的故事，即《茶酒论》。其题记载为开宝三年（970年），即宋初所记。因此，应主要反映唐末和五代对茶酒的社会评价。这个故事流传很广，明代冯梦龙《广笑府》以此为母题改编为《茶酒争功》；西藏民间也有《茶酒夸功》的故事；贵州布依族人民中也有类似传说。各代故事情节大体相仿，说是茶与酒各夸自己的功劳，争得不可开交，最后水出来调解，说没有我你们都起不了作用。表面看，水调和了双方，实际上，《茶酒论》的主题仍把茶放在酒之上。《茶酒论》说茶的重要性是："百草之首，万木之花，贵之取蕊，重之摘芽，呼之茗草，号之作茶"；"饮之语话，能去昏沉"；"贡五侯宅，奉帝王家，时新献入，一世荣华，自然尊贵，何用论夸？"所以，称茶为"紫素天子"，说它是"玉酒琼浆，仙人杯觞，菊花竹叶，君王交接"。而对酒，则认为"能破家散宅，广作邪淫"，甚至可以"为酒丧身"。所以，中国人虽然爱酒也爱茶，但在文化舆论上茶的位置总是要比酒高几分。应当指出，出现这种现象，不仅是由于文人的渲染，而且有着深刻的民族背景。中国人与西方人性格不同，西方人率直，但容易暴烈，好走极端，性格如火、如酒。而中国人含蓄、沉静、耐力强，务实而不好幻想。尤其是中国的知识分子，常以天下为己任，要求自己有很深的修养和高洁的情操，要经常清清醒醒地看世界，也清清醒醒地看自己，反对狂暴和感情滥泄。而茶的品质很符合中华民族的个性。因此，作为中华儿女杰出的代表——中国文化阶层，便对茶更有特殊的感情。从酒魔称霸，到茶酒分功，最后到茶领文风，是中国民族文化进一步成熟的表现。在当代西方世界不断倾斜，矛盾百出，世界纷乱不宁的情况下，茶的平和、友好、协调、含蓄、深情，就使人们更想起它的好处。因此，中国文人与茶结缘，实在是一种大智慧。

有人统计，唐以前与茶有关的诗有五百余首，其中主要是中唐以后文人所写。唐代，不仅茶诗数量大，而且无论内容和艺术形式都比后代深刻、新颖。宋代茶诗数量虽比唐代更多，但除少数著名诗人（如苏辙、陆游、范成大、李清照）的茶诗内容有新意外，大多模拟唐人。

唐代著名的茶诗，除本书以上各章及本节介绍的李白、杜甫、皎然、陆羽、皇甫曾、皇甫冉、白居易之外，应当一提的还有元稹。

元稹与白居易同期，合称元白。元诗形式有巧思，茶诗也不例外。他曾写过一首宝塔诗，从一字到七字，颇为新奇，题目即《茶》：

茶，

香叶，嫩芽。

慕诗客，爱僧家。

碾雕白玉，罗织红纱。

　　　　　　铫煎黄蕊色，碗转曲尘花。

　　　　　　夜后邀陪明月，晨前命对朝霞。

　　　　　　洗尽古今人不倦，将知醉后岂堪夸。

　　此诗格局构思巧妙，而且把茶与诗人、僧人的关系，饮茶的功用及意境，烹茶、赏茶的过程都写了进去。虽因受格局限制，不及卢仝茶诗的深刻和气魄，也算难得的巧诗了。

二、宋人的茶诗、茶词、茶赋

　　宋人继承了唐诗的成就，同时又创造了"词"的诗歌形式。唐诗、宋词，并称中国文学史上光辉典范。宋人茶诗较唐代还要多，有人统计可达千首。这是由于宋代朝廷提倡饮茶，贡茶、斗茶之风大兴，朝野上下，茶事更多。同时，宋代又是理学家统治思想界的时期。理学在儒家思想的发展中是一个重要阶段，虽有教条、呆滞的趋势，但强调士人自身的思想修养和内省，对人们自身的理性锻炼十分重视。中国知识分子大多能自珍自重，重视自身思想品德，这一点，理学是有贡献的，不能一律抹杀。而要自我修养，茶是再好不过的伴侣。宋代各种社会矛盾加剧，知识分子经常十分苦恼，但他们又总是注意克制感情，磨砺自己，这使许多文人常以茶为伴，以便经常保持清醒。所以，无论真正的文学家，还是一般文人儒者，都把以茶入诗看作高雅之事。不过，从诗的艺术成就说，宋代茶诗并未超过唐代。但由于参加者甚众，数量又多，其中也有不少值得推崇的佳作。

在宋人茶诗、茶词中，若论艺术成就，当首推大文学家苏轼、陆游等。

苏轼在文学、书画方面的成就是众所周知的。苏轼自是文章高手，他咏物但并不为物所束缚，不限于工匠式的死板刻画，而多使物更多地染上人的主观感情，与人的性格、品德相通。所以，他的茶诗词也就把茶的品德拔高一等。我们在前面已介绍过苏轼一些茶诗，苏轼饮茶，总是与事相联系。他不仅精通茶事，而且总是从每次饮茶中品味出一些特殊的新意。其《寄周安孺茶》，长达六百字之多，可以说是对茶史、茶道、茶品、茶功，和对他自己饮茶历史的全面总结。用如此大的篇幅，以五言诗的形式来表达，而使人毫无堆砌、怠倦之感，不是高手诗人、茶的真正知音是绝难做到的。诗中先写了从姬周到唐的茶史，继之讲为什么文人雅士独爱此道，然后讲自己饮茶的历史和体会：如何屡试小龙团，如何亲访茗园，如何访名泉、寻高人、学茶道、品茶味，等等。此诗乃东坡晚年之作，所以，更把一生坎坷与茶的意境交融体味。他感慨"如今老且懒，细事百不欲"，"况此夏日长，人间正炎毒"。所谓"炎毒"，既写自然气候，也是对世事的嫉恶。如何消解？于是只好烹茶，望着杯中香茗，叹"乳瓯十分满，人世真局促。意爽飘欲仙，头轻快如沐。昔人固多癖，我癖良可赎。为问刘伯伦，胡然枕糟曲！"可见，东坡是从茗中寻求解脱苦难的良药和沙漠中的绿洲，作为自我拔脱，争取达观的手段。所以，我们应当从宋代社会和理学统治时期文人的特殊心态来理解这首诗。虽然东坡也爱饮酒，常常"明月几时有，把酒问青天"，但毕竟觉得高天宫阙"不胜寒"，所以仍须清醒地面对现实和人生。因此，他认为从茶中使肉体到精神都得到洗涤、沐浴，保持一颗旷达、清醒的头脑，比刘伯伦之类终日糊糊涂涂地耽于酒曲之中要好。这道出了中国大多数文士雅好茶茗的思想根源。

伟大的诗人毕竟伟大。东坡不仅深明茶理、茶道，而且凭一个艺术家特有的感觉，对茶道的艺术境界自有特殊感觉。其《汲江煎茶》便写出了月夜临江烹茶的独特妙趣：月夜里，在江边升起红红的炭火，诗人的心火也在燃烧。但现实的夜幕，使他明白，须用清醒的茗汁浇开心中的郁结。于是，亲自到江中去取水，瓢中盛来的不仅是大江的深情，而且把碧空明月也贮于其中了。茶被烹煮，泛起乳沫，发出响音，诗人的血脉也沸腾了。于是将茶事、人事加以对比："雪乳已翻煎脚处，松风忽作泻时声。枯肠未易禁三碗，坐听荒城长短更。"从自然与茶茗的反复变化中，诗人进一步体味到更有长短，虽枯肠难易，但明白事理本是如此，也就多了些自然的旷达平静。

茶人以茶自省，但并非不关心世间之事，像明代个别人皓首穷茶、玩物丧志的毕竟是少数。宋代诗人范成大的茶诗，便常反映民间生活。范成大的茶诗，多写茶民、茶乡，富有生活气息。如《田园四时杂兴》之一云：

> 蝴蝶双双入菜花，日长无客到田家。
> 鸡飞过篱犬吠窦，知有行商来买茶。

短短几句把人、物、飞蝶、走犬、家鸡、短篱、菜花、行商皆入诗中，写出茶农对丰收后的希望和喜悦。虽是写景，人情自然流露。

又如，他的《夔州竹枝歌》之一云：

> 白头老媪簪红花，黑头女娘三髻丫。

背上儿眠上山去，采桑已闲当采茶。

这诗中的采茶队伍，从老婆婆，到小姑娘，以至背着娃娃的采茶妇，形象如何生动！

"以茶雅志"，是中国茶人最优良的传统。北宋茶人虽多，但一般耽于盛世安乐，欣赏贡茶的豪华，虽有好茶诗，但写茶的具体制作、品斗、饮用为多。南宋偏安，使许多爱国之士忧心如焚，茶诗中反映茶人忧国忧民，自节自励的多了起来。这方面最典型的代表是伟大爱国诗人陆游。陆游生于乱世，常自强不息，他十分敬慕陆羽的为人，常以"桑苎家""老桑苎""竟陵翁"自况。有人说陆游也姓陆，是否与陆羽"五百年前是一家"，我们且不必详考。但陆游为人十分像陆羽，这是毫无疑问的。陆游曾表明，他是"平生万事付天公，白首山林不厌穷"。而陆羽同样是一个不羡高官厚禄，忧国忧家的人。有陆羽《六羡歌》为证：

不羡黄金罍，不羡白玉杯。
不羡朝入省，不羡暮入台。
惟羡西江水，曾向竟陵城下来。

陆游对陆羽这种崇高品格十分仰慕，他在《雪后煎茶》诗中写道：

雪液清甘涨井泉，自携茶灶就烹煎。
一毫无复关心事，不枉人间住百年。

但实际上，茶人是不可能毫无牵挂的，所谓"一毫无复关心事"，只是对功名利禄等俗人常事而言。对国家、对百姓、对乡土，他们时刻难以忘怀。陆游《北窗》诗写道：

> 帘影差参午漏前，盆山绿润雨余天。
> 诗无杰句真衰矣，酒借朱颜却怅然。
> 海燕理巢知再乱，吴蚕放食过三眠。
> 名泉不负吾儿意，一掬丁坑手自煎。

陆游在贫苦中煎茶自吃，但民间的疾苦、父子的亲情却尽在心中。他吃茶不是为消极避世，而是"幽人作茶供，爽气生眉宇"，从茶中增加自己的豪爽气概。他不沉浸在醉生梦死之中，而是清醒地对待贫穷与苦难："年来不把酒，杯楮委尘土，卧石听松风，萧然老桑苎。"（以上皆见《幽居即事》）陆游茶诗大多是晚年隐退绍兴家乡之后的作品，他虽居乡野，却时刻怀着一颗忧国忧民的茶人赤子之心。其《啜茶示儿辈》云：

> 围坐团栾且勿哗，饭后共举此瓯茶。
> 粗知道义死无憾，已迫耄期生有涯。
> 小圃花光还满眼，高城漏鼓不停挝。
> 闲人一笑真当勉，小楫何妨向酒家。

苏轼在江边饮茶，想着的是荒城的长更短更；陆游以茶教育儿孙，让他们不要忘记高城漏鼓，要以茶自勉，贫苦中也要笑对人生。在俭约自持中，透出一片为国为民的激烈心怀。

茶是和平的象征，越是战乱、艰难时刻，茶人们越想到香茗平静和谐的好处。这从民族英雄文天祥的茶诗中反映得最为明白。他在《太白楼》诗中写道：

扬子江心第一泉，南金来此铸文渊。

男儿斩却楼兰首，闲评茶经拜羽仙。

反对战乱，企望和平，盼望有茗茶一样的和谐、宁静，这不仅是茶人的愿望，也是中华儿女的共同愿望啊！中华民族是一个爱好和平的民族，他们不怕强敌，但更向往清茶、云乳、茗香，崇尚茶仙陆羽的和平精神。

从茶诗词的艺术成就而言，宋代黄庭坚的词也应予以介绍。其《满庭芳》云：

北苑龙团，江南鹰爪，万里名动京关。碾深罗细，琼蕊冷生烟。一种风流气味，如甘露不染尘凡。纤纤捧，冰瓷莹玉，金缕鹧鸪斑。

相如方病酒，银瓶蟹眼，波怒涛翻，为扶起樽前，醉玉颓山。饮罢风生两腋，醒魂到明月轮边，归来晚，文君未寝，相对小窗前。

这首词意境新颖，上半片写茶不同凡响的"风流气味"；下半片借相如病酒，须以茶醒魂，扶起醉玉颓山，方能归来与文君小窗相对，观天边明月。将茶在文人心目中的优雅韵味衬托得极为巧妙。

文士爱茶是宋代风尚，以茶入诗又是宋代诗人的爱好。不仅以上所举，像徐铉、王禹偁、林逋、范仲淹、欧阳修、王安石、梅尧臣、苏辙等，也都是既爱饮茶，又好写茶。

三、元明清及当代茶诗

建立元王朝的蒙古人马上得天下，所以多有人以为元人不知茶。其实，元代不仅因茶艺、茶道世俗化而使茶走向民间，即便文人中也有茶的知音。如汉化了的契丹文学家、政治家耶律楚材，便是既好饮茶，又写茶诗的。其《西域从王君玉乞茶》诗，共七首，达三百九十余字，也算茶诗中的长篇巨制了。第一首写西征途中，茶不易得，思念茶的心情和得茶后的欣喜。第二、三首写饮茶的精神感受：不仅洗净心中的"尘塞"，而且精神百倍，"顿令衰叟诗魂爽"，"两腋清风生坐榻"。第四、五首批评酒人不知茶的好处，笑刘伶终日沉湎酒中不知茶味，叹李贺旗亭解衣赊酒，实际从反面衬托茶功。最后两首写饮茶后对文思的激发："枯肠搜尽数杯茶，千卷胸中到几车"，"啜罢江南一碗茶，枯肠历历走雷车"，"笔阵陈兵诗思勇，睡魔卷甲梦魂赊"。诗人是有文才武略的大智之人，所以他的茶诗也不同于一般茶诗。一方面，他一再用天空的万里云霞比喻：初尝茶，清兴生，如"烟霞"相绕；再饮茶，看群山如"翠霞"满眼；继之心神爽朗，如"流霞""云霞"由心而生；笑刘伶昏于酒魔，才更感茶如"碧霞"的清爽。待到诗兴大发，万卷、千车地泻出，那茶中似又装满山水、城池，所以又有"骑鲸踏破赤城霞""卧看残阳补断霞"的雄壮气势，写诗也像陈兵列阵一般了。这里，诗人不仅描绘了茶的幽雅、飘逸的一面，又写出了它内在的力量和气势，在历代茶诗中是少见的。一般诗人仿卢仝七碗意境，写两腋生风，羽化如仙的不少，而在耶律楚材笔下，茶能使人"清兴无涯生八表"，能列诗阵、破赤城、驱赶睡魔也如败兵卷甲一般。耶律楚材曾随成吉思汗远征，在蒙古人东征西讨、建功立业的早期，他无论在军事和政治上都做出重大贡献。所以，他心中的茶便不同于一般文人明月清风的闲常之举了。

从文人、雅士的专利发展到民间俗饮，是元代茶文化的一大特点。又由于蒙古人歧视儒生，不少文人生活降到底层，与一般百姓有了更多接触。这两项背景使诗人不仅以诗表达个人情感，也注意到民间饮茶风尚。如元人李德载曾作小令十首，题曰《赠茶肆》，便反映了城市茶肆俗饮情况。十首之中虽有与前代茶诗雷同之处，但也不乏新意。如开头一首写道："茶烟一缕轻轻扬，搅动兰膏四座香，烹煎妙手赛维扬。非是谎，下马请来尝。"几句话，把茶肆气氛、店主的语气都描绘出来。

明代，社会矛盾加深，许多文人不满当时政治，茶与僧道、隐逸的关系进一步密切。我国茶文化的发展在唐以后与隐逸原则的变化基本同步而行。唐基本有统一社会的保证，或隐逸于朝，或混迹于世，或出家当道士、和尚都无可无不可，只要心中清静淡泊便可做个隐逸家。所以，陆羽饮茶集团能团结儒道佛为一家，共烹茗饮的优雅快乐，无论小隐、中隐、大隐都无关大局。宋以后的社会条件，则使人们难于久居山林而远朝市，去清静地做个大隐、中隐，只好在不脱离实际生活的条件下做个小隐。既然要"闹中取静"，就更需要一些帮助实现淡泊心境的手段，饮茶便成为隐逸者最好的伴侣。明代虽然有一些皓首穷茶的隐士，但大多数人饮茶是忙中偷闲，既超乎现实一些，又基于现实。因此，明代茶诗反映这方面的内容比较突出。如明人陆容有《送茶僧》，写他与僧人吃茶的"小隐"：

江南风致说僧家，石上清香竹里茶。
法藏名僧知更好，香茶烟晕满袈裟。

而如文徵明、唐寅等，欲扶世而不能，不得不隐，可算个"中隐"。中隐需要以茶浇开心中的烦恼，洗去太多的牢骚，所以也爱饮茶。文、唐等常以茶聚会，画了不少茶画，也写有茶诗。特别是文徵明，常在茶画上以诗点明意境。文徵明在其《品茶图》中题诗曰：

碧山深处绝纤埃，面面轩窗对水开。
谷雨乍遇茶事好，鼎汤初沸有朋来。

朝市间不得清静，暂于山中以茶事讨些自在。

明人饮茶强调茶中凝万象，从茶中体味大自然的好处，体会人与宇宙万物的交融。明代著名茶人陈继儒有《试茶》四言古诗说明这一点：

绮阴攒盖，灵草试奇。
竹炉幽讨，松火怒飞。
水交以淡，茗战而肥。
绿香满路，永日忘归。

诗人在烹茶中体会到的是茶与松火、清风、泉水的相互交融与战斗。

清代朝廷茶事很多，乾隆皇帝举行的大型茶宴，每会皆有大量茶诗，但大多数都是歌功颂德的俗品。倒是一些真正的文化人，才能写出饱含感情的好茶诗。如卓尔堪，有《大明寺泉烹武夷茶浇诗人雪帆墓》云：

> 茶试武夷代酒倾，知君病渴死芜城。
> 不将白骨埋禅智，为写清泉傍大明。
> 寒食过来春可恨，桃花落去路初晴。
> 松声碧眼消闲事，今日能申地下情。

全诗充满悲凉哀痛的气氛，是一篇以茶为祭的典型诗章，犹如一篇祭文，但又把茶的个性、诗人与茶的关系写得十分巧妙。

也有欢快的茶诗，如郑板桥的《竹枝词》，以民歌形式写茶中蕴涵的爱情：

> 溢江江口是奴家，郎若闲时来吃茶。
> 黄土筑墙茅盖屋，门前一树紫荆花。

诗中好像呈现出一幅真实的图画：茅屋、江水、土墙、紫荆，一个美丽的少女依门相望，频频叮咛，用"请吃茶"来表达心中的恋情，一片美好、纯真的心意。

当代也不乏茶诗佳作。而且，由于时代发生了天翻地覆的变化，茶诗的内容和思想也大不同于历代偏于清冷、闲适的气氛。新时代的茶诗，更突出了茶豪放、热烈的一面，突出了积极参与、和谐万众的优良茶文化传统。赵朴初先生有《咏天华谷尖》七言绝句曰：

深情细味故乡茶，莫道云迹不忆家。

品遍锡兰和宇治，清芬独赏我天华。

　　天华谷尖乃安徽太湖县新创名茶，锡兰即今斯里兰卡，宇治为日本地名，均产茶。诗人通过短短二十八个字，表达了对故乡、对祖国一片真挚的爱心，而且充满新中国的壮志豪情。

　　还有胡浩川的《新茶歌》，专赞"祁红"茶的好处，文字很优美。又有周祥钧所作《龙井茶、虎跑水》，如行云流水，实在是好诗。今全诗录于下：

　　龙井茶，虎跑水，绿茶清泉有多美，有多美！山下泉边引春色，湖光山色映满怀，映满怀。五洲朋友哎！请喝一杯茶哎！香茶为你洗风尘，胜似酒浆沁心脾。我愿西湖好春光哎！长留你心内，凯歌四海飞。

　　龙井茶，虎跑水，绿茶清泉有多美，有多美！茶好水好情更好，深情明谊斟满杯，斟满杯。五洲朋友哎！请喝一杯茶哎！手拉手，肩并肩，互相支持向前进。一杯香茶传友谊哎！凯歌四海飞，凯歌四海飞。

　　此诗不仅文字优美，主要在于突出了"以茶交友"的主题，突出了中华儿女与人为善、重友谊、爱和平的精神。而当今之华夏已非自耕自食的古代社会，它正迈开现代化的步伐，立于世界民族之林。因此，以茶交友也有了最深刻、广泛的意义，茶，正以它特有的品格把中国人民与四大洋、五大洲连在一起。

第十六章

茶画、茶书法

　　一种简单的饮料，能够引发出无限美妙的艺术构思，这种奇妙的现象，大概只有在文化积淀特别深厚的中国才可能出现。由于茶所生长的天然美丽的环境，即青山翠谷，云海仙境，以及它本身高洁、优雅的品格，不仅激发着无数诗人的文思，而且与许多画家、书法家也结下不解之缘。他们以饱含感情的笔墨，画出了许多种茶、制茶、饮茶、斗茶、卖茶、茶楼、茶坊、茶市等美好的图画。这些画不仅勾画了与茶有关的各种场景，更重要的是，艺术家们通过自己特有的思维方式和视角，通过茶画反映出许多高深的哲理。而书法家，则通过一支巧妙的笔，把自己的感情、韵致、思想贯穿到茶的书法之中。所以，茶画、茶书法并非是我们人为地勉强从书画中挑出一些与茶有关的作品，而是在历史的自然发展中出现的茶文化的近亲与分支。茶人、诗人、书画家经常是合流而一、相互渗透的。真正的高深茶人很少不懂艺术的，茶与诗词歌赋、琴棋书画结缘是很自然的现象。这样，就更加丰富了茶文化的内容。

一、历代茶画代表作

在我们介绍茶画的艺术特点和深刻哲理之前，首先需要对中国历代茶画发展、变化的情况及其大体轮廓有一个基本了解。

中国茶文化正式形成是在盛唐时期，中国茶画的出现也大约从这时开始。不过，当时的茶画，只不过是与其他饮宴、娱乐图画一样，虽反映饮茶内容，但并未形成表现茶特殊本质的艺术作品。陆羽作《茶经》，已经设计了茶图，但从其内容看，还是表现烹制过程，以便使人对茶有更多了解，从某种意义上，类似当今新食品的宣传画。但陆羽饮茶集团中有许多诗人、书法家，他们在经常举行的茶会中，作了许多意境美妙的诗词。这便激发了后人的联想，使后来的书画家产生更为深刻的艺术构思。

唐人阎立本所作《萧翼赚兰亭图》，是世界最早的茶画。画中描绘了儒士与僧人共品香茗的场面。一侧两僧一儒，一边谈佛论经，一边等待香茶煮好。另一侧一老一少两个仆人，正在认真地煮茶调茗。老者手执茶铛置于风炉之上，正在精心调制。童子捧碗以待，等茶汤烹好，以敬献主人。整个画面表情逼真，刻画细腻，反映了一般下层儒士、僧人比较简朴的饮茶方式。这张画开了一个很好的先例，就是茶画不仅要反映烹饮本身的物质生活内容，同时主要是表达某种思想。儒、佛两家以茶论道，这本身便有深刻寓意。所以，烹制放在次位，论茶才是主题。

张萱所绘《明皇合乐图》是一幅宫廷帝王饮茶的图画。画中唐明皇安卧御榻，二侍从于榻侧，又有二宫女，一人捧茶食、茶具，像是唐明皇刚吃罢茶，令其收具欲去。因茶盘中有水珠，故有人认为，此画反映的是唐代早期用散茶冲泡的所谓"淹茶法"。这当然是茶叶学家注意

唐阎立本《萧翼赚兰亭图》（局部）

的问题。而从文化学角度，我们更注重画题所表现的"和乐"二字。所以，画家想表达的，还是茶给人带来的安详和乐。唐代佚名作品《宫乐图》，是描绘宫廷妇女集体饮茶的大场面。宫室中设豪华的长案，案上有茶、有酒，宫人各自手执器乐，案上有大器皿盛着茶汤，又有长勺作分茶之用。宫人皆宽额广颐，美服高髻。坐的是精美的绣座，这个捧碗品饮，那位弹着琵琶或吹着箫管或演奏其他古乐器。宫女侍立，猫儿在案下伏卧。从茶艺角度，看出当时茶酒并行不悖的局面，而从思想内容，则主要反映茶在当时与娱乐相结合的场景。唐代茶画，据文献记载还有周昉所作《烹茶图》及《烹茶仕女图》，可惜皆佚失难见。

总体来看，唐代是茶画的开拓时期，对烹茶、饮茶具体细节与场面描绘比较具体、细腻，不过所反映的精神内涵尚不够深刻。但它毕竟开辟了茶文化的一个新领域，通过可视的艺术手段，不仅使人们认识茶的功用，而且开始注意其精神感受。

五代至宋，茶画内容十分丰富。有反映宫廷、士大夫大型茶宴的，有描绘士人书斋饮茶的，有表现民间斗茶、饮茶的。这些茶画的作者，大多是名家大手笔，所以在艺术手法上也更提高了一步，不乏茶画中的上乘珍品。仅可见可考的便有十余幅。

五代顾闳中《韩熙载夜宴图》，是一幅大型茶宴图，人物众多，形象生动。图中边饮宴边有女子歌舞，有二侍女捧盘，盘中器物十分类似《明皇合乐图》，所以有人认为仍是表达茶酒并行的宴会。

北宋徽宗赵佶，虽然不会治国，却是个难得的艺术家，于琴棋书画无所不通，尤其爱好茶艺。其所作《文会图》是公认的描绘茶宴的图画。整个画面似在一贵族园林中，以池水、山石、花柳为背景，园中场地上置大方案，案周有十来个文人，案上置果品、茶食、香茗。左下角有几位仆人正在烹茶，都篮、茶具、茶炉清晰可辨，说明这确实是一个大型茶会。茶案之后，花树之间又设一桌，上有香炉与琴，证明文人饮茶活动已走向雅化，并不排除琴韵、花香。

若从艺术成就而言，当然还要首推南宋刘松年的茶画作品。其流传于世的有：《撵茶图》（具体描绘宋代茶艺）、《茗园赌市图》和《卢仝烹茶图》。尤其是后两幅，不仅含意深刻，而且艺术成就很高，成为后代仿效的"样板"。

《茗园赌市图》，是描绘民间斗茶情景的。画中有老人、壮年男子、妇女、儿童，一个个皆形象逼真，表情生动，茶乡斗茶情景活脱脱跃然纸上。这幅画反映当时江茶饮茶方法，是民间的"斗茶会"。右侧有妇人携小儿提篮卖茶，中有担挑子卖茶的小贩，左侧是中心主题：斗茶的赌徒。挑担老人篮上明贴标签"上等江茶"，担上茶器俱全。

宋 刘松年 《撵茶图》（局部）

宋 刘松年 《卢仝烹茶图》

宋 刘松年 《茗园赌市图》

老人、妇女、儿童都把视线集中于右侧的几个斗茶人，更突出了一个"斗"字。赌茶者各备器具，以自己的茶与他人较量，充满了对胜负的关切。此画反映宋代民间斗茶情形，生动、细腻而又真实，既是一幅艺术杰作，又是考察品茗历史的珍贵参考资料。

刘松年的另一幅茶画佳作《卢仝烹茶图》，是对唐代诗人卢仝的饮茶诗加以形象化而绘制。画中描绘的是几个文人于野外与山石、竹丛相伴，月下品茶的情景，重点表现茶人们内心的感受与快乐。这幅画是茶艺向自然接近的写照，所以很值得重视。

从刘松年的几幅茶画佳作中，可以看到，南宋时期茶文化已影响及各个层面，社会功能进一步扩大。

宋代还有一些反映文人书斋饮茶生活的图画。如佚名者所作《人物图》，文人端坐书斋，琴、书、画卷置于案上，正中置插花，右侧有茶炉，炭火正红，香茶已沸，小童操作，一派闲适优雅景象。

宋人苏汉臣绘有《长春百子图》，画的是许多小儿调琴、练习书法、游戏，又同时品茶的情景，颇有生活气息，又寓童子友爱之意。

总之，宋代是茶画的奠基时代，其成就是巨大的。

元明茶艺，一是哲学思想加深，主张契合自然，与山水、天地、宇宙交融，二是民间俗饮发展起来，茶人友爱、和谐的思想深深影响各阶层民众，所以，元明茶画最有成就的也是反映这两方面的内容。比较起来，元明画家更注重茶画的思想内涵，而对茶艺的具体技巧，不多追求。这也符合中国茶文化发展的总体轨迹。元明以后，中国封建文化可以说到了烂熟的阶段，各种社会和思想矛盾也更加深刻，所以这一时期的茶画也向更深邃的方向发展。

元代著名画家赵孟頫曾仿宋人刘松年《茗园赌市图》作《斗茶

图》，更突出了"斗茶"的情节，删去其他人物，把原画中四个中心人物的心态描绘得更为细腻。而赵原所画《陆羽烹茶图》则突破了唐宋以书斋、庭园、宫室为主的局限，把茶人搬到山川旷野中去，体现茶人的广阔胸怀。还有元代佚名《同胞一气图》，描绘儿童吃茶烤包子的情景，不仅形象可爱，而且寓意深长。

明代朱元璋第十七子朱权发展了中国茶艺，是自然派茶人的主要代表。政治上的失意和复杂的矛盾斗争，使他走向隐逸者的道路而专心于创自然派茶道。从此，许多失意文人流连此道。其中，有诗人也有画家。如嘉靖年间的"吴中四才子"，便常以茶为友。文徵明和唐寅（伯虎）都有很高水平的茶画。文徵明有《陆羽烹茶图》《品茶图》《惠山茶会记》，都是在高山丛林之间，突出一个"隐"字。而唐寅的《琴士图》和两幅《品茶图》则画面开朗、壮阔，更多变幻飘逸的一面，都是茶画史上难得的珍品。

明代还有不少文人作茶事画，或书斋品茗，或洞房对酌。虽反映一定的社会生活状况和茶在一般文人中广泛使用的情形，但与唐寅、文徵明等高手相比，无论思想内容或艺术成就皆不足为道了。不过在明人文集和小说中的许多插图，所反映的茶文化内容却十分生动。有庭院品茶图，有仕女闺中品茶图，有柳堤碧荷舟中品茶等，把茶文化内容和社会层面反映得相当广阔。如《金瓶梅》中有《扫雪烹茶图》，无论人物与场景都相当生动。

清代茶画也不少。这时，冲泡方法已十分流行，所以，重杯壶与场景，而不多描绘烹调细节，常以茶画反映社会生活。特别是康乾鼎盛时期的茶画，以和谐、欢快为主要内容。如乾隆朝丁观鹏《太平春市图》，表现几个文士临松傍梅品茶的情景，天地广阔，景色绮丽，人物心平气和，绿草如茵，香茗美具，还有卖茶食的老人挑担路过。又如清代冷枚等合作的院本《清明上河图》，反映泛舟饮茶的情景。清代民间俗饮十分盛行，这在民间画工的作品中也有体现。如杨柳青版画中，就有反映仕女边玩叶子戏（小纸牌）边品茶的作品。至于仿宋代刘松年的《斗茶图》和玉川先生（卢仝）品茶的画谱也一再出现。

民国时期，市民茶文化大兴，反映茶馆、茶肆的作品也因而出现。至于画谱、小说插图中的茶画，更屡见不鲜。

总之，自唐代以来，茶，已成为画家笔下的重要题材，值得注意的作品很多。由于茶的特殊品格，它成为画家表达自己思想感情的重要手段。而这些茶画又反过来鼓舞着茶文化本身，把茶艺、茶道精神通过可视形象加以体现，使人们更加深了对其底蕴的理解。

二、中国茶画中蕴涵的哲理

我之所以特别注重茶画，与有些茶学家有很大不同。茶叶学和茶艺学家研究茶画，重在从画中取得历代饮茶方法的实证资料，而我重视茶画，是因为好的茶画常可给人以深刻的思想启迪，使人更容易接近茶文化的精神本质。由于画家特殊的艺术处理，它所隐喻的思想更能使人体会"尽在不言中"的特殊茶境界。

中国人的想象力是十分丰富的，衣食住行无处不包含寓意和想象。西方人把面包夹馅做成三明治，且不论是否好吃，单说思想寓意，那是根本谈不到的。而中国人却可以把月饼象征明月，象征团圆。馒头可以做成桃形、佛手形，可象征长寿，可象征福禄。按理说，饮料无非色彩可变，求象征意义不容易，而中国人却偏以画给各种饮料加进丰富思想。比如，有人曾一再以"尝醋"为题，作《四子尝醋图》和《三酸图》。前者画的是儒、道、墨、释四家的代表，围着一缸醋，儒家讲究实际，说它是"酸的"；道家从相反相成和事物本原看问题，这醋或为谷物所制，或为红枣所造，因而说是"甜的"；佛家把一切现实都看作苦恼，对现实的一切毫无希望，所以觉得醋是"苦的"——人来到世上便是受苦；墨家究竟如何评价不得而知。四子出现在一缸醋面前，每个人的语言并无如今之漫画标明，但你可从其神态着意体会，或许于酸甜苦辣之外还能体会出些其他思想。至于标明《三酸图》者，出于同一题材，并有文人"穷酸"的自嘲。一缸醋竟引人生发出对中国几大思想流派的思考，何况茶这种更为飘逸、美好、含蓄的饮料，自然会成为画家笔下更具体、生动的题材。

因此，我们在这里谈论茶画与茶叶学家和茶艺研究者的目的不同。我们所要研究的是茶画中所表现的人，而不是物；是人的思想感情，而不是人的外在体态；是茶画中蕴涵的哲理，而不单是自然之美。从这一点出发，我以为，真正艺术价值很高的茶画，还是南宋时期开始出现。在这里，当然要首推刘松年的《茗园赌市图》。关于这幅画，不少茶人从茶艺角度进行了详细研究，从江茶流行情况，到烹茶器具和方法都论证甚详。但我觉得，许多研究者恰恰忽略了茶画作为艺术作品所产生的主要作用，即对人的描绘和给观赏者带来的精神鼓舞与巨大感染力。

《茗园赌市图》是首次反映民间俗饮情况的茶画。画中无论老人、妇女、儿童和挑夫、贩夫，都是下层劳动者。但恰恰是在这里，蕴藏着中国茶文化的最积极的精神，即饮茶，并不像一些旧文人那样把它看作避世消闲的手段，而是为了和乐与奋进。《茗园赌市图》的"赌"字与一般的赌大不相同，赌茶，是表现造茶人对自己劳动成果的自信，赌中是要相互观摩，相互学习。宋人钱选仿刘氏之作，把这"赌"中的奥秘揭示得更清楚。钱氏更突出了"赌茶人"，个个透着友好、微笑乃至豪爽之气。所以，赌茶当然不像钱场赌徒个个是乌眼鸡，恨不得把对方都吞下肚去。也不像酒徒赌酒，瞪着醉眼把世界都看得模糊了。在画家的笔下，我们感到茶给人的是清醒、愉悦，有胜负的较量，有优劣竞争，有进取心，但并不是你打死我，我戳伤你。而是在斗茶中、饮茶中相互鼓舞着。我想，这正是儒家以茶游艺，寓教于乐的思想体现，也说明中国人之所以重茶德而稍抑酒兴，正是热爱平和、友好、清醒，而不喜欢过于任性和狂躁。一幅茶画，能把茶文化的主旨和一个民族的好尚集于其中，这实在是难得的。而能突破文人茶文化的局限，从平头百姓中寻找这一主题的体现方法则更难能可贵。

谈到表现道家隐逸思想的茶画，我以为，元明是一个最值得重视的时期。其代表除文徵明、唐寅之外，元代的赵原《陆羽烹茶图》也很值得一提。自宋以来，以陆羽、卢仝品茶为题的画就一再出现。虽然也抓住了陆羽强调饮茶与自然契合的基本主题，但表现手法不够开阔宏大。赵原的《陆羽烹茶图》，首次把茶事放到一个云水无际、群峰叠起的阔大自然环境之中，陆羽与童子在草堂中煎茶自吃，茶人与山水宇宙融为一气。

明代文徵明与唐寅的茶画可以说是双绝，各有千秋。文徵明的作品，如《陆羽烹茶图》《品茶图》《惠山茶会记》等，与唐寅相比，明显出现场面宏大与狭小的反差。文氏作品反映了与世俗隔绝，希望谋求一点宁静的心理，总使人想到"不得已""无奈何"的滋味，恰恰表现出明代复杂的社会矛盾和文人想以茶避世的复杂心态。同样是在山中，文徵明笔下的山峰似几座屏风，而唐寅的山中景色则又进一步，好像真进入一个"桃源世界"，与尘世离得更远，因而也可更自由些。同样画树，文徵明的画中，一棵棵老树紧密"扎"在茶棚周围，好像是为茶人画下的"界桩"（见《惠山茶会记》），说明茶人想避世，因为社会给茶人留的自由天地太小太小。单以个人好恶说，我实在不大喜欢文徵明这些画，但反复揣摩，又觉得这种画法似又更接近当时的社会实际。

唐寅是个风流才子，对人间道路与事理看得更开更透。正如他在个人生活中所表现的，充满浪漫情调与豪放不羁，但并非放荡不羁。他的茶画意境实在太美。如《琴士图》，画的是一位儒士在深山旷野中弹琴品茗的情形。画中，把行云流水，松籁飞瀑，琴韵炉风，茶汤的煮沸声与茶人的心声都交融为一体，使人感到不仅可观自然之"动态"，而且可"听"到自然的呼吸之声。这样，整个画，既包括人，也包括物，统统都画活了。然而，无论是琴士本身或两僮仆，在安详中又透着十分的严肃。这恰恰说明，不少隐士表面避世，实际并未放弃自己的责任感，并非全是消极。而是从茶与自然交融契合中认真地抚琴，也在认真地思考。唐寅的另一幅画《品茶图》除去了层峦叠嶂，而进入烟波浩渺、无边无际的水域之中。那水中的小岛，又成为隐士们暂时与尘世相隔的一处休养生息的驻足之地。但小岛并未真的完全与世隔绝，一只小船正向小岛划来，又有一位朋友从尘世带来各种消息。表面隐于苍茫自然之中，实际又有活水舟船沟通着社会。可见，茶人的避世未必就是消极。人们常注意到自然派茶人讲"枯石凝万象"，但很少注意另一面——"石中见生机"。唐寅的茶画好像描绘"世外桃源""水中蓬莱"，而给人带来的总是一种自然的生机和美好的希冀。他的另一幅茶画《品茶图》把这一点表现得更为鲜明。这幅画同样是画在山中品茶，但那山不仅层层叠叠，而且茶树满山，春意浓重。唐寅又自题诗云："买得青山只种茶，峰前峰后摘春芽。烹煎已得前人法，蟹眼松风娱自嘉。"画家兼诗人的唐伯虎正是以此表现对春芽的希望与洁身自好的严肃态度。所以，文徵明与唐寅的茶画绝不是只提供烹茶方法与技艺的历史资料，而更注重从画中体现茶人的精神境界。从这一点说，元明之时的茶画实在是深刻的思想表现。此后由明至清，虽也有些较好的茶画，但论精神意境则远无法与文、唐相比拟。倒是清代出现的一些画谱小品，该予以注意。这些小品以相当简练的笔法表现茶与茶人的品格，一盆花、一块石、一把茶壶，省去了山水人物，表达人与茶、与花、与石的关系，说明彼此参合渗透的道理。或在高几之上插一枝梅表现茶人的雅洁与不畏严寒；或添一松树盆景表示茶人长寿与生机。总之，更为洗练地表现茶人精神，场面虽小到不能再小，茶文化的内容甚至仅浓缩到一只壶、几棵草，但寓意却仍然深刻。这正是利用中国写意画的特殊表现手法而达到的效果。

三、茶书法

把文字的书写艺术化，从而形成书法艺术，这大概也只有在文化沉积特别深厚的中华土壤上才可能得以发明。而亚洲其他国家的书法艺术实际上都是从中国学习去的。至于西方文字，现代虽有美术化的做法，但严格讲还谈不到书法艺术。书法不仅是一种技术，而且包含着精、气、神。许多书法家都有这样的感受：好的书法作品不仅是长期进行思想修养所练出的一种功力，而且与书写之时的精神状况有极大关系。还有人认为，书法或者与气功有关，在一定心态和体态中，心中充满艺术的力量，才能有好作品出现。所以，书法家十分重视创作环境与心态。而茶，不仅能使人头脑清醒，而且大有纵横天地宇宙的感觉。所以，许多书法家爱饮茶。这也许正是茶与书法有着特殊姻亲关系的原因。于是，专门以茶诗、茶字为题材的茶书法便成为书画界一种特殊的好尚。许多大书法家有"茶帖"，或者以书法写茶诗，作为表现自己艺术思想的手段。

茶与书法结缘是很早的。早在陆羽创造中国茶文化学的初步体系，编著《茶经》之时，书法家就积极参与到茶文化活动中来。陆羽的忘年之交颜真卿，是众所周知的颜体书法创始人，在许多人的心中，一般只知颜真卿为大书法家，其所历官阶、政治上的功绩反而不为人所知。颜真卿在湖州与陆羽、皎然等结交，这一儒、一僧、一隐，曾在多方面相互配合，在茶与书法的结合上也是首开先河者。著名的"三癸亭"，便是一个例证。三癸亭因在癸年、癸月、癸日建成而得名。"三"字在道家思想里寓"三生万"之意，陆羽、皎然、颜真卿三人又合"三"之数。据考，此亭乃陆羽设计，皎然作诗留念，颜真卿以书法刻碑记其事，又为"三绝"。所以，从唐代起，茶书法便正式成为茶文化的重要内容。

宋代，徽宗皇帝好茶、好诗、好书法，他不仅著有《大观茶论》，而且当然要以书法家特有的艺术气质来写茶文章，画茶画，或在茶画中题诗。徽宗书法被称为"瘦金体"。从赵佶所绘《文会图》中，我们可以看到他和大臣们的题诗和书法。其《文会图》，便是一幅集画、诗、书法、茶宴为一体的极好艺术佳作。有人怀疑徽宗赵佶是否真能写《大观茶论》，因为在这篇论著中，所描绘的"太平景象"与其所处的历史环境不符。其实，这是大可不必怀疑的，赵佶在艺术上确有才华，而在

宋 蔡襄《精茶帖》

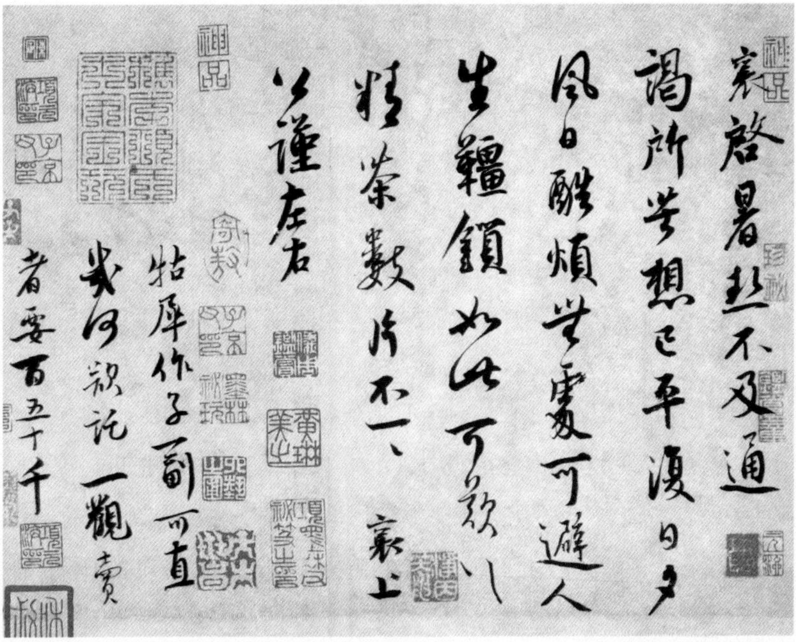
襄啓暑熱不及通
謁所苦想已平復日夕
風日酷煩無處可避人
生纏鎖如此可歎〻
精茶數片不一〻 襄上
公謹左右
牯犀作子一副可直
幾何欲託一觀賣
者要百五十千

政治上确实昏庸。正因为是昏君，所以才玩物丧志，所以才在危机四伏行将亡国时仍有心于茶艺；而面对亡国之患却不知忧患，才是真正的昏君。昏君未必不能当个艺术家，管理国家无能不见得一无所长，赵佶仍然是名副其实的茶人兼书画家。

明代唐寅、文徵明等也是兼通茶艺、诗文、书画的。还应当值得特别一提的是清代被称为"扬州八怪"之一的郑板桥。郑板桥名郑燮，字克柔，号理庵，又号板桥，江苏兴化人，是著名的书法家、画家兼诗人，时人称之"三绝"。其尤善画兰花、墨竹、怪石，笔法秀丽而又不乏苍劲。其诗文既讲求现实主义，而又多豪放慷慨。其书法则将隶、楷、行、草相糅为一体，自号"六分半书"。板桥先生也是一位嗜茶者，有《家兖州太守赠茶》诗云："头纲八饼建溪茶，万里山东道路赊。此是蔡丁天上贡，何期赐与野人家？"可见板桥十分熟悉茶史，又是一位集茶与诗、画为一体的艺术家。

由于茶与书法的特殊关系，许多大书法家均有特意书写"茶帖"供人鉴赏，也有人集书法家所书之"茶"字，单独成帖作比较研究。比如，有人曾集《玄秘塔》《说文》和颜真卿、米芾、徐渭、苏过、董其昌、张瑞图、王庭筠、吴昌硕、赵孟頫、郑板桥等著名书法家作品中的十二个"茶"与"茗"字为一纸，合真、草、隶、篆、行为一炉，但一点也不使人感到生硬。

现代书法家也有不少人十分爱好茶书法，如郭沫若、赵朴初、启功等，都有茶诗和茶书法。茶事活动中同时举行茶诗、茶画、茶书法的笔会，更是常有之事。发展到今天，典型的茶文化会议上，若无诗画与书法助兴，人们反而觉得像缺少了点什么。可见，茶与各种艺术结缘，定有内在的因果关系。

宋 赵佶 《文会图》

题文会图

儒林华国古今同
吟咏飞毫醒醉中
多士作新知人毂
画图犹喜见文雄

明时不与百年同
八表人归大道中
丁笑当年十八士
经纶谁是出群雄

白泉谨依
韵和进

第十七章 茶的谣谚、传说
与茶歌、茶舞、茶戏

　　每个民族都有自己的民间艺术，从某种意义上说民间艺术是上层文化产生的母本和摇篮。茶文化同样如此。在长期的种茶、采茶、制茶活动中，广大茶农用自己的心血浇灌了茶，同时也播下民间艺术的种子，从而产生了茶谣、茶谚、茶歌、茶舞以及茶的故事与传说。比较起来，上层文化与茶结合侧重于品饮活动，所以大部分茶诗、茶画是描绘文人与僧道品茶情形。而民间茶文化则着重于茶的生产。文人多写个人饮茶的感受，民间则重点表现饮茶、制茶、种茶，是为以茶交友、普惠人间的思想。表面看民间艺术没有文人诗赋的深奥，但实际上却反映我们民族更深沉、更优秀的品德，有许多感人肺腑和启迪智慧的优秀作品。

一、茶的故事与传说

　　在我国各地，有许多关于茶的民间故事与传说。这些故事有的是讲名茶的来历，一方面给这些茶加上许多美好的传奇色彩，从而更引人注目；另一方面也借此来宣传自己家乡的美丽富饶。我国地大物博，各种物质资源非常丰富，但是，却很少像茶和酒那样，不仅为人们所喜爱，而且被编成各种故事来颂扬它们。同样是植物，有的也有传说，比如百花有花神的故事，谷物也有故事，采桑养蚕有蚕娘娘的传说，有秋胡与其妻在桑园相会的故事等。但很少有一种植物能像茶，不仅各种名茶都有一段传奇，而且还通过故事歌颂名山名水，使这些故事带上更飘逸的浪漫主义色彩，从而引发起人们对名茶更多的向往、倾慕。看来，茶农们很会用故事为自己的好茶来做广告。所以，在茶的传说中，占最大比例的是关于名茶的来历，每种名茶似乎都有一段美妙的历史。

比如黄山毛峰的传说，就十分耐人寻味。故事说，明天启年间有一位为政清廉而又儒雅的县令熊开元，因携书童春游，来到黄山云谷寺。寺中长老献上一种芽如白毫、底托黄叶的好茶，以黄山泉煮水冲泡，不仅茶的色、香、味无与伦比，而且在茶变化升腾过程中，空中会出现"白莲"奇景。长老说乃是当年神农尝百草中毒，茗茶仙子和黄山山神以茶解救，神农氏为感谢他们留下的一个莲花神座，服这种茶当然会身体康健、延年益寿的。后来此茶被官迷心窍的另一个县令偷偷带到皇帝那里献茶请功，因不知黄山神泉的道理出现不了白莲，因贪功反害了自己。而熊开元也终因看透官场腐败弃官而去，到云谷寺也做了一个和尚，终日与毛峰茶、与神泉水及禅房道友相伴。表面看来，这个故事与一般民间传说没多大区别，无非仙茶神水之类。仔细研究却不然。第一，它插入神农尝百草的故事，再现了我国神农时代便发现茶的用途的传说。第二，所谓用神泉水冲茶会出现白莲奇观的传奇笔法，又表现了佛教与茶的关系。佛教崇尚莲花，一个云谷寺慧能长老，一个文雅的儒士，不仅说明儒佛相参共修茶道，而且证明真正的茶人必是"清行简德之人"，像那个专给皇帝拍马屁的具官，与这黄山毛峰的高雅品格是风马牛不相及，根本无缘的。一个普通的民间故事，能说明这样多的问题，看来民间艺术也是相当含蓄深沉的。

不过，总的来说，民间关于茶的传说是"仙气"比"佛气"要浓。中国人对仙的印象比佛还要好，因为所谓仙，仍是大活人。中国人，尤其是劳动者，更相信自己的力量。如安徽的太平猴魁茶，民间传说是一对得道的老毛猴送给人们的。又有人说，是一个叫侯魁的美丽姑娘，用自己全身的元气、毕生的心血培育而来的，所以以水泡茶，不仅会有青烟自壶中袅袅升起，而且会从烟云中看到亲人的身影。武夷山的"大红袍"也有许多传说。有的说，那是一个灾荒年月里，武夷山中好心的勤婆婆救了一位老神仙，神仙老头儿在地上插了一把拐杖，就变成了茶树。皇帝让人把茶树挖了，栽进宫去，仙茶又拔地而起，凭空飞腾回到武夷山，那红艳的叶子，是天上飘来的彩云，是茶仙身上的袍服。也有的说是因为皇后娘娘用这种茶治好了病，所以皇帝以大红袍赐封三棵茶树而得名。值得注意的是，许多名茶传说经常伴随着一个治病救命或是可歌可泣的爱情故事，这更突出了茶的药用价值和茶性纯洁的品格。洞庭湖的君山茶传说还饶有趣味地讲了一个向老太后"进谏"的故事，而且把时代明确推到先秦的楚国时期。故事说楚国的老太后是个病秧子，楚王却又是个孝子。楚王的孝心感动天地，来了一位白胡子老道士给老太后看病。他说太后没什么病，只是山珍海味吃得太多了，致使肠胃受累，临行留下一葫芦"神水"，并四句真言：

一天两遍煎服，三餐多吃清素；
要想延年益寿，饭后走上百步。

　　太后的病从此好了，楚国令尹却想把君山神水都搬到王宫去。老道士一怒，把一汪神泉全撒在山上，变成了千万棵茶树，与神泉水有同样的疗效。令尹责备老道士有"欺君之罪"，老道士却说一方水土养一方人，你要把神泉淘尽，这便是"欺民之罪"。令尹只好认输。从此，楚王每年派百名姑娘来君山采茶。每当采茶时，采茶女着红衣，每二十人一队，碧波起伏的茶山，突然间像插上了一朵朵红花。望着这美丽的景色，楚国令尹诗兴大发："万绿丛中一点红，采叶人在草木中。……"吟到此，他突然若有所悟：人在草与木中间，这正是一个"茶"字；繁体的草字头亦可写作"廿"，这又是"二十"的简写，说明姑娘们编队情况。既然一切都有个自然之理，当初自己又何必非要把君山神泉搬走？这则故事编得很巧妙，整个故事都含有对统治者的讽谏，最后又以谜语形式点题：喝下杯清茶，君王便该清醒些，不可取之过多，扰民太甚。

　　好茶须有好水烹，这个茶艺的基本要求其实是百姓们最有发言权。因为他们自己便常与名水相伴，并非刻意求取。于是，又出现许多关于发现名泉名水和保护名泉名水的故事。比如杭州的虎跑泉，人们说，那是一对叫大虎二虎的兄弟为救一方百姓，变作老虎用神力从地下硬刨出来的。洞庭湖君山之上，不仅有最好的茶，也有过最好的"神水"。

　　广西桂林有个关于白龙泉与刘仙岩茶的故事，说白龙泉的水泡茶不仅味香，还能从水汽中飞出一条白龙来，所以被作为专向皇帝进贡的贡品。刘仙岩的茶据说是宋代一个叫刘景的"仙人"种的茶。所谓"仙人"，其实无非是"得道"的大活人。因此，各种茶与泉的传说都是现实生活的曲折再现。

　　也有些故事是以群众喜闻乐道的形式再现史实的。有一则"马换

《茶经》"的故事，说唐朝末年各路藩王割据与朝廷对抗，唐皇为平定叛乱急需马匹。于是，朝廷以茶与回纥国相交换，以茶换马。这年秋季，唐朝使者又与回纥使者相会在边界上。回纥使者却提出，不想直接换茶，而要求以千匹良马换一本好书，即《茶经》。那时陆羽已逝，其《茶经》尚未普遍流传，唐朝皇帝命使者千方百计寻查，到陆羽写书的湖州苕溪，又到其故里竟陵（今湖北天门），最后还是由大诗人皮日休捧出一个抄本，才换来马匹，了结这段公案，从此《茶经》外传。这个故事不知是真的完全来自民间还是经过文人加工，无论如何，把茶马互市与《茶经》的外传连在一起，编得是十分巧妙的。唐代确实与回纥有频繁的接触和贸易往来，或者真是在唐代，《茶经》就流传到我国西北地区。这为我们研究西北地区茶文化发展史提供了一条重要线索。

至于苏东坡、袁枚、曹雪芹品茶的故事，更是史实与传闻参半，有更多参考价值。

云南陆凉县境内，据说有一棵大山茶树，干高二丈余，身粗一围，花呈九蕊十八瓣，号称山茶之王。关于这棵树的传说却与吴三桂统治云南的历史结合起来。据说吴三桂称霸云南又谋图自己做皇帝，乃修五华山宫殿，筑莲花池"阿香园"，并搜罗天下奇花异草。于是，陆凉的山茶王便被强移入宫。谁想这茶树颇有志气，任凭吴三桂鞭打，身上留下道道伤痕，硬是只长叶不开花。三年过后，吴三桂大怒要斩花匠，那山茶仙子来到吴三桂梦中唱道：

三桂三桂，休得沉醉；

不怨花匠，怨你昏愦。

吾本民女，不贪富贵；

　　只求归乡，度我穷岁。

　　吴三桂听了，梦中挥刀，没砍中茶仙子反而砍下龙椅上一颗假龙头。于是又听到茶花仙子唱：

　　灵魂卑贱，声名已废。
　　卖主求荣，狐群狗类。
　　只筑宫苑，血染王位。
　　天怒人怨，祸祟将坠。

　　吴三桂听罢，顿觉天旋地转，吓出一身冷汗，突然惊醒，原是南柯一梦。谋臣怕继续招来祸祟，劝吴三桂，终于又把这山茶王"贬"回陆凉。这个故事，重点反映茶的坚贞品格，巧妙地运用了吴三桂称藩作乱的历史事实。在云南，这种历史故事很多，比如还有许多诸葛亮教人种茶、用茶的故事，就是正面突出番汉文化交融的。所以云南有些地方又把一些大茶树称为"孔明树"。先不论是否是孔明入滇才使云南人学会用茶种茶，只从其包含的思想精神说，各族人民对历史人物的评价是很有客观标准的。

　　有些故事可能不全来自民间，而是出于文人之手或经过文人加工，但听起来仍是饶有趣味。如"看人上茶"的故事便很有意思。相传清代大书画家、号称"扬州八怪"之一的郑板桥曾在镇江读书。一天他来到金山寺，到方丈室看别人字画，老方丈势利眼，见郑板桥衣着简朴，不屑一顾，仅勉强地招呼："坐！"又对小和尚说："茶！"交谈中得知郑是同乡，于是又说："请坐！"并喊小和尚："敬茶！"而当老方丈得知来者原来就是大名鼎鼎的郑板桥时，大喜，于是忙说："请上坐！"又急忙吩咐小和尚："敬香茶！"茶罢，郑板桥起身，老和尚请求赐书联墨宝，郑板桥乃挥手而书，上联是："坐，请坐，请上坐！"下联是："茶，敬茶，敬香茶！"这副对联对得极妙，不仅文字对仗甚工，而且讽刺味道极浓。还有一则朱元璋赐茶博士冠带的故事，说明太祖朱元璋一次晚宴后视察国子监，厨人献上一杯香茶，朱正在口渴，愈喝愈觉香甜，心血来潮，乘兴赐给这厨人一副冠带。院里有位贡生不服气，乃高吟道："十年寒窗下，不如一盏茶。"众人看这贡生敢忤皇上，大惊，朱元璋却笑着对了个下联："他才不如你，你命不如他。"这个故事，一方面是说明朱元璋好茶，同时也较符合历史，朱氏出身低微，比较能体谅劳动者，自己又没读过多少书，重实务而轻书生，或许是真有的。

至于众所周知的敦煌变文《茶酒论》的故事，其本身很明显自民间故事脱胎而来。这个故事以赋的形式出现，说明已经过文人加工整理，有人考证其为五代到宋初的作品，那么在民间流传则应更早。而到明代又出现同样母题的"茶酒争高"的故事。同时，在藏族俗文学中也发现这个题材的作品。由此说明，民间故事的生命力是很强的。而在中国人心目中，向来把茶看得比酒要重一些。

二、茶谚

《说文解字》说："谚，传言也。"我觉得这种概括还不足以全面说明谚语的特点。谚语是流传在民间的口头文学形式，它不是一般的传言，而是通过一两句歌谣式朗朗上口的概括性语言，总结劳动者的生产劳动经验和他们对生产、社会的认识。如"早烧霞，晚沤麻"，"六月连阴吃饱饭"，是自然和生产经验的总结；又如"多年的道路走成河，多年的媳妇熬成婆"，是旧社会妇女生活道路的写照。谚语十分简练，具有易讲、易记、便于交口相传的特点，但包含的道理却相当深刻。所以，茶谚也是茶文化的重要组成部分。从茶谚中，可以看到很多有关茶的生产、种植、采集、制作的经验，它再好不过地说明文化发掘对生产、经济的直接促进作用。

我国茶谚什么时候最早出现很难确切考证。陆羽《茶经》说："茶之否臧，存于口诀"，是说对茶的作用及好坏判断在百姓的口诀中就有了。所谓"口诀"，也就是谣谚。晋人孙楚《出歌》说"姜、桂、茶荈出巴蜀，椒、橘、木兰出高山"，这是关于茶的产地的谚语。从目前材料看，可能是我国最早见于记载的茶谚。

按理说，茶谚既出于茶的生产者，劳动生产的茶谚应该早于饮茶的茶谚，但由于谚语多不见于经传，而是在民间通过爷爷奶奶交口传授流传下来，所以从书本上反而见不到。而饮茶活动由于文人提倡、陆羽总结，所以到唐代便正式出现记载饮茶茶谚的著作。如唐人苏廙《十六汤品》中载"谚曰：茶瓶用瓦，如乘折脚骏登山"，所以苏廙称这种茶汤为"减价汤"。这句话的意思是说，用瓦器盛茶，就好像骑着头跛腿马登山一样很难达到希望的效果，比喻十分形象，而且明确指出是民间谚语。所以，到宋元以后关于吃茶的谚语便常见了。元曲中许多剧作里有"早晨开门七件事：柴米油盐酱醋茶"，这是讲茶在人们日常生活中的重要性，说明已是常见的谚语。这时，茶早已被运用于各种礼节，特别是我国南方民间婚礼，茶已是必备之物，结婚也叫"吃茶"。明代郎瑛《七修类稿》却从相反意义上记下一条谚语："长老种芝麻，未见得吃茶。"意思是和尚怎么能种芝麻？种下也开不了花，结不好籽，只有夫妻一起种才好。芝麻是多子的象征，吃茶是婚姻成功的含意，这条谚语是以谚证谚，用吃茶来说明夫妻同种芝麻效果好。也有些地方并非以此直指种芝麻，而是说明夫妻合作才能成功的事理；或者想结姻亲，未必成功。这条谚语是流传很久的。

不过总的来说，茶谚中还是以生产谚语为多。早在明代就有一条关于茶树管理的重要谚语，叫"七月锄金，八月锄银"，或叫"七金八银"。意思是说，给茶树锄草最好的时间是七月，其次是八月。关于夏末秋初为茶树除草的道理，早在宋人赵汝砺《北苑别录》中就有记载，南方除草叫"开畲"，该书转引《建安志》的记载："茶园恶草，每遇夏日最烈时，用众锄治，杀去草根，以粪茶根，名曰开畲。若私家开畲，即夏半初秋各一次，故私园最茂。"所以，这条谚语记载在宋，而其形成很可能早在宋代或者更前。因为它是茶园管理的一项重要内容，所以一直保存下来，而且流传极广。广西农谚说："茶山年年铲，松枝年年砍"；"茶山不铲，收成定减"。浙江有谚语："著山不要肥，一年三交钉"（意即锄上三次草，不施肥也有肥）。又说"若要茶，伏里耙"；"七月挖金，八月挖银，九冬十月了人情"。湖北也有类似谚语，说："秋冬茶园挖得深，胜于拿锄挖黄金。"这一条可能因为当地情况不同，与前几条有所区别。所以农谚的地域性很强，不可笼而统之地来说。如采茶的谚语，时令也是十分讲究的。浙江不少地区说："清明一杆枪（指茶芽形状），姑娘采茶忙。"湖南则说"清明发芽，谷雨采茶"，或说"吃好茶，雨前嫩尖采谷芽"。湖北又有一种说法："谷雨前，嫌太早，后三天，刚刚好，再过三天变成草。"杭州则又有"夏前宝，夏后草"的说法。为何各地在采茶时间上茶谚区别这样大？可能一则各地气候条件不同，二则因不同品种采摘时机也不一样，所以这些谚语对有关部门了解各地茶的生产情形具有重大意义。

一般说茶谚是由民间口传心授的，但这并不排除文人可以加工整理。如《武夷县志》（1868年本）曾载阮文锡的《茶歌》，实际上是以歌谣形式出现的茶谚。阮氏后来到武夷山做了和尚，僧名释超全，因久居武夷茶区，熟知茶农生活，其总结的农谚十分真切。其歌曰：

采制最喜天晴北风吹，

忙得两旬夜昼眠餐废，

炒制鼎中笼上炉火温，

香气如梅斯馥兰斯馨。

这首茶谣虽经阮文锡做了些文字加工，看得出还是源自茶农的实际生活体验和生产实践经验的总结。

三、茶歌、茶舞、茶戏

茶农的劳动是非常艰苦的，但劳动也给人们带来生活的希望与乐趣。茶园里、田野间，绿水青山，山风习习，与白云、朝霞为伴，采茶的姑娘和小伙子在集体劳动中体会到特有的欢乐，于是自然地翩翩起舞或对起山歌，于是茶歌茶舞便相应而生。早在清代，李调元的《粤东笔记》便记载：

（粤东）采茶歌尤善。粤俗岁之正月，饰儿童为彩女，每队十二人，人持花篮，篮中燃一宝灯，罩以绛纱，以缠为大园，缘之踏歌，歌十二月采茶。有曰：二月采茶茶发芽，姊妹双双去采茶，大姐采多妹采少，不论多少早还家……

这是固定的采茶歌舞活动。也有些地区，以男女对茶歌形式既进行娱乐，又是少男少女恋爱择偶的手段，也称为"踏歌"。如湘西一带少数民族，未婚青年男女便是以"踏茶歌"形式进行订婚仪式的。通常在夜半时分，小伙子和姑娘来到山间对歌传情，歌曰："小娘子叶底花，无事出来吃碗茶……"这时，姑娘便会以自己的心灵编出种种茶歌与小伙对答，相互考察和传递情意，歌声此起彼伏，甚至通宵达旦。如果经过对歌情意投合便进一步"下茶"，女家一接受"茶礼"便被认为是合乎道德的婚姻了。

在我国民间，流行的茶歌是很多的。如《光绪永明县志》卷三便载一首《十二月采茶歌》：

二月采茶茶发芽，姊妹双双去采茶，
大姊采多妹采少，不论多少早还家。
三月采茶茶叶新，娘在家中绣手巾，
两头绣出茶花朵，中间绣个采茶人。
……
七月采茶茶叶稀，茶叶稀时整素机，
织得绫罗两三丈，与郎先作采茶衣。

这首茶歌与《粤东笔记》所记《踏茶歌》大体仿佛，可见，湘、粤之地普遍流行踏歌习俗。

在少数民族中，茶歌流行很多，不仅云南、巴蜀、湘鄂等产茶之地流行，在不产茶但又特别崇尚茶的民族地区也流行茶歌。如西藏，有关茶的民歌就很多。许多茶歌是表达汉藏之间的民族情谊："你放一点茶，我放一点酥油，咱俩是否同心，请看酥油茶吧。"还有一首名为《汉茶入藏也》的歌，歌词也十分美妙，表达了藏族人民对汉族运茶人的期待与赞美。歌中唱道："小紫骡马的走法，若像白云一样的话，汉茶运入藏地，只需一个早晨就行啦。"至于《请喝一杯酥油茶》的著名民歌，更表达了藏族人民与人民解放军的鱼水深情。

近年来，台湾还流行一些新编茶歌，似歌又似谚，对宣传茶的功效颇有作用。其中一首说：

晨起一杯茶哟，振精神，开思路。
饭后一杯茶哟，清口腔，助消化。
忙中一杯茶哟，止干渴，去烦躁。
工余一杯茶哟，舒筋骨，除疲劳。

新中国成立后，茶歌茶舞又得到特别的重视与发展，湖南民歌《挑担茶叶上北京》在湘鄂地区几乎老幼皆知。至于《采茶扑蝶舞》更把歌舞交融一体，通过艺术家的精彩表演使广大观众看到茶区人民欢欣鼓舞的新生活。

老舍先生的著名剧作《茶馆》，首次把市民茶文化的典型场景搬上戏剧舞台，通过一个茶馆的变迁再现了老北京近半个世纪的历史变迁，并使人们对北京大茶馆的具体情况形成深刻的印象。近年来，曲艺中也出现了以茶为题材的作品，艺人们通过京韵大鼓以"前门楼子大碗茶"为线索描述北京的沧桑巨变。小说家也不甘寂寞，湖南作家的《烘房飘香》发表后很快引起强烈反应，并被改编成同名花鼓戏和电影上演。近年来，又有电视剧《乡里妹子》出现，反映茶乡经济生活。还有以茶圣陆羽为题材的故事、小说、电视剧，也一再出现，从历史的深度对茶文化发展作了不少有益的探索。至于各种大型茶事活动和茶艺表演，以茶为主题的歌舞、诗画更交相辉映。

一种普通的饮食，竟形成专门的文化艺术现象，而且一再花样翻新，屡屡不绝，这实在是少有的。茶之所以引发出如此众多的艺术活动，不能不令人刮目相看，认真思索。除了茶乡山水和愉悦的劳动节奏容易引发人们的艺术思维之外，之所以产生这样奇妙的现象，大概最主要的还是整个茶艺、茶道和中华茶文化深刻的含蕴所致。

第五編

中国茶文化

走向世界

文化是没有国界的，是人类创造的共同财富。因此各民族文化必然要冲破民族、国界等种种阻隔而走向世界。

通过前几编，我们已经看到，中国茶文化乃是中国传统文化的一个优秀的分支，它既包含了哲学、伦理、社会观念，又包含着客观自然规律和美学、艺术等各种思想。整个中国茶文化有着自己明显的民族个性和完整体系，但它又不是一个封闭的体系，而有很大的开放性。即以社会思想观念来说，它既包括儒家的内省、亲和、凝聚，又包括佛家的崇定、内敛和道家的平朴，但它同时又以香溢五洲，环湖抱山，寻求无涯无际的宇宙大道为己任。茶的个性确实是质朴内向的，但茶人却从不孤僻，而总是举杯邀友。正是由于茶文化这种特有的个性，它既可荟萃于一盅一碗之中，也可以像白云、流水一般面向四海，走向世界，飘浮于整个天地之间。

事实上，我国茶向外传播很早，自唐宋以来，茶的文化思想不仅占领了整个东亚文化圈，而且在15世纪以后逐渐传到欧洲，传向世界各地。无论亚洲其他国家还是欧洲、非洲的植茶技术，皆源于中国；东方各国现今之茶道皆与中国茶文化有着深刻的渊源。

　　茶文化是历史的，它从历史的丛林中走来；茶文化又是未来的，在新的世界面前，它又必然会产生新的文化力量而日新月异。

　　茶是中华母亲的乳汁，但又以母亲般慈爱善良的心田滋润整个世界。

第十八章

茶在东方的传播与亚洲茶文化圈

　　人们都知道中国有一条丝绸之路，却很少提到茶之路。这是因为丝绸以物质形态很早为国外所接受，茶的传播虽然也并不太晚，但饮茶之风在国内是从隋唐之后才大兴，且以清饮系统为主，而清饮主要影响在东亚。早期中国茶饮的外传却是向西亚和东北亚，这一系统却与草原、大漠、山林的乳饮文化结合，大多属于调饮系统，而与中华故地最兴旺的饮茶时期形态有异，所以早期传播反为人们所忽视。中国古代饮茶重精神、讲茶道，这种精神内容的传播毕竟不如物质内容明显和易于接受，人们在谈到丝绸之路时常谈到瓷之路。其实，瓷器里有许多便是茶具。既有茶具，必然饮茶，而器易见，饮则隐，正是同一理也。所以事实上茶之路是早已存在的，而且不仅东亚一条或加上后期海路通向欧洲，而且有西行、北行、东北行。因此，我们在讨论中国茶文化走向世界的过程中，首先要探讨其早期对亚洲各国的影响，然后再讨论日本、韩国等中国茶文化的分支及对西方的影响。

一、中国茶早期外传与调饮文化及乳饮文化体系

中国茶自云贵发源，由巴蜀兴起，然后传及全国各地，这一大体方向已是确认无疑的。然而，中国茶向国外（以现在国界为准），从什么方向传出，却多有争议。谈到茶和茶文化的传播，人们经常从日本谈起。其实，认真考察起来，中国茶的外传最早并不是从东方，而是从西北。

中国茶最早向外传播的时间，有人认为在汉代。理由有二：第一，汉代巴蜀地区已普遍兴起饮茶之风；第二，汉代丝绸之路通向西亚乃至欧洲，长安南接巴蜀，所以随丝绸之路的开辟必有茶外传。然而，这一观点只不过属于推论，并无明确史料记载。况且当时黄河流域饮茶尚属稀见，国内尚不普遍，外传的可能性也就更小，只能备一家之言而有待进一步考证。

比较公认的意见，认为中国茶正式与国外贸易是在南北朝时期。但在具体时间上又有差异。陈椽先生认为是在公元475年，即南朝宋元徽三年，说当时中国商人曾在蒙古边境与土耳其人以茶易物。唐力新先生则认为是在南朝齐永明年间（齐武帝年号，483—493年），向外输出的国家也是土耳其。还有的认为，既然具体时间有争议，便笼统称之为"5世纪开始向外传播"。不论哪种说法，都认为是在南北朝时期，贸易对象是土耳其商人，中介地是蒙古边界，方法是以物易物，输出之茶来自南朝宋或齐。这种意见不仅有一定文献根据，而且也较符合当时的历史背景。

我国饮茶之风在江、淮地区大兴确实是从南北朝开始。当时清谈家已把茶引入文化领域，宋、齐所踞之长江流域也已普遍流行植茶技

术。齐武帝本身就好茶，提倡饮茶以示节俭，将逝时又下遗诏令其逝后灵位之上勿多供牺牲，而仅以干饭、茶饮、果品为供即可。朝廷的这种风气，说明南方饮茶已很普遍。虽然当时北方民族尚不习惯饮茶，居住在洛阳的北朝官员还以为茶只能为乳酪之奴，但南朝移居洛阳者已普遍保持饮茶风气，这必然影响北朝。而南朝当时商业风气甚浓，不仅常与北魏互市，而且有许多私人商贾来往货殖，所以与境外商人交易于北边完全可能。且北魏自孝文帝时，崇尚华风，南移都城至洛阳后，国力渐衰，但因魏初屡次西征，震慑北方，当由武功而转文治之时，西方国家前来边疆交易互市也合于道理。

如果以上情况有理，则远在公元5世纪，我国茶叶已运输土耳其。而自隋唐以后又与西边互市不绝，尤其是回纥，在唐代开始大量以马易茶，称为"茶马互市"。中国茶当通过回纥等地继续向西方转输。以此而论，唐代输往西亚和阿拉伯国家的茶应当不比输往东方海国者少。但历史记载却因有西域国家为中介地，所以情况不明，但从公元5世纪即有土耳其来市茶的情况看，西亚和阿拉伯国家输入我国茶应当继续进行。况且长安当时已是通往西方的国际都会，丝绸、瓷器都大量输出，国内饮茶之风又一时大盛，长期旅居长安的外国商人怎么可能对茶视而不见呢？东方日本、朝鲜等国皆因有学僧来华，在保留佛教文化交流材料时，同时保留了有关茶饮和种茶技术传播的记录，而西亚国家文事不如日、朝兴盛，国内对纯商业交往又往往不记于经典，因而早接受中国茶的西亚诸国反而被忽略了。由此可见，我国早期茶的外传基本上是与陆路通向西亚的丝绸之路相辅而行的。

除西路外，北方和东北亚的茶叶传播也不会太晚。南北朝时北魏与南朝互市不绝，南方的茶经北魏而转输柔然等大漠、草原亦有可能。而唐代北方各族均与唐保持羁縻关系。特别是契丹兴起以后，无论从《辽史》还是《契丹国志》看，契丹人引入中原茶叶当在唐末、五代时就大量进行。五代时南唐使节一再由海陆通使契丹，传送"蜡丸书"，就是为以茶等物从海上与契丹贸易，所以契丹饮茶风气当更早于此，而在唐末即兴。至于宋代与契丹的茶叶贸易更见明文记载了。辽朝建立早于北宋三四十年，当时契丹北境早已达苏联亚洲部分的许多地区。辽亡后耶律大石率军西行，在贝加尔湖附近建西辽长达二百年，并越西夏而与南宋相联系。酷爱饮茶的契丹人虽不易得很多茶，但怎么可能不把茶饮传到西北亚？

那么，是什么原因使西亚、北亚、东北亚的中国茶传播情况被湮没呢？第一，是因这些地区茶的输入大多由我国北方民族地区为中介地。如南朝时是经北魏而柔然，再通西亚；唐代经匈奴、乌桓、鲜卑转输亚洲西北及苏联南境，宋代又经契丹与西辽及金。北方民族重武轻文，文献多极简略，甚至有的无文字，有的刚创立自己文字，关于茶的记载便难于查找了。第二，是因为西亚与北亚及西伯利亚山林地区，大多属乳饮文化系统，我国茶输入这些地区后多与乳饮相结合，茶本身的原始形态反而少见，这也是被隐没的重要原因之一。其实，这种调饮方法，即与其他食品、饮食结合使用的方法，正符合我国早期西南饮茶方式。而一到草原地区，如契丹人，除正式朝仪"赐茶"外，其余时间可能是与粟及乳制成茶粥或奶茶，重在食，而不只是饮，因而饮茶文化便被埋没了。从目前世界各国情况看，西亚、欧洲饮茶多属调饮系统，而且占世界人口很大比例，这也是以调饮掩盖清饮华风的一个佐证。

我以为，亚洲的西部和北部至今乳茶文化盛行绝非偶然，必有一个长期发展的过程。目前已有人开始注意奶茶文化的总结，我想，随着这一文化体系情况的明晰，茶向西亚、北亚输通的历史之谜也必将得到破译。

而就茶的文化观来说，由于清饮系统重儒雅，北方民族多剽悍，而且常以茶与酒并行。西亚诸国与华夏文化又有很大差异，所以不易接受典型的中国茶道。而韩国、日本、东南亚诸国，由于思想文化多方受中华腹地熏染，中国茶艺与茶道在这些国家出现分支，其外部形态易于追根溯源。

总之，我以为中国茶的早期传播是与我国的西北丝绸之路相伴而行的，同时又以北方少数民族政权为中介地。目前有关这方面的资料虽然还比较少，但唐代兴起的大规模与西北地区的茶马互市不可能仅仅把茶阻隔在西北民族中而不进入西亚。在此以前也必然有一个逐渐传播的过程。

二、中国茶向日本、朝鲜的传播

在中国茶和茶文化向东方传播的过程中，日本和朝鲜的情况是十分令人瞩目的。这里有几个重要原因：第一，朝鲜、日本都是文明发展较早的东方国家，一切文献、礼仪多效仿中国，有关茶及文化输入的情况，无论中国自身或朝、日两国，都记载较详、较多。第二，朝鲜和日本实际上与中国文化同源，可以说都以中国文化为母本，这无论从文献和朝日文物发掘都得到证明。所以，朝、日两国输入中国茶虽然可能比西亚要晚，但却是连同物质形态与精神形态全面吸收。第三，朝、日属清饮文化系统，其输入中国茶的时间恰与中国唐代陆羽创立茶文化体系相衔接。而且自唐、宋到明代茶文化的每一大转变时期，皆能远渡重洋；而来华学习的两国学生，常得文化风气之先。现代商界都知道，一个广告比直接运输要增效百倍。物质的输入加上文化的渲染给人的印象便要深刻多了。

谈到向日本传播茶，一般从唐代最澄和尚来华说起。实际上，茶传到日本的时间还要早。据文献记载，隋文帝开皇年间，即日本圣德太子时代，中国在向日本传播文化艺术和佛教的同时，即于公元593年将茶传到日本。所以至我国唐玄宗时期，即日本圣武天皇天平元年四月八日（729年），日本文献已有宫廷举行大型饮茶活动的记载。据云，此日天皇召一百僧侣入禁讲经，第二天赐茶百僧。又过七十多年，日本天台宗之开创者最澄于804年（唐德宗贞元二十年）来华，翌年（唐顺宗永贞元年，公元805年），最澄返国，在带去大量佛教经典的同时带去中国茶种，播于日本近江地区的台麓山。所以，最澄是日本植茶技术的第一位开拓人。

日本僧人由中国带去茶叶和茶种的同时，自然又带去中国的茶饮习俗与文化风尚。日本学僧遗留文献记载，日本僧人空海便全面在日本传播了向中国所学的制茶和饮茶技艺。空海和尚又称弘法大师。他与最澄同年来华（804年），但比最澄晚一年归国（806年），学习的是我国真言宗佛法。他曾在长安学习，自然见多识广，据说他回国时不仅带去茶籽，还带去中国制茶的石臼，和中国蒸、捣、焙等制茶技术。他归国后所写《空海奉献表》中，就有"茶汤坐来"的记载。当时，日本饮茶之风因和尚们的提倡而兴起，饮茶方法也和唐代相似，即煎煮团茶，又加入甘葛与姜等佐料。在日本嵯峨天皇时，畿内、近江、丹波、播磨各地皆种茶树，并指令每年按期向朝廷送贡品。同时又在京都设置官营茶园，专供宫廷。可能因数量有限，这一时期饮茶仅限日本宫廷和少数僧人，并未向民间普及推广。

到日本平安时期后，在近二百年的时间内，即中国五代至宋辽之时，中日两国来往明显减少，茶的传播因之中断。不知何种原因，茶在日本一度播种之后，可能又断绝了。直到南宋时，才由日僧荣西和尚再度引入日本。

荣西十四岁出家，即到日本天台宗佛学最高学府比睿山受戒。到二十一岁时便立志到中国留学。南宋孝宗乾道四年（1168年）荣西在浙江明州登陆。遍游江南名山大刹，并在天台山万年寺拜见禅宗法师虚庵大师，又随虚庵移居天童山景德寺。此时南宋饮茶之风正盛，荣西得以领略各地风俗。这次来华，荣西一住就是十九年。中间回国一次，不久又再次来华，又住六年。荣西在华前后共达二十五年之久，最于宋光宗绍熙三年（1192年）回日本。因此，荣西不仅懂一般中国茶道技艺，而且得悟禅宗茶道之理。这就是为什么日本茶道特别突出禅宗苦寂思想的重要原因之一。荣西回国后，亲自在日本背振山一带栽种茶树，同时将茶籽赠明惠上人播植在宇治。荣西并著有《吃茶养生记》，从其内容看，深得陆羽《茶经》之理，特别对茶的保健及修身养性功能高度重视。所以，荣西是日本茶道的真正奠基人。

元明之时，日本僧人仍不断来华，特别是明代日本高僧深得明朝禅僧和文人茶寮饮茶之法，将二者结合创"数寄屋"茶道，日本茶道仪式始臻于完善。

由以上情况可以证明，我们说日本是将中国植茶、制茶、饮茶技艺和茶道精神等多方面引进，又据自己的民族特点加以改造。因而在日本保留中国古老的茶道艺术并形成中国茶文化的又一分支，便不足为奇了。

茶传入朝鲜的时间，从各种文献记载看，都要比传入日本早得多。

甚至有人认为，当汉朝渡渤海征辽东占领朝鲜半岛的乐浪、真番、临屯时便传入汉代文人饮茶习俗，这种说法可能是由于朝鲜保留中国汉代文献中发现有"茶茗"的记载而来。不过，汉代典籍流入朝鲜，不能完全证明茶传入朝鲜。中朝两国有久远的历史渊源，经常互相遣使不断。或许朝鲜使节来华，对中国饮茶情况略知一二倒有可能。比较可靠的记载，是在新罗时期中国茶传入朝鲜。在四五世纪时，朝鲜有高丽、百济、新罗等小国。公元668年，新罗王统一三国，进入新罗时期。这时便从中国传入饮茶习俗，同时学会茶艺。朝鲜创建双溪寺的著名僧人真鉴国师的碑文中就有："如再次收到中国茶时，把茶放入石锅里，用薪烧火煮后曰：'吾不分其味就饮。'守真忭俗都如此。"可见，在这一时期，饮茶已作为朝鲜寺院礼规。而从李奎报所著《南行月日记》中，则可看到李已熟知宋代点茶之法。其文曰："……侧有庵，俗称蛇包圣人之旧居。元晓曾住此地，故蛇包迁至此地。本想煮（茶）贡晓公，但无泉水，突然岩隙涌泉，其味甘如奶，故试点茶。"由此可知，此时朝鲜僧人煮茶，不仅用于礼仪，而且讲茶艺，论水品。公元828年（唐文宗太和二年）新罗来中国的使者大廉由唐带回茶籽，种于智异山下的华岩寺周围，从此朝鲜开始了茶的种植与生产，至今朝鲜全罗南道、北道和庆尚南道仍生产茶叶，有茶园两万多亩，产茶约三万多担。茶叶的种类有日本的煎茶、沫茶和我国古代的钱团茶，亦有炒青、雀舌等品种。

朝鲜也是一个全面引入中国植茶、制茶、饮茶技艺和茶道精神的国家。与日本不同的是，日本注重完整的茶道仪式，而朝鲜则更重茶礼，甚至把茶礼贯彻于各阶层之中。关于这一点，我们在后章还要专门论述和进行比较研究。

三、中国茶传入南亚诸国

我国茶传入南亚诸国，一般认为自两宋之时。北宋在广州、明州、杭州、泉州设立市舶司征榷贸易，广州、泉州通南洋诸国，明州则有日本、朝鲜船只来往，当时与南洋交易输出货物就有茶叶。

南宋与阿拉伯、意大利、日本、印度各国贸易，外国商人经常来往于中国各港口。当时的泉州是主要对外港口，和亚、非一些国家贸易频繁，这时福建茶叶已大量销往海外，尤其是南安莲花峰名茶（今称石亭绿茶）有消食、消炎、利尿等功效，是向南亚出口的重要物资。

元朝出师海外，用兵南洋诸国，茶叶输入南亚诸国也逐渐增加，这时福建茶叶仍以南洋为主要销售对象。南洋许多国家吸收了我国茶与饮食结合的方法，许多地方当时以茶为菜，所以是不可缺少的食物。

至于郑和于明代七下西洋，遍历越南、爪哇、印度、斯里兰卡、阿拉伯半岛和非洲东岸，每次都带有茶叶。这时，南洋诸国饮茶习俗已十分普遍。

南洋诸国，不仅直接输入中国茶叶成品，而且逐渐从中国引进种茶技术。印度尼西亚的苏门答腊、加里曼丹、爪哇等地，早在公元7世纪即与我国来往，至16世纪开始种茶，主要产于苏门答腊。此后，又于1684年、1731年两度大量引进中国茶种，尤其是后一次，种植颇见成效。

印度人知茶是由我国西藏转播而去。有人估计唐宋之时印度人已开始了解中国吃茶之法。到1780年东印度公司由广州转输入印部分茶籽，1788年又再次引种，这才使印度逐渐成为世界产茶大国之一。

南亚诸国与中国茶的关系十分密切，特别是由于大量华侨的迁入，饮茶习俗也与中国相差无几，一般属绿茶调饮系统。至于以茶佐餐，以茶待客，茶馆茶楼更与中国相仿佛。然而正因为相似太多反而不如日本、朝鲜的茶道、茶礼看得明显。

但是，南亚诸国饮茶风俗的兴起和大量输入、引种中国茶，其意义是十分重大的。这是因为，这些国家正是中国茶由海上通往地中海和欧、非各国的中介地，从而自元、明之后真正形成了一条通向西方的"茶之路"。西方帝国主义国家以南亚诸国为中介地，引入中国种茶、制茶技术，然后利用东南亚有利的自然条件和廉价劳动力大量生产茶叶，再由这些国家运往欧洲。这在明代和清初，比直接与以老大自居的中国进行茶叶贸易要合算得多。所以，南亚诸国种茶、饮茶之风的大兴，一方面是中国茶文化的延伸，同时又是中国茶文化向西方发展的前奏和转输基地。如果没有这一地区，中国茶真正冲出亚洲，走向全世界是难以想象的。正因为如此，继续研究南亚诸国饮茶风情及其对西方的影响是一个重大课题。可惜，茶人们至今对这方面知之甚少，注意不够。

四、亚洲茶文化圈的形成及其重大意义

从以上情况，我们可以看到，从公元5世纪中国茶开始外传，到17、18世纪南亚诸国形成中国茶继续向西方发展的中介地，在一千多年中，已逐步形成一个以中国为中心的亚洲茶文化圈。这个文化圈大体有三大体系。

第一个体系是中国西边的中亚和西亚国家，以及北方的蒙古、苏联亚洲部分。这些国家实际引入中国茶很早，但大部分已与乳饮文化相结

合，所以表面看来中国茶文化的思想形态影响不大。然而，实际情况并非如此。

亚洲西部国家和北部国家吸收中国茶文化是以中国古代北方民族为中介的。我国北方民族大多重武轻文，对中华腹地和南方饮茶的儒雅之风不大习惯。但这并不等于没有接受中国茶文化精神。我国北方民族勇猛、剽悍、重情谊，以乳茶、酥油茶、蜜茶、茶点，表示友谊、敬意是普遍的好尚。这些习俗自然逐步传布相邻国家。蒙古国与我国蒙古族茶俗相类自不必说，苏联境内一些古代牧猎民族也多吸收了奶茶文化，而西亚许多国家的饮茶习俗多自我国新疆地区传入。如阿富汗，信仰伊斯兰教，尊重传统，把茶当作人与人之间的友谊桥梁，常用茶沟通人际关系，用茶培养团结和睦之风。在阿富汗，是红绿茶兼饮，夏季饮红茶，冬季反而饮绿茶。与大多数信仰伊斯兰教的国家一样，他们多以牛羊肉食为主，这样茶便成为生活之必需品。所以，阿富汗到处有茶店。而家庭煮茶方式多以铜制圆形"茶炊"为之，与中国火锅相似，与俄国"茶炊"也相像。底部烧火，亲友相聚，围炉而饮，颇有东方大家庭欢乐和睦之感。阿富汗人与我国新疆地区习俗相似，也喝奶茶，但是不像蒙古奶茶，阿富汗人是先将奶熬稠，然后舀入浓茶搅动并加盐，这是农村或民间的习惯。有客来，无论城市与农村，都与中国礼俗相仿，总是热情地说："喝杯茶吧！"而且饮茶也有"三杯"之说，第一杯在于止渴；第二杯表示友谊；第三杯是表示礼敬。这些习俗与我国的一些地方习俗，如"三杯茶""三道茶"都很相像。其实不仅阿富汗，许多阿拉伯伊斯兰国家习俗也与此相仿。

第二个系统是日本、朝鲜。这两个国家因受中国儒家思想影响很深，大体是接受中国文人茶文化和佛教禅宗茶文化。而日本重于禅，因而强调苦寂、内省、清修，以适应其民族紧迫感。朝鲜则重礼仪，把茶礼甚至贯彻于各阶层之中，强调茶的亲和、礼敬、欢快，以茶作为团结本民族的力量。

第三个体系是南亚诸国，大体与中国南方民间饮茶习俗相类，而由于这些国家华侨众多，其茶文化思想大多直接从中国移植。而通过印度尼西亚、印度、巴基斯坦、斯里兰卡等国，茶风又进一步西渡，使单项调饮（加一种佐料而不是像我国云南等地加多种）习俗又渐播西方。

这样，便形成一个放射的东方茶文化圈，它以茶的亲和、礼敬、平朴为特征，而明显有别于西方。尤其是在现代西方世界充满狂躁、暴力，社会动荡不安的情况下，东方的茶文化确实是一服清醒剂加稳定剂。由此可以断定，这个文化圈定将不断扩大，在未来世界发展中将有重大意义。茶不仅是一种物质，它更是东方许多优秀思想的象征，是一种精神力量。

第十九章 日本茶道、朝鲜茶礼
与中国茶文化之比较

上一章，我们仅从茶的一般传播情况谈到亚洲茶文化圈。在这一文化圈中，日本与朝鲜的茶道与茶礼尤有特色，实有特书一笔之必要。日本与朝鲜的茶文化都是以中国为母本，但这并不影响他们各有自己的特点。所以在这一章中，除介绍这两国的一般情况外，还要从比较研究的角度进行一些探讨。

一、日本茶道的形成与演变

日本是一个十分善于学习和吸收的民族。日本的许多文化思想最初大多是外来的。但一经移植到日本国土上，又总是加以更新整合，使其更符合自己的特点，而带上突出的"大和民族"特色。茶文化的情况也是如此。早期，主要是直接向中国学习、移植，经过一个长期学习、思考的过程，才真正消化吸收，最后形成自己的茶道。这一过程，大体可分四个阶段：

第一阶段，是认真学习和大量输入、移植的时期。从时间上说，约

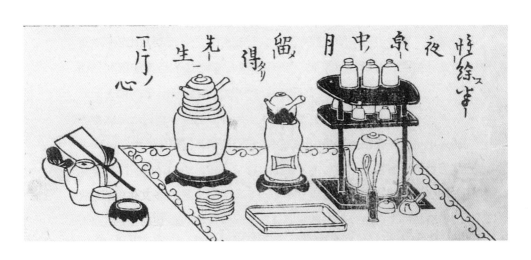

《煎茶要覧》

在公元7、8世纪到13世纪之间，相当于中国隋唐到南宋。

隋朝，我国的饮茶风气可能已使日本人有所见闻，但全面了解中国饮茶的风习、内容还是从唐代。最初可能是由僧人带回一些茶叶成品，向日本宫廷敬献，作为猎奇之物看待。到最澄来华的唐朝中期，不仅带回中国茶种，而且在日本寺院推广佛教茶会，才进一步引入较多文化内容。但在唐代，中国茶文化本身也是刚刚发轫的新事物。所以最澄等还不可能更多了解它的本质。真正在日本全面宣传中国茶文化、奠定日本茶文化基础的是荣西和尚。

荣西和尚两度来华，在中国居住长达二十五年之久，他和他的僧友，无论对中国的佛学理论或茶学道理，学习都是十分虔诚的。他不仅到过许多名刹，请教过许多高僧，而且对民间的市肆、茶坊也都有所见闻。所以，他学习的已不是一般烹茶、饮茶方法，而能从一定禅学茶理上初步对中国的禅茶文化有大概的了解。正如他在自传中所写，他曾"登天台山见青龙于石板，拜罗汉于并峰，供茶汤而感现异花于盏中"。龙是中国文化的象征，龙出现于中国禅宗寺庙中，证明自印度等国传来的佛教已完全中国化了。而所谓向罗汉供茶，感觉有花朵从杯中显现，据说只有在一定功态下才有这种感觉，可见荣西当时修炼是十分认真的。但是，从荣西归国后所写《吃茶养生记》的内容来看，他的研究，还没有到全面融化中国唐宋以来茶文化学理的地步，对儒、道、佛诸家在茶文化中的茶道精神还涉足不多，而重点是吸收了陆羽《茶经》中关于以茶保健和烹调器具、技艺方面的内容。对陆羽二十四器中所包含的修齐治平的道理、天人合一的宇宙观和儒家的伦理道德原则很少涉及。但对道家的五行思想，如用五行解释东西南北中的关系，解释人的肝肺心脾肾等却相当重视。对茶学的知识也着重其自然功能和对养生保健的好处，许多内容是简录陆羽的《茶经》，把茶的名称、形状、中国历史文献中关于饮茶功能的记载，以及采集、制造等都作了简单介绍。从某种角度说，不过是陆羽《茶经》的简译本。他认为"茶者养生之仙药也，延寿之妙术也"。可见在这一阶段，日本茶人向自己国内介绍的，一是佛教供茶礼仪，二是茶的养生保健功能，而尤以后者为重，尚看不出本民族的独立创造。

第二阶段，是思考、吸收、摸索时期。时间大体相当于中国的元代，而在日本称为南北朝时期。

元代，日本僧人进一步来华，而且尽量仿效汉人习俗，许多人成为"汉化的日本人"才回国。那时，中国国内蒙古族的统治对儒学有所压抑。而深受中国古老文化影响的日本人则更仰慕秦汉唐宋之风。这时，宋代的龙团凤饼等精细茶艺因过于繁复已不多见，文人茶会多效唐代简朴风气，所以日本僧人多向汉人学"唐式茶会"，包括烹调技艺、茶会形式、室内装饰、建筑等多方面。此时正当日本的南北朝时期，许多日本文人潜心研究中国宋代朱子理学，所以，虽云"唐式茶会"，实际上又包含了大量的宋代茶艺内容，这从日本人所著《吃茶往来》和《禅林小歌》中可以看到详细的描绘，尤其在禅林和武士中间，成为一时风尚。从两书和其他文献记载看，当时的"唐式茶会"主要内容有：

1. 点心

点心本是中国禅宗用语，是两次饮食间为安定心神添加的临时糕点。而日本茶人却用来开茶之用。点心所用各种原料多是日本留中学僧带回的，客人相互推劝，"一切和中国的会餐无异"。由此使人想到当今中国青年"留洋"归来，带几瓶法国白兰地、美式咖啡供友人欣赏一般。

2. 点茶

点心稍息之后，"亭主之息男献茶果，梅桃之若冠通建盏，左提汤瓶，右曳茶筅（搅茶用的刷子，唐宋之时有银制、竹制等，日本多以竹为之），从上位至末座，献茶次第不杂乱"。从这一记载看，当时进行的是末茶之点茶法。

3. 斗茶

中国宋代流行斗茶，较茶之优劣胜负。日本人斗茶是效仿这一形式，一方面是娱乐，同时也为推动、宣传日本的种茶、制茶技艺。当时栂尾等地产茶，日本人以斗茶来鉴别自己国土上茶的种类、产区和优劣。这已经是开始摸索自己的路子。

4. 宴会

即撤去茶具而重开酒宴。

从以上内容看到，日本的所谓"唐式茶会"，并非真正我国唐代饮茶之法，而是杂唐代茶亭聚会形式，宋代点茶、斗茶之法，加上我国北方民族以茶点与进茶相结合的礼仪（参见《辽史》《金史》《元史》礼志部分），把这些内容糅合在一起的一种"杂拌"货。这又如中国近代以来学习西方文化，常在似像、似不像之间。然而，正是从这种"四不像"中，才开始体现出一种吸收、摘择的过程。所以，到日本室町幕府时期，这类茶会便开始发生了变化，把茶亭改为室内的铺席客厅，称为"座敷"，贵族采取"殿中茶"，平民则称"地下茶"。这时便开始出现本民族独创的苗头。

在茶会功能上，这一时期也是多方引进中国内容。有的是交际娱乐，体现中国"以茶交友"；有的是僧人茶会，也效法禅宗以茶布道；有的用以解决纠纷，就像当今我国四川乡间的"民间法院"。民间还有

"顺茶""云脚会"等，大体也可从我国江南民间找到踪迹。

第三阶段，是结合自己民族特点有所开创的时期。

日本东山时期，茶文化已向大众化趋势发展。而凡是深入民众的东西，不结合自己的民族特点是不可能为大众所接受的。所以，到日本东山时期，茶文化开始进入一个新的时代，日益与自己的民族精神相结合，遂产生了村田珠光的"数寄屋法"。

"数寄屋"是日本民间茶会，又称"顺茶"，类似今天我国湖州地区的"打茶会"。无论我国的"打茶会"，还是日本早期的"顺茶"，原来都是突出欢快意义。不过，在日本这个岛国，随时都有大和民族的"危机感"，所以村田珠光突出了这一点，仍以"顺茶"形式出现，但表达的不是欢快，而是着重吸收我国禅宗的"苦寂"意识和"省定""内敛"等特征，强调"禅的精神"，把到数寄屋饮茶作为节制欲望和修身养性的一种办法。把这种真正的精神内容呈现出来，才可称为"茶道"。尽管这种日本茶道较中国"道"的含义要狭窄得多，并未完全得"道"之真谛，但毕竟向前迈进了一大步。

第四阶段，是带有本民族独立特色的日本茶道创立时期。真正创立日本茶道的是千利休的"陀茶道"。

千利休（1521—1591年）是村田珠光的第三代弟子，也就是说，他的老师武野绍鸥才是村田珠光的直接继承人。千利休原系一普通富商，并无贵族的门第势力，他对茶道有着特殊的天才。当时，日本已进入所谓"战国"时期，国内群雄争霸，战乱不休。所以，人们在动乱中厌恶战乱而希望和平，即使和平统一不能马上到来，但在心理上也要追求平衡。日本几个小岛本来就处境困难，分裂不是民众的愿望。所以，千利休想用茶室提倡和平、尊敬、寂静，以便能提醒人们随时作一些反省，期望统治者不要再继续纷争下去。为了达到这一目的，他对原有的"数寄屋"作了许多改进，而称为"陀茶道"：

1. 明确提出以"和、敬、清、寂"为日本茶道的基本精神，要求人们通过茶室中的饮茶进行自我思想反省、彼此思想沟通，于清寂之中去掉自己内心的尘垢和彼此的芥蒂，以达到和敬的目的。

2. 为达到精神上的目的，造成某种特定气氛，千利休特地设计了别开生面的茶室。

当时的豪门住室宽敞，而千利休却专门把茶室造成小间，以四叠半席为准。而在这种很小的面积中，却要划分出床前、客位、点前、炉踏达等五个专门地方。不知为何，每当述及日本茶道室的布置，总使我想到日本的几个母岛。其次是采用非对称原则精心布置室内出入口、窗子等处，典型的日本茶室入口很小，需伏身而进，而小室内不仅洁净，各种窗子位置、花色都加以变换。最后，在茶室外型上，采取农家中古时的茅庵式：中间一根老皮粗树为柱，上以竹木芦草编成尖顶盖，尽量增添些田野情趣。在茶室入口还安装些石灯、篱笆、踏脚、洗手处，使人未入室而先产生雅洁之感。

3. 全面吸收中国唐宋点茶器具与方法，至今日本还保留有陆羽"二十四器"中的二十种。这样做的目的是为了在洗器、调茶过程中逐渐使人安静下来，经历一个有条不紊的过程。

4. 在洗器、点茶过程中，设计每次茶会的主题和对话，主客应答，以便通过茶艺回忆典籍、铭文，把人们引入一个古老肃穆的气氛中。

5. 仍采用原来"顺茶"中的点心，但称之为"怀石料理"，即简单饭菜。"怀石"是禅宗语言，本意是怀石而略取其温，这里是取点心"仅略尽温饱"之意，以示简朴，从中追求苦寂的意境。

不难看出，千利休设计这套日本茶道是别具匠心的。茶室显然寓意一种小社会，大有我国道家返璞归真的意味。不过，道家要求返归于广大的自然宇宙，而千利休是从繁乱争吵的社会中特意设计一块净地。

由于当时的织田信长正开始日本统一的步伐，他想借茶道向被征服区推行一种新文化，乃指定千利休为三大茶头之一。陀茶法因而得到大力推广，一直延续至今。这便是现今日本茶道的由来。

至于民间，其实并不这样喝茶，茶道在日本可以说只是一种精神仪式。

二、中国茶文化与日本茶道对比

我们从日本茶文化发展中看到，任何一个民族在引进外来文化时都有一个学习、思考、吸收、融化的过程。日本茶道是吸收中国唐人茶艺、宋代禅宗茶道思想、中国民间打茶会的形式，而又结合本民族的特点而来。无论从茶艺器具、点茶过程、思想精神，都可以看到与中国茶文化源与流的关系。但是，日本人民又有自己的创造，它结合自己岛国民族所遇到的各种问题，把复杂的中国茶文化从各个角度摘取几支，安排到一个茶室，浓缩到三四小时的仪程中。单从这一点看，日本人民吸收、整理外来文化的能力确实是很强的，这正是日本民族的长处。

若从整个茶文化结构来讲，中日之间本来不大好比较。中国茶文化不仅历时久远，而且有茶艺、茶道精神，儒道佛各个流派，不同民族、不同地域、不同层面的茶文化的庞大体系。而日本，历史过程比较单一明晰，所谓流派只是发展过程中的演变情况，早期又多直接移植中国的东西。自千利休之后，虽开创日本茶道之独特格局，但与中国茶文化大体系相比较实在不容易。而至今，日本来华表演茶道，又多重程式与器具，华丽的和服，繁杂的器皿，很难让人体会出日本古茶道的"清、寂"特点，说有"和、敬"倒还不差，但日本的历史又总使人感到这种所谓"和"与"敬"有不少修饰的成分。所以，将中日茶道从文化学角度全面比较确实有一定难度。但既然日本有自己的茶道，还是可以比较的。所以，我们试从民族个性、茶道精神、美学意境、源流关系方面加以初步探讨、比较。

所谓比较，就是找共性与个性。关于共性，由于日本茶道是吸收中国茶文化多种因素演变而来，从上节历史过程就可看出大概眉目。所以，本节侧重于讨论个性。如果从这一角度来谈，我以为中国茶文化与日本茶道有以下几点重要差异：

第一，中国茶文化是一个大体系，日本茶道是摘取中国历史上茶艺形式、茶道精神的部分内容而又根据自己民族特点所创立的茶文化分支。

我们通过以上诸编已经了解到，中国茶文化包括一个庞大的体系，而在不同历史时期又有不同的茶道流派。中国的"道"字不同于一般。如插花、柔道之类，在中国只能称"术"或"技"。不可否认，一术、一技也包含精神，但这与中国茶道所包含的儒道佛诸家精髓，全面的社会伦理道德观念，自然与物质的统一观，茶艺、茶道的有机融合，以及贯彻于全民族饮茶礼俗之中的民族精神相比，那就差距太远了。日本茶道与花道、柔道之类比较，其精神原则、美学意境、技艺程序都要完整精美。但与中国茶文化体系则很难相提并论。如果把中国茶文化比喻为一个多姿多彩的大园林，而日本茶道就像一亭、一池或一树。我这样说绝无贬低日本茶道之意，也不是出于民族偏见，或以我国的古老、广大来标榜。我认为日本茶道能选取某些中国茶文化的精粹，浓缩于自己的茶道过程中，并十分明显地体现出他们自己的民族精神已经十分难能可贵。每个民族都有自己的特点，日本许多文化都是外来的。但他们又总是参照自己的情况，通过多方的吸取，多次的改造，把许多外来文化集结，这同样能构成日本民族整体文化特征。因此，不一定要勉强抬高日本茶道，把它与中国茶文化体系一样看待、分析才算是尊重日本民族精神。日本茶室显然效法陆羽茶亭的"方丈之地"，但又绝不同于方丈；日本的"怀石料理"，由中国禅宗"点心"和"怀石"结合而来，但既不再是点心，也不再是怀石。日本茶具确实仿陆羽二十四器，但陆羽却说明都会、豪门大族或文人偶尔相聚，应当大有不同，可酌情减略，说明中国茶道内容广泛，可以变更情况。而日本茶道礼数之严格也是他们民族情况所要求。如果说中国茶文化是百家争鸣、百花齐放的局面，日本因环境、条件、历史道路不同，他们则选择了比较单一而坚韧的路途。承认这一点正是尊重日本的历史，尊重他们的选择。它源于中国，所以说有源与流的客观存在，但它又形成单独的一支，具有自己的异彩。

第二，中国茶文化越到后来，越体现出儒、道、佛多源合流的趋势，而日本茶道则突出了中国禅宗的苦、寂。至于吸收儒家的"和、敬"，是有限度的、对内的，局限性较大。

出现这种情况，与日本的岛国意识关系很大。几个小岛，面积不大，人口在不断增加，想求生存、求发展着实不易。所以，日本人尊崇武士道精神，他们要在苦寂中顽强跋涉。但对本民族而言，也需要人际关系的协调。所以，日本人强调"忍"。在这种民族环境中，他们不可能，也不应该把中国儒、道、佛各家全面搬去。比如中国儒家的宽容；道家的五行和谐与天地人乃至整个宇宙相互包容、辩证发展等，在日本是很难做到的。所以，他们以学习中国禅宗思想为重点，兼收儒家和敬思想的部分内容完全可以理解。日本古典茶道室入口处很低，从图中看，大约要伏身而行，从中体现日本人的隐忍精神；而以树干为柱，以竹木、茅草为顶，也随时提醒人们不要忘记苦难。随时有紧迫感、危机感，这正是日本民族的需要。

第三，日本茶道的审美情趣要求不对称，是以不平衡为前提，而中国则以道家五行和谐与儒家中庸原则为前提。如日本的茶道室内，故意在地上地下，开一些不对称的窗，着各样的色彩。室外，人们在紧张地奋争；入室，则要求绝对的平和。平时可以豪华，茶道中却要求简朴。这一切都不对称，不和谐。但却正是以茶道中的不对称来提示人们现实中的不平衡。不过，社会历史是严酷的，创造日本茶道的茶学大师曾经对此耗费心血，千利休当时所以这样做，是为企盼自己民族的和谐、亲敬。然而，在支持千利休的织田信长逝世之后，其继承人丰臣秀吉仍是以武力统一全国，战争和暴力与"和敬"二字当然不是一码事。受到这样的打击，千利休只好以剖腹自杀来表示自己"和敬清寂"的理想。日本茶人在创造茶道过程中，曾经付出了血的代价。

第四，中国茶文化由于内容的丰富，思想的深刻广博，给人们留下了许多选择的余地，各层面的人可从不同角度，根据自己的情况和爱好选择不同的茶艺形式和思想内容，并不断加以发挥创造。所以，它可以成为全民族的好尚。而日本茶道则很难做到这一点。这是因为，日本茶道除了内容比较简单、程式要求又十分繁复，一般人不易学习之外，其组织形式也有很大局限。

千利休创日本茶道时可以说是以奔放的想象、顽强的独创精神而进行的。但也可能是由于在后期明显感到，他的这种精神理想很难被真正的日本现实社会所容纳，在组织形式上又制定了严格的条规，采取师徒秘传的授道方法和嫡系相承的领导形式。到18世纪江户幕府时代，茶道的继承人还只能是长子，代代相传，称为"家元制度"。后来他们的子孙又不能不分成许多流派，如现在的里千家茶道是当今最大流派。但这种流派由于很少与社会文化交流、探讨相结合，便很难从精神上有更多的丰富和深入。因此到后来日本茶道程式化的倾向日益突出，反而忽略古代茶道创始者所苦心探索的精神实质。

当然，日本茶人并未完全忽略时代的进展，在不同时期也进行了不少改革。例如，明治以前茶道是拒绝女性的，而自明治维新之后，茶道对女子开放，并取得很大成绩。特别是近代以来，随着资本主义的发展，日本的经济实力虽经两次大战的反复，但在近年又迈入世界经济强国的行列，因而有条件整理、宣扬自己的民族文化传统，于是出现了许多新的茶道方式。在这一点上，较中国近代以来的情况要好。但总的来说，近代以来的日本茶道仍感思想单薄。

中国自近代以来，表面看，传统的茶艺形式特别是上层茶文化形式趋于淡化，甚至有"失踪"现象，但茶道精神却更广泛向民间深入，市民茶馆文化、民间各种茶会、边疆茶礼日见兴旺。尤其是近年来，不仅一般茶事活动大增，规模也日益扩大，而且许多古老的茶文化形式开始得到重新发掘、整理。如福建恢复宋代斗茶，云南茶艺苑表演多种形式的民族茶艺，城市茶社、茶馆、茶楼复兴等，出现了一种更高层次上的"复归"现象。

每个民族都有自己的幸与不幸，有自己的所长所短，都不必以己之长，讥人之短。但作为茶的故乡，茶文化的故乡，中国茶文化确实表现出更深厚的潜力。

三、朝鲜茶礼与中国儒家思想

朝鲜与中国一衣带水，两国关系比日本更为密切。因此，朝鲜文化与中国传统相似的东西也更多，尤其是儒家的礼制思想对朝鲜影响很大。朝鲜一向称礼仪之邦，其长幼伦序，礼仪之道，在人们心目中影响久远而又深刻。这是一个可以以礼让、亲敬对待，而难以用暴力、侵略使之屈服的英雄民族。这种民族性格也是由于长期的历史原因和自然地理环境造成的。所以，朝鲜在学习中国茶文化时，重点吸收了中国的茶礼。

朝鲜早在新罗时期，即在朝廷的宗庙祭礼和佛教仪式中运用了茶礼。首露王第十七代赓世级时，即曾规定用三十顷王田供应每年的宗庙祭祀，主要物品是糕饼、饭、茶、水果等。其祭日为正月初三、初七；五月端午；八月初五及中秋。新罗时期，朝鲜佛教主要尊崇中国之华严宗以及净土宗。朝鲜华严宗以茶供文殊菩萨，净土宗则在三月初三"迎福神"日用茶供弥勒。不过，在新罗时期的这些茶礼，大约也主要是效仿中国习俗。

高丽时期，朝鲜已把茶礼贯彻于朝廷、官府、僧俗等各个社会阶层。这时，普遍流行中国宋元时的点茶法，茶膏、茶磨、茶匙、茶筅一如中国，只是较唐宋简易。

首先是用于朝廷和官府的茶仪，主要用于朝鲜传统节日燃灯会、八关会，还有迎北朝诏使仪、祝贺国王长子诞生仪、公主出嫁仪、曲宴群臣仪等。

燃灯会本是中国北方民间佛教组织和寺院经常举行的供佛活动。如北京云居寺，每年即举行燃灯会，在唐、五代和辽南京时期，都是重大的宗教活动。而高丽则是通过朝廷举行燃灯会。每年二月十五日，在宫中康安殿浮坛中进行。其中重要内容之一是进茶。

八关会是朝鲜的传统节日，也由朝廷主持。有八关小会，是每年阴历十一月十四日，由太子和上公主持，其中有持礼官劝茶和摆茶饭的礼节。八关大会在次日举行，至时上茶饭、摆茶。所谓八关，是供天灵、五岳、名山、大川、龙神，可以说是杂中国泛神主义之总汇而成，由高句丽太祖王所建制，太祖王曾在《训要》第六条中说："朕所至愿，在于燃灯、八关。"

以茶礼招待使节，在中国宋辽金之时非常盛行，高丽时期也用于招待使节。公主出嫁使用茶仪，也是从我国宋代开始。其余如重刑奏时、元子诞生仪、太子分封仪、曲宴群臣仪等，则可能是结合高丽情况加以应用和创造。

高丽时期的朝鲜佛教主要有五教，如法性宗、律宗、圆融宗、慈恩宗等。这时除新罗时期崇尚的华严宗之外，天台宗和禅宗佛教也逐渐占上风。因此，中国禅宗茶礼在这一时期成为高丽佛教茶礼的主流。其与新罗时期的明显区别在于不仅以茶供佛，而且和尚们要用于自己的修行。这时，中国唐代百丈怀海的《百丈清规》已流传到高丽，后来又传入元代德辉禅师的《敕修百丈清规》本。此外，宋人的《禅苑清规》、元人的《禅林备用清规》等也都流传到高丽。这些文献中都有佛教茶礼的规定，朝鲜皆择要效仿。如主持尊茶、上茶、会茶，寮主供茶汤，还有吃茶时敲钟、点茶时打板、打茶鼓等。

高丽时期，宋朝的朱子家礼也流传到朝鲜，于是，儒家主张的茶礼茶规在14—15世纪间开始在民众中推行。民间的冠婚丧祭皆用茶礼。

总之，早在高丽时期，朝鲜就全面学习了中国茶文化的内容，在

《高丽史》中，有关茶的记录多达九十余处。但在学习过程中并非全面照搬，而是重点吸取茶礼、茶规。

到朝鲜时代，中国有关茶的各方面情况，朝鲜人了解更多，除继续发展茶礼外，民间的茶房、茶店、茶信契、茶食、茶席等也时兴起来。

总之，经过上千年的流传，朝鲜形成了自己的茶文化特点，它以茶礼为中心，而以茶艺形式为辅助。近代以来，朝鲜人爱茶重礼之风不仅未因日本帝国主义的入侵而消亡，近年来反而成为提倡和平、团结、统一的重要手段。近年来，朝鲜半岛还兴起"复兴茶文化"的运动。特别是在韩国，不仅有不少学者、僧人在研究朝鲜茶文化的历史，而且重新研究茶文化精神、茶礼、茶艺，成立了研究组织，茶的精神进一步鼓舞着朝鲜半岛人民团结、和谐的精神，成为推动和平统一的一种进步力量。茶能起到这样大的作用，被提高到国家、民族兴亡的重要高度，这是其他饮食文化所难以比拟的。

第二十章

中国茶向西方的传播
与欧美非饮茶习俗

一、茶向西方的传播与茶之路的形成

如上所述，我国早在公元5世纪就将茶传入土耳其，并且很快在唐宋以后将茶文化向外辐射，形成一个亚洲茶文化圈。既然如此，为什么欧美直到17世纪才开始大规模饮茶并同中国进行贸易活动呢？尤其是土耳其，虽是亚洲国家，但地处欧亚非三洲衔接地带，为什么未能将中国茶继续向西方传播呢？如果说土耳其商人可能是小量贸易，偶尔为之；日本人能远渡重洋，来中国取经，鉴真也可以传经送宝，地中海国家为什么不来中国看一看，开放的大唐帝国为什么不去西方游一游？问题可以提出，但任何事情都离不开一定历史条件。在当时条件下中国不可能对西方有更多的了解。况且，唐宋之时，我国对茶又采取了国家专卖制度，只有我国西部、北部少数民族和个别西域商人才能得到一些茶叶。到南宋时，我国对外贸易采取较开放的政策，当时泉州港经常有阿拉伯、犹太、意大利商人来往贩贸，当时福建茶已开始外销，估计西方商人不可能对此完全无动于衷，但可能数量不会很大，所以欧洲国家未留下什么记载。至于说中国人为什么不远渡重洋西去，西方人为什么不来中国，除了交通等物质条件外，还与当时欧洲情况有关。当中国正处于封建经济的高峰时期，欧洲却正处在所谓的"黑暗中世纪"。封国林立，壁垒重重，"好像一块难以补缀的座褥"，在此情况下，东西方之间不可能像中日间有频繁的海上往来。

提起中国茶向欧洲的传播，人们往往从17世纪的东印度公司谈起。实际情况要更早一些。中国茶向西方传播大体经历三个阶段：

第一个阶段，大约在中国元朝，是西方得到茶的印象，"被迫受茶"的时期。

元初，成吉思汗和忽必烈大规模远征。蒙古很早就是我国中原茶向中亚、西亚传播的中介地，并早就形成奶茶文化。这次远征经西亚一直到欧洲，不可能不带去奶茶。蒙古大汗的许多汉族谋士也有清饮习惯，虽然征途中茶不易得，但也有人偶尔为之。耶律楚材西征时向王君玉乞茶就是一例。所以，这一时期东欧可能得到中国茶叶的信息。俄国人后来从中国主动输入茶最早可能与此有关。

当然，也有主动取经的。中国茶正式见于西方人的记载是在元代，这就是著名的中意友好使者马可·波罗。马可·波罗与其叔父来华时自北线行，从中亚、新疆、西北草原而至元上都而后至大都，他在中国十几年，并且做了元朝的官员，当时大都既保留了唐宋以来的饼茶，又有点茶法和散茶。整天与中国人打交道的马可·波罗不可能不了解中国人的饮茶习惯。十几年后，马可·波罗回国却是以元政府使节的身份登程的。这次他由南线而行，首先经历中国江南茶乡，然后经南亚诸国，从印度洋、地中海回国。作为使节，其所带中国礼品中是否有茶赠沿线诸国不得而知，但在他回国后所写的《马可·波罗游记》中，明文记载从中国带去了瓷器、通心粉和茶，这一点是明确的。此书一下震惊西方，中国茶也从此为欧洲人所向往。

第二个时期，是小量贸易和渐播时期，大约是在16世纪，中国的明代。

首先得到中国茶的是俄国人。公元1567年，即我国明穆宗即位之年，据说有两个哥萨克人伊万·彼得罗夫和布纳什·亚里舍夫，他们得到中国茶叶并传到俄国。到1618年，中国驻俄大使又曾以小量茶叶赠送沙俄皇帝。到1735年，建立了私人商队来往于中俄之间，专门运送茶叶供宫廷、贵族与官员使用。由于运输艰难，茶的价格很贵，每磅可值十五卢布。

在马可·波罗之后，再次正式记载中国饮茶情况的欧洲文献是明代嘉靖时期，威尼斯著名作家拉马斯沃著有《航海旅行记》，谈茶的情况，还有一本正式命名为《中国茶》，从此把饮茶的知识全面传到欧洲。继之，葡萄牙人天主教徒克洛志自中国回国，又以葡文著书记述中国茶事。

第三个时期是大批输入中国茶叶和逐渐扩大贸易时期。

这一时期，是伴随资本主义兴起和殖民政策而来的。它确实是由东印度公司所开创、发轫。1602年，荷兰东印度公司成立，1607年，荷兰海船来到其殖民地爪哇，不久来我国澳门，运载中国绿茶，然后辗转运载，于1610年回欧洲。这是西方人从东方殖民地转运茶的开始，也是从我国向西欧输入茶的开始。1637年，英国东印度公司的船只又来广州运去茶叶，从此中英茶叶贸易也开始了。此后瑞典、丹麦、法国、西班牙、葡萄牙、德国、匈牙利等国每年都从中国运走大批的茶叶。

茶叶刚到欧洲，人们对这种饮料还不十分熟悉。据说，直到18世纪初不少人仍抱有怀疑。当时咖啡也开始引入欧洲，许多人对这两种新奇的饮料看法不一致。相传瑞典王古斯塔夫三世为弄个水落石出，找了两个牢中的死囚做试验。这二人还是双胞胎，国王说，如果他们同意试验，可以免除死刑，让他们活下去。既然早晚不免一死，试验或有生的可能，兄弟俩当然同意。于是，一人每天饮几杯咖啡，另一个每天喝几杯茶。试验获得空前成功，兄弟俩活了多年没发生问题，喝茶的那位还活到八十三岁高龄。就这样，中国茶终于获得欧洲世界的承认。

然而，中国用中华大地友好的甘露并没有换来友谊，而是引起西方殖民者贪婪的野心。当17世纪英国商人们开始大量输入中国茶叶时，是为了医治和抵御英国男女酗酒的昏迷症，所以在17世纪下半叶常有英商来往于我国厦门、宁波等地买茶叶。中国的茶叶一旦使英国的酒鬼们清醒过来，商人们也突然明白这其中有多么大的利益可图。到1834年，中国茶叶已成为英国主要输入品，达三千二百万磅，每两先令缴四分之一便士的茶税。英国公司经常积存茶叶五千万磅，一天内即售一百二十多万磅。但买茶叶要输出白银，对英国十分不利。为改变这种状况，英国殖民者在印度种鸦片，输入中国，到1800年，输入高达两千箱。中国送去的是健身长寿的茶，而换来的是摧残中国人肌体生命的毒品和白银流失。由此，直至导致鸦片战争的爆发。中国人确实太善良，中国的茶人更善良。西方人得到了有益于他们身体健康的饮料，而殖民者却不可能传去中国茶人和平、友谊、自省、廉俭的精神。

当西方船队开始从中国络绎不绝地运走茶叶时，他们殖民掠夺的触角也伸到了美洲新大陆。大批的欧洲移民来到这块新土地，不可能忘记饮茶的习惯。于是，又从东方殖民地转运大批茶叶到美洲，从而换取大量黄金。这遭到美洲各地人民的纷纷反抗，各地人民纷纷开抗茶会，直到销毁茶叶，导致著名的"波士顿事件"。1775年，英国政府不顾殖民地人民反对，强行征茶税，引起美国独立运动。独立战争结束不久，美国就希望直接与中国通商购买茶叶。1784年，"中国皇后号"从纽约载四十多吨人参至我国广州，换取茶叶，于1785年返国，一次获利达37727美元。是年美国茶税大增，税率由12.5％改为119％。但美国统治者也并未取去茶的和平精神，而是总结了欧洲殖民者的掠夺经验。"中国皇后号"的成绩惊动一时，美国人又想来中国淘"茶之金"。于是，自1785年后，每年都有专船直放广州，大批运回中国茶叶。1786年单槽货船派勒斯号满载中国茶回国。1787年又有阿恩斯号取道澳洲来中国，返国时所载茶等货物价值五十五万美元之巨。于是，茶又大大刺激了新殖民者的胃口，从中国"茶中淘金"的热度，绝不下于当年真正的淘金热。美国人反对英国人的掠夺，而他们自己同样来掠夺中国。西方人又一次从中国取走健身的甘露，而又一次违背了东方的茶精神。

中国对俄国，曾多次以友谊的象征送给俄皇茶叶，而当欧美从中国"茶中淘金"的疯狂旋风刮起后，俄国人也不甘示弱。俄国境内，尤其是西伯利亚的亚洲移民，自古就受中国茶文化圈的影响，特别喜爱中国茶叶。当《尼布楚条约》签订后，茶的输入更为大宗。开始中国尚能控制茶叶出口，直接由张家口运往西伯利亚。后来俄国人支配了外蒙古华茶贸易，不仅掠夺外蒙古经济利益，也直接来华经营茶叶。他们在福建利诱中国人制茶砖，并联络张家口、天津俄侨俄商，形成庞大运输网，不仅运往俄国国内，而且半数转卖蒙古。俄国人这样做抱有政治目的，他们貌似"大方"地卖给蒙古人茶砖，而不像清政府那样刻薄，却造成外蒙古对俄国的依赖，从而要求脱离清朝而独立，实际上最终成为俄国的附庸。

至于非洲与中国的茶叶贸易，那是以后的事情了。

一种饮料，导致鸦片战争、波士顿事件、北美独立、外蒙古归离，世界上大概很少有哪种饮料有这样大的力量了。中国的茶美、人更善，而中西大规模茶叶贸易又是伴随西方大规模殖民掠夺的历史开始的。西方只能吸取中国茶的物质力量，而很难吸收中国茶的精神。所以，我们只说有个"亚洲茶文化圈"，而不好将其概念随意扩大，这是由历史原因造成的。

然而，茶还是友好表征，起着沟通东西方文化的作用。

人们都知道中国古代有一条丝之路。其实，后期的茶叶贸易远超过丝，所以不少学者认为，应称为"丝茶之路"。

综合第十八章和本章内容，我们可以看到茶的外传路线有陆路和海路。

陆路有四条：

一条由我国产茶之地向长安集中，然后以新疆地区为中继地，经天山南北路通向中亚、西亚和地中海地区及东欧。

另一条由内蒙古、外蒙古作中继地，通向俄国。

第三条是由东北传入朝鲜。

第四条是直接由产茶地在边疆地带传入南亚相邻国家。

海路古代主要有三条：

一条是由我国浙江直通日本。另一条则是福建、广州通向南洋诸国，然后经马来半岛、印度半岛、地中海走向欧洲各国。第三条则是从广州直接越太平洋通往美洲各地。

除了文献资料以外，人们还从语音学角度考察了茶的走向。结果发现，世界绝大多数国家"茶"字的发音都源于中国话。沿北线陆路而行的国家，"茶"字的发音大多与中国的普通话相近。而海路国家一种是粤语，另一部分是闽南语。这再次证明"茶之路"的源头在中国。

二、英法诸国饮茶习俗

我们说有一个亚洲茶文化圈，并不是说西方人饮茶全无情趣，而只是说他们并没有形成什么真正的茶文化体系。实际上，西方人的饮茶风俗还是饶有趣味的。

若说中国茶文化对西方一点也没有影响是不对的。在茶的流传过程中，很自然地流传了中国人饮茶的各种传说。据说著名的法国小说家巴尔扎克曾得到一些珍贵的中国名茶，他说这茶是中国皇帝送给俄国沙皇，沙皇赏赐于驻法使节，这使节又转送于他的。所以他格外珍惜，非至友不能与之共享清福。每有好友到来，他总是非常认真地冲上一杯中国茶，然后讲上一个美丽动听的中国故事，说是最美丽的中国处女，在朝阳升起以前，如何唱着动人的歌，如何像舞蹈一般运用手足，方采制出这种茶。显然，巴尔扎克凭着一个小说家特有的艺术嗅觉，捕捉到中国茶文化中关于人与自然相契合的思想踪迹。可见，当时的法国人、俄国人对中国茶文化和饮茶技艺或许有所耳闻。所以，法国人很爱喝茶，尤其是法国姑娘爱喝中国红茶，她们说喝了中国的茶，可以变得身材苗条。

首先用西方人自己的思想把茶用文化手段来表现的大概是英国人。这应归功于凯瑟琳皇后。17世纪60年代，葡萄牙的卡特琳娜公主嫁给了英国国王查理二世。她在出嫁时把已传到葡萄牙的中国红茶带到了英国。她不仅饮茶，还宣传茶的功能，也说饮茶使她身材苗条起来。这消息引起了一位诗人埃德蒙·沃尔特的激情，便作了一首题名《饮茶皇后》的诗献给查理二世，这大概是第一首外国的"茶诗"。诗曰：

花神宠秋色，嫦娥矜月桂。

月桂与秋色，美难与茶比。

一为后中英，一为群芳最。

物阜称东土，携来感勇士。

助我清明思，湛然去烦累。

欣逢后诞辰，祝寿介以此。

　　这诗经过翻译者的加工，显然加上了不少中国味，但起码大意不会错，说明英国人确实把茶与最美好的事物联系到一起了。所以，至今英国仍是一个十分讲究饮茶的国家。英国人爱喝下午茶，请客人喝下午茶，也是一种礼节的表现。英国人不仅爱中国的茶，也十分喜爱中国的茶具。1851年，英国海德公园大型国际展览会上曾展出了一只大茶壶（据说近年又在香港展出过），据有关资料考证是英国女王维多利亚时代曾用过的中国茶具。此壶高约一米，重二十七公斤，容量为五十七点三公斤，可泡二点三公斤茶叶，能斟出一千二百杯茶，可算目前世界上的巨型茶壶了。这个大茶壶如何传到英国已无法可考，但从其釉彩和画的中国人种茶、采茶、焙茶及海路运茶出口图画来分析，可能是清代专门制造，随同茶叶一同出口的，现藏于伦敦川宁茶叶公司茶叶博物馆。中国人虽爱饮茶，据说还比不上英国人的平均用量，有人统计，世界上饮茶最多的是爱尔兰人，每年平均每人饮茶在十公斤以上。英国人爱喝红茶，饮茶方式也比欧洲其他国家讲究。红茶有冷热之分。热饮加奶，冷饮加冰或放入冰柜。冰茶必须相当浓酽，才能飘香可口，有滋味。茶具尽量模仿中国，讲究用上釉的陶器或瓷茶具，不喜欢金属茶具。煮茶也颇有些讲究。水，要以生水现烧，不能用落滚水再烧泡茶。冲泡先以水烫壶，再投入茶叶，每人一茶匙，冲泡时间又有细茶、粗茶之分。中国古代茶人以茶助文思的影响在英国也表现出来。据说18世纪的大作家塞缪尔·约翰逊，每日要饮茶四十杯以助文思。茶在英国可以说影响到每个社会阶层。上层社会有早餐茶、午后茶。火车、轮船，甚至飞机场都以茶供应过客，一些宾馆也以午后茶招待住客。甚至在剧场、影院休息时也借饮茶言欢。普通家庭也把客来泡茶作为见面礼，和中国一样把茶称为"国饮"。据说到18世纪末，伦敦有两千个茶馆，还有许多"茶园"，是名流论事、青年交际的场所。所以有人认为中国近代的茶园是学习英国而来。从中，可以发现东西文化交流的轨迹。

荷兰是西方最早饮茶的国度之一，早在17世纪便凭借航海优势从爪哇运中国绿茶回国。开始，主要用于宫廷和豪门世家，用于养生和社会交往的高层礼仪。所以，当时饮茶是上层社会炫耀阔气、附庸风雅的方式。这时，中国的茶室也传入荷兰，只不过不是由茶人或茶童操持，而是作为家庭主妇表现礼节的手段。此后，茶从上层社会进入一般家庭，也像中国南方习俗，有早茶、午茶、晚茶之分，而且十分讲究。有客来，主妇要以礼迎客入座、敬茶、品茶，热情寒暄，直到辞别，整个过程都相当严谨。虽不能与东方的茶道相比，但也称得上西方茶文化的典型表现了。18世纪荷兰曾上演一出戏叫作《茶迷贵妇人》，不仅反映了当时荷兰本身的饮茶风尚，对整个欧洲饮茶之风也推动很大。

三、苏联各民族饮茶习俗

苏联地跨欧、亚两洲，所以在饮茶方式与习俗上也兼有欧洲和亚洲的不同特点。先说亚洲。

从烹调方法上区别，苏联的亚洲境内各民族大体有三种饮茶方式：

第一种方法是格鲁吉亚式。

这种烹茶方式近似欧洲，但又不完全与欧洲其他国家相同。格鲁吉亚式属清饮系统，但做法有点类似中国云南的烤茶。这种泡茶法须用金属壶，饮茶时先把壶放在火上烤至一百度以上，然后按每杯水一匙半左右的用量将茶叶先投入炙热的壶底，随后倒温开水冲泡几分钟，一壶香茶便冲好了。这种泡法要求色、香、声俱佳，不但要看着红艳可爱，而且在烹调时闻得到幽香，还要在倒水冲茶时发出噼啪的爆响。所以，要求在炙壶的火候、操作的手法上都十分精巧熟练方能取得最佳效果。这在苏联亚洲地区一些民族中很流行。

第二种方法是蒙古式，但与我们现在见到的熬蒙古奶茶方式又不相同。

苏联的蒙古式奶茶，是典型的调饮系统。这种烹茶方式须用绿茶砖。先将茶粉碎研细，每升水放二至三大匙茶，加水煮滚。然后添加约水量四分之一的奶，牛奶、羊奶、骆驼奶都可以。再加一汤匙动物油，如牛油之类。与我们常见的蒙古奶茶不同的是，还要加入一些大米、小麦和盐。这些东西放在一起煮，大约二十分钟可以饮用。谈到这种奶茶，就使我们想起我国辽金时期契丹等北方民族所流行的"茶粥"。看来，这很可能是"茶粥"的淡化转变而来。辽朝有五京，其中的上京地区一直延伸到苏联境内亚洲地区很多地方。这种苏式蒙古奶茶大体流行在伏尔加河、顿河以东的地域，与辽代北部边地相交错。后来，辽朝灭亡，王室后裔耶律大石又率部到我国新疆及苏联境内一部分地区建立西辽国。所以，苏联东南部各民族对契丹人印象很深，至今在俄语中称中国仍叫"契丹"（КИТАЙ）。所以，我们把苏式蒙古奶茶与契丹人的"茶粥"联系起来考虑是有道理的。如果这种推论无误，那么苏联亚洲地区饮茶的历史将向前推进数百年。

第三种方法是卡尔梅克族的饮法。

这种方法实际也是奶茶，但添加物没有那么多。这种茶通常不用砖茶而用散茶。先要把水煮开，然后投入茶叶，每升水约用茶五十克，然后倒入大量动物奶共同烧煮，分两次搅拌均匀，煮好滤去渣子，即可饮用。其实，这种煮茶方法才和今之蒙古奶茶更为相像。不过，蒙古奶茶是用茶砖，而卡尔梅克族是用散茶。

至于俄罗斯帝国，是从16世纪开始传入中国饮茶法，到17世纪后期，饮茶之风已普及到各个阶层。19世纪，一些记载俄国茶俗、茶礼、茶会的文学作品也一再出现。如普希金就曾记述俄国"乡间茶会"的情形。还有些作家记载了贵族们的茶仪。俄罗斯贵族社会饮茶是十分考究的。有十分漂亮的茶具，茶炊叫"沙玛瓦特"，是相当精致的铜制品。茶碟也很别致，俄罗斯人习惯将茶倒入茶碟再放到嘴边。玻璃杯也很多。有些人家则喜欢中国的陶瓷茶具。笔者藏有一瓷壶，即清代由日本仿中国茶壶向俄国出口的瓷茶壶。式样与中国壶相仿，花色亦为中国式人物、树木、花草，但壶身有欧洲特色，瘦颈、高身，流线型纹路带有金道，是典型的中西合璧的作品，虽不十分精致，但很能说明中西文化交融的历史。俄罗斯上层饮茶礼仪也很讲究。这种茶仪绝不同于普希金笔下的"乡间茶会"那样悠闲自在，而是相当拘谨，有许多浮华做作的礼仪。但这些礼仪，无疑对俄罗斯人产生了重大影响。俄罗斯民族在苏联各民族中向以"礼仪之邦"而自豪，他们学习欧洲其他国家贵族们附庸风雅的派头，也对中国的茶礼、茶仪十分有兴趣。所以在俄罗斯，"茶"字成了许多文物的代名词。有些经济、文化活动中也用"茶"字，如给小费便叫"给茶钱"，许多家庭也同样有来客敬香茶的习惯。

四、美洲、非洲国家饮茶习俗

美国人饮茶的习惯是由欧洲移民带去的，所以饮茶方法也与欧洲大体相仿。美国人饮茶属清饮与调饮之间，喜欢在茶内加入柠檬、糖及冰块等添加物。不过，美国毕竟是个相当年轻的国家，所以饮茶没有欧洲贵族那么多礼数。美国人很喜欢中国茶，中美之间茶的贸易几乎是伴随美国这个国家的诞生而同步开始的。美国人也很喜欢中国的茶具。有位中国画家画了幅画，画面上是教师正在向小学生发问，先问学生南北极在哪里，小学生准确地指出地图上的方位。再问中国在哪里，小学生却说："在瓷器店里。"可见，美国连儿童对中国的瓷器都十分熟悉，而瓷器中茶具占很大数量。

非洲国家对茶的需求是很大的，饮茶风俗也很有意思。

埃及在非洲是用茶大国，据说茶的进口量曾仅次于英国、苏联、美国、巴基斯坦而居第五位，人均年消费量为1.44公斤。埃及人喜欢味道浓酽的红茶，他们常用小玻璃杯泡茶喝，既闻其香、尝其味，又观其色。埃及人喝茶不加牛奶，而喜欢加一勺蔗糖。茶在埃及人生活中很重要，从早到晚都要喝茶。茶在埃及人社交中更重要，不论一两个朋友见面或是集体聚会，饮茶是必不可少的。虽然埃及人也喝咖啡等其他饮料，但都不可以与茶竞争。埃及政府非常支持人们喝茶，对民间饮茶常进行补贴。

地处非洲西北部的摩洛哥，是世界上绿茶进口最多的国家。人均年消费量也在一公斤以上。摩洛哥西临大西洋，北临直布罗陀海峡与西班牙相望，东南是阿尔及利亚，与撒哈拉大沙漠相接。既多食牛羊肉，又喜甜食，还有炎热的气候，都要求饮许多茶。摩洛哥人喜欢在茶中加糖，另加新鲜薄荷共饮，茶要非常浓酽，甜中带苦。由于长期饮茶，摩洛哥人对茶具十分讲究，而且有自己的创造。他们有一套精美的铜制茶具，有的还涂上银。尖嘴红帽或白色的茶壶，花纹精致的大茶盘，香炉式的糖缸，配在一起和谐悦目，别具非洲风格。一套茶具，既可饮茶，又可作为工艺品来观赏，使饮茶作为精神享受，这一点与东方人的观点很接近。

在摩洛哥，用茶待友是一种礼遇，走亲访友如果能送上一包茶叶，那是相当高尚的敬意。有的还用红纸包上，作为新年礼物送人。除家庭外，摩洛哥的茶肆也十分热闹，在炉火熊熊的灶上有大茶壶。老板娘总是带着笑容，用黑红粗大的手从麻袋里抓一把茶叶，又从另一袋中砸一块白糖，顺手揪一把新鲜薄荷，便熬起茶来。这些东西要先放在小锡壶里，用大壶中的水冲泡，然后把小壶放到火上再煮，两滚之后小锡壶便端到你的桌上。桌旁的客人便可就着夹肉面饼饮茶进餐。

谈起摩洛哥人饮茶，不能不说一说摩洛哥人民对中国的友好情谊和对中国茶的特别爱好。该国人民对中国绿茶评价很高，认为是最理想、最美好的饮料。上至国家元首，下至一般居民，都十分喜爱中国绿茶。"茶办主任"在摩洛哥有很高的地位，有一位茶办主任建造了一幢别墅，用中国绿茶"珍眉"命名。有经验的茶客用手一摸，鼻一闻，便知中国绿茶的品质高低，可算"茶行家"。按当地风俗，每逢大的国宴、招待会、婚丧喜事，都必须有中国的茶。许多家庭把大部分收入用于茶的消费中。除绿茶外，他们也进口一部分红茶，主要供应旅馆、饭店里的欧洲人或欧化了的本地人。还有花茶，则主要供应宫廷贵族。至于地道的当地居民，还是喜欢中国绿茶。北部人喜欢秀眉之类绿茶，称之为"小蚂蚁"；中部人喜欢珍眉绿茶，取了个当地名字，意为"纤细的头发"；南部人喜欢珠茶类，有一个城市便以"珠茶"为代名。在摩洛哥人看来，茶是中摩友好的象征，它代表着和平与友谊。我想，随着整个世界形势的发展，茶作为和平友谊的使者，将更会香溢五洲！

图书在版编目（CIP）数据

中国茶文化 / 王玲著. --北京：九州出版社，
2019.12（2022.4重印）

ISBN 978-7-5108-8408-5

Ⅰ．①中… Ⅱ．①王… Ⅲ．①茶文化－中国 Ⅳ.
①TS971.21

中国版本图书馆CIP数据核字（2019）第235279号

中国茶文化

作　　者　王　玲 著
责任编辑　周　春
出版发行　九州出版社
地　　址　北京市西城区阜外大街甲35号（100037）
发行电话　（010）68992190/3/5/6
网　　址　www.jiuzhoupress.com
印　　刷　北京捷迅佳彩印刷有限公司
开　　本　720毫米×1000毫米　16开
印　　张　24
字　　数　300千字
版　　次　2020年6月第1版
印　　次　2022年4月第2次印刷
书　　号　ISBN 978-7-5108-8408-5
定　　价　88.00元